State Grid Qinhuangdao Electric Power
Company Limited Yearbook 2020

国网秦皇岛供电公司年鉴

2020

《国网秦皇岛供电公司年鉴 2020》 编写组　编

科学技术文献出版社
SCIENTIFIC AND TECHNICAL DOCUMENTATION PRESS

·北京·

图书在版编目（CIP）数据

国网秦皇岛供电公司年鉴. 2020 /《国网秦皇岛供电公司年鉴2020》编写组编. —北京：科学技术文献出版社，2021.3

ISBN 978-7-5189-7709-3

Ⅰ. ①国…　Ⅱ. ①国…　Ⅲ. ①供电—工业企业—秦皇岛—2020—年鉴　Ⅳ. ①F426.61-54

中国版本图书馆 CIP 数据核字（2021）第 043733 号

国网秦皇岛供电公司年鉴2020

策划编辑：孙江莉　　责任编辑：崔灵菲　宋红梅　　责任校对：王瑞瑞　责任出版：张志平

出　版　者　科学技术文献出版社
地　　　址　北京市复兴路15号　邮编 100038
编　务　部　（010）58882938，58882087（传真）
发　行　部　（010）58882868，58882870（传真）
邮　购　部　（010）58882873
官方网址　www.stdp.com.cn
发　行　者　科学技术文献出版社发行　全国各地新华书店经销
印　刷　者　北京时尚印佳彩色印刷有限公司
版　　　次　2021 年 3 月第 1 版　2021 年 3 月第 1 次印刷
开　　　本　787×1092 1/16
字　　　数　342千
印　　　张　14.5
书　　　号　ISBN 978-7-5189-7709-3
定　　　价　190.00元

《国网秦皇岛供电公司年鉴2020》 编辑委员会

《国网秦皇岛供电公司年鉴 2020》
编写组

主　任　范群力

副主任　孙德轩

编　辑　张锁安　刘爱华　夏荣胜

编辑说明

　　《国网秦皇岛供电公司年鉴2020》如实记载了2019年改革发展的历史进程和运行轨迹，体现企业特色和时代特征，具有重要史料价值和实用价值。

　　本年鉴于2015年开始出版，本卷为第六卷，资料时间范围为2019年1月1日至12月31日，由篇目、栏目、条目3个层次组成。本卷设11个篇目，即公司概况、电网发展、企业管理、安全生产、市场营销及优质服务、和谐企业建设、公司所属单位、公司荣誉及先进典型、大事记、重要文献、统计资料。本年鉴以条目为主，文章为辅；文字为主，图片为辅。

　　本年鉴的编撰工作在编辑委员会的领导下由公司办公室统筹协调各部门（中心）、各单位的组稿工作，公司各部门（中心）、各单位确定专人撰稿，撰稿部门（中心）或单位负责人审核稿件，编辑部负责文稿的编辑工作，形成书稿后经副主任、主行审定，公司领导终审定稿。

　　本年鉴的编撰工作得到了公司各部门（中心）、各单位的大力支持，在此谨致谢意。

《国网秦皇岛供电公司年鉴2020》编辑委员会

2020年6月

目　录

一、公司概况

（一）公司介绍

【公司简介】

国网冀北电力有限公司秦皇岛供电公司（简称"公司"）隶属于国网冀北电力有限公司（简称"冀北公司"），担负着秦皇岛地区安全可靠供电和暑期北戴河政治保电任务，供电区域六区三县（海港区、开发区、北戴河区、山海关区、北戴河新区、抚宁区，昌黎县、卢龙县、青龙县），供电面积 7812.5 km^2，供电人口 313 万人。下设 11 个职能部门，8 个业务支撑和实施机构，4 个县（区）供电分公司，拥有全口径职工 4349 人，人才当量密度 1.1992。

【工作回顾】

2019 年，面对复杂的经济形势和繁重的改革发展任务，公司坚持以习近平新时代中国特色社会主义思想为指导，全面贯彻国家电网有限公司（以下简称"国家电网"党组）、冀北公司党委决策部署，各项工作稳步推进。发展总投入 10.59 亿元，其中固定资产投资 9.77 亿元；售电量 133.4×10^8 kW·h，同比降低 2.34%；资产总额 55.77 亿元，同比增加 6.94%；线损率 5.5%；全员劳动生产率 27.25 万元/（人·年）。企业负责人业绩考核位列冀北公司 B 级。

【安全生产】

安全生产保持平稳，制定《安全生产工作意见》，开展 19 项重点任务及安全生产"七项行动"，修订《安全工作奖惩实施方案》，实施违章单位、个人"双扣分"制度，累计奖惩 12 077 人次，压实各级安全责任。开展各类安全大检查专项活动，推进领导干部作业现场当"安全员"，管理人员到岗到位 5042 人次，稽查现场 257 个，处理违章 93 起，整改隐患 154 项。完成检修预试任务 1355 项，开展带电检测 8128 台次，大修技改工程 86 项，消除缺陷 434 项。联合政府清理输电线下隐患，累计清理线下树 3 万棵，制止违章施工 70 次，促成《秦皇岛市电力设施保护条例》专家论证会。成功应对"国家专项网络攻防演习"、台风"利奇马"恶劣天气及电网负荷再创新高挑战，发布六级及以上风险预警 142 项，圆满完成庆祝新中国成立 70 周年、北戴河暑期、2019 秦皇岛国际马拉松暨全国马拉松锦标赛（简称"秦皇岛国际马拉松赛"）等重大保电活动，实现连续安全生产 5386 天。

【电网发展】

电网建设全面提速，完成负荷需求预测和"十三五"电网规划滚动修编，优化项目储备和建设时序。完成 110 kV 金梦海湾、站东、杨庄 3 个项目核准，实现中心城区电源布点重大突破。完成 220 kV 陈肖平线路、110 kV 两山、南戴河增容项目可研批复。220 kV 黄金海岸、京能热电工程提前竣工投产，110 kV 新区输变电工程及黄金海岸送出工程完成建设任务，稳步推进河东寨等工程建设。大力开展 35 kV 农网工程建设，青龙王厂等 4 项工程顺利投产。累计新增变电容量 40×10^4 kV·A、线路 200.06 km。制定配网工程年度清零计划，累计完成 505 项工程施工和 256 项工程结算。圆满完成 2019 年"光热+"煤改电建设任务，新建线路 115.02 km、配变 113 台，新增变电容量 3.85×10^4 kV·A，为居民冬季采暖提供可靠电力保障。全力支持新能源发展，完成卢龙佰能林昌生物质发电等 3 个项目并网、凯润风电二期等 5 个项目系统接入。完成 102 国道市区绕城通道等 5 项迁改工程前期踏勘及设计。

【优质服务】

服务品质成效显著，大力优化营商环境，客户投诉同比降低 63.14%，客户诉求一次性解决率 100%，业务处理满意率 99.63%。持续深化"互联网+"服务，智能交费客户 164.85 万户，占比 99.65%。促请政府出台《双创双服及民心工程专项实施方案》，收集重点项目 217 项，应用"人脸识别"技术，试行北戴河报装"零证办电"，实行 100 kW 及以下项目低压接入，高压客户接电时长有效压降，业扩净增容量 110.6×10^4 kV·A，同比提升 28.91%。积极服务电动汽车发展，新建充电桩 48 个，充电收入 72.9 万元，同比增长 2.5 倍。累计分布式电源并网用户 3491 户，总容量 8.79×10^4 kW。积极服务脱贫攻坚，做好出头石村 3 年扶贫巩固提升工作。

【经营管理】

经营管理高效规范，加强综合计划统筹协调作用，形成持续改进的闭环管理模式，指标管理能力稳步提升。强化成本类项目费用管控，压缩需求规模 2.55 亿元。压降"两金"存量 93.13 万元，全面完成压减目标。深入推进电费回收"日清日结"，推广远程费控 162.75 万户，高压覆盖率 95.79%，低压非居民、居民覆盖率分别达 99.41%、99.75%。常态化开展营销稽查、计量与采集异常排查，与中国人民银行秦皇岛市中心支行签订电力用户征信管理合作协议，并将信用目录纳入"信用秦皇岛"平台，反窃成效 1331 万元。加强同期线损管理，10 kV 分线及分台区线损合格率分别达 90.45%、92.86%。实施电能替代 374 项，替代电量 16.03×10^8 kW·h，同比增长 37.13%。深化新型资金管理体系建设，推广应用现金流"按日排程"模式，有效提高资金管控水平。强化依法治企，深化触电案件压降行动。开展内部审计 9 项，发现问题 143 个，提出审计意见建议 160 条，内控管理不断完善。

【党的建设】

党的建设持续深化，扎实推进主题教育，自上而下开展交流研讨、集中学习。各级领导班子深入基层调研 123 人次，讲授党课 24 次。积极向地方党委、电力用户、服务对象征求意见建议 253 条。组建巡回指导组，高质量召开两级单位对照党章党规找差距专题会议及民主生活会。坚持"理论+实践""专业+一线"，实施"正心明道"7 项行动计划，党员重点项目攻关立项 4 项，下发党建督查单 17 个，开展谈心谈话 13 次，解决问题 23 项，有效推动党建与业务工作深度融合。约谈基层单位负责人 71 人次，实施协同监督项目 11 个，整改问题 36 项。围绕漠视侵害群众利益专项整治、"抓整改、除积弊、转作风、为人民"专项行动及形式主义、官僚主义集中整治，累计排查整治问题 24 项。

【队伍建设】

队伍建设不断加强，开展各类培训 86 项、2.7 万人次，普调考竞赛获冀北公司团体及专业二等奖 2 项，3 人获个人表彰。中级及以上职称占比、技师高级技师占比同比增长 3.97%、1.03%，对外输送人才 14 人，新增冬奥帮扶 7 人，援藏挂职 1 人，实现人才多元化成长。深化"暖心工程"，改建昌黎职工活动中心，实现市县两级职工室内活动场所全覆盖。推进"五小"供电所和基层困难职工小家帮扶建设，改善一线职工工作生活条件。大力弘扬劳模精神、工匠精神，举办首届职工文化体育艺术节、"家国·楷模"主题文化分享会暨首届文体艺术节启动仪式，增强文化传播影响力。加强意识形态管理，正确把握舆论导向，在新华社等社会主流媒体发稿 231 篇。后勤保障、信访维稳、保密工作进一步加强。1 人荣获大国工匠称号，12 人分获河北省、冀北公司、秦皇岛市劳动模范、金牌工人及巾帼建功标兵称号。7 个基层工会分获省、市模范职工之家称号，7 个一线班组分获全国青年文明号、河北省先进集体、五一巾帼标兵岗、河北省青年安全生产岗和冀北公司工人先锋号，1 个党支部获国家电网"电网先锋党支部"，3 人获河北省月度好人。公司先后荣获全国"安康杯"竞赛先进单位、国家电网红旗党委、河北省诚信企业等荣誉称号，荣获庆祝新中国成立 70 周年活动保电先进集体、冀北公司、秦皇岛市工会工作先进单位。

（二）组织结构

【公司领导】

总经理、党委副书记	朱晓岭（7月离职）	纪委书记、工会主席	刘彦斌
总经理、党委副书记	陈建军（8月任职）	副总经理	赵雪松
党委书记、副总经理	刘守刚（12月离职）	副总经理、总会计师	邱俊新
党委书记、副总经理	刘少宇（12月任职）	副处级调研员	李文琦
副总经理	张长久	副处级调研员	朱连波
副总经理	周铁生		

【公司组织结构】

国网冀北电力有限公司秦皇岛供电公司 2019 年年末组织结构

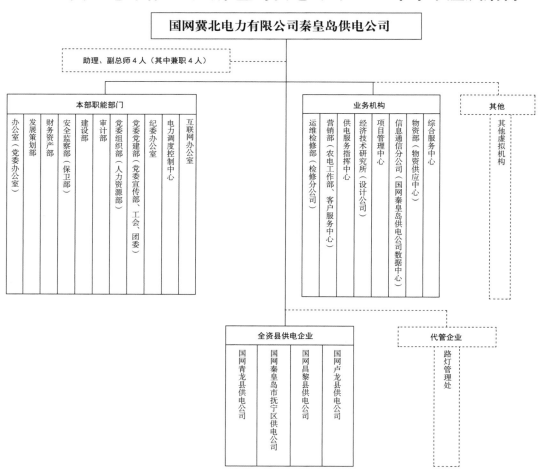

二、电网发展

（一）规划与发展

【"十三五"电网规划】

开展地区"十三五"110 kV 及以下电网规划滚动修编工作，形成市、县两层面城网规划、农网规划、智能化规划等"1+4+8"成果体系。加强与政府规划对接，关注重点项目进度，坐实地区负荷预测，确保电网设施建设高效有序。公司市、县两级单位深度对接各级国土部门，将秦皇岛"十三五"末及"十四五"规划项目纳入市、县规划国土部门的城市总体规划和土地利用规划，预留电网规划项目站址用地及廊道，实现电网规划与城市总体规划深度融合。

▶ 10月21日，经济技术研究所汇报配电网网格化规划成果（王巍 摄）

完成秦皇岛地区 110 kV 全区和 35 kV 及以下各电压等级分区县电网现状地理接线图绘制工作，实现电网规划可视化目标。完成地区配电网规划，理清各区县目标网架。编写泛在电力物联网 2019 年规划业务调研材料和项目需求，形成分析报告，开展"网上电网"试点数据汇集与治理，促进北戴河综合示范工程规划实施。

（袁彬瀚 王巍）

【电网项目前期工作】

项目储备充足可靠，支撑服务强效有力。优化项目评审流程，实行过程精细管控，完成 220 kV 及以下初步设计内审 10 项；完成配网基建、生产性技改、大修可研储备项目评审 1301 项，审定投资估算 13.6 亿元；完成配网基建、生产性技改初设项目评审 517 项，审定投资概算 3.9 亿元；完成非生产性大修技改零星项目、培训项目等评审 20 项；完成技改项目造价分析、输电线路"三跨"改造等项目后评价工作 18 项。

▶ 4月19日，经济技术研究所组织召开配网基建评审总结交流会（王巍 摄）

加大基础设施领域补短板力度，充分发挥重点电网工程在电网高质量发展、清洁能源消纳、电力精准扶贫等方面的作用，满足社会发展用电需求，根据秦皇岛电网发展"十三五"规划有关工作安排，按照重点突出、高效推进的工作思路，2019年完成市重点项目董庄 110 kV 输变电工程、南戴河 110 kV 主变增容输变电工程、国能生物质发电 110 kV 送出工程、金梦海湾 110 kV 输变电工程、站东 110 kV 输变电工程、杨庄主变增容输变电工程、河东寨 110 kV 变电站新建工程等 7 个规划项目的核准工作并完成陈肖平 220 kV 线路工程、两山 110 kV 输变电工程、昌黎 500 kV 变电站 220 kV 扩建工程可研编制工作，提前超额完成电网项目前期工作任务，启动三峡青龙光伏送出、田各庄、圆明山、朱建坨 110 kV 项目的可研编制工作。

（王巍　袁阳）

【配电网规划与管理】

1. "十三五"规划期发展情况

根据"十三五"规划情况，秦皇岛供电公司 2016—2019 年 110 kV 电压等级建设线路 358.92 km，新增变电容量 1300 MV·A；35 kV 电压等级新建线路 67.23 km，新增配变容量 60 MV·A；10 kV 电压等级新建线路 2019.7 km，新增配变容量 1757.2 MV·A。

"十三五"期间公司配电网得到长足发展，城乡电网供电可靠性、电压合格率显著提高。提前一年完成农网改造升级任务，配合政府完成"光伏扶贫""引水上山""煤改电"等多项政策性利民惠民专项工程。

2. 配电网规划与管理

为保障"十三五"规划工作完美收官，2019 年公司开展配电网项目后评价工作，对 2016—2018 年存在的关键问题及重点建设任务、实施过程、可持续性等方面进行分析，为后续精准规划奠定基础。

为保障规划成果质量和项目储备深度，组织开展规划专业全员培训，通过内外部专家授课，开拓规划专业眼界，提升规划专业水平，提高规划人员素质，规划工作提升到新台阶。

开展 2019 年度配电网规划研究，完成地区"十三五"规划报告滚动修编工作。更新完善市、县两层面"1+3+7"专题专项报告、"2图+2清册"成果体系。形成地区 2020—2022 年 110 kV 及以下项目储备计划 1539 项，计划总投资 32 亿元。

3. 积极配合冀北公司增量配电网试点改革工作

积极响应国家电改政策，全力配合市发展改革委开展增量配电网试点业务。全面完成国家第二批增量配电网试点秦皇岛经济技术开发区增量配电网前期工作，相关信息报送国家电网备案。

配合政府完成国家第五批增量配电网试点秦皇岛开发区东区山海关港区增量配电试点项目申报。

（袁彬翰）

【新能源发展与并网管理】

近年来，秦皇岛地区风电、光伏发电持续快速发展，技术水平不断提升，成本显著降低，开发建设质量和消纳利用明显改善，为建设低碳、安全高效能源体系发挥了重要作用。秦皇岛供电公司严格落实国家各项新能源政策文件和国家电网管理规定，坚持创新、协调、绿色、开放、共享的新发展理念，进一步加强新能源并网运行全过程管理，实现新能源并网运行管理标准化、制度化、规范化。为促进新能源与电网协调发展、同步建设，发电企业与公司签订接网协议，明确投产时间和双方责任义务，确保新能源项目本体工程和接网工程同步投运。应用国网新能源云平台，借助环境承载力、规划计划、厂商管理、消纳能力计算等 11 个子平台，实现新能源项目全流程业务在线管理，新能源消纳服务水平大幅提升。

截至 2019 年年底，秦皇岛地区累计并网风电场 5 座，集中式光伏电站 10 座，低压并网分布式光伏 3487 户，新能源装机总容量达 541.2 MW。目前，在建平价光伏电站项目 1 个，装机容量 150 MW；在建风电场 2 项，装机容量 130 MW；前期核准风电场 4 项，装机容量 270 MW；前期核准垃圾焚烧发电项目 2 项，装机容量 32 MW。

（刘大志）

【科技发展与管理实施】

结合公司实际，优化整合科技资源，持续加大科技攻关力度。实施"光伏+电采暖模式下农村配电网电压风险评估研究"，构建电采暖设备功率需求随机模型与考虑适用性的分布式光伏功率输出随机模型、农村配电网电压风险评估指标体系，开发"光伏+电采暖"农村配电网电压风险评估系统。参与冀北电科院的"紧凑型输电线路可靠性提升技术及工程应用"荣获中国电力科学技术奖三等奖；参与冀北电科院的"单相智能电能表质量一致性评价及稳健性设计关键技术研究"荣获 2019 年中国仪器仪表学会科学技术二等奖。公司两项成果"输电线路高空作业新型自锁滑车"和"抗干扰型铁芯接地电流检测装置"通过国网新技术评估。

"基于目标导向和可靠性提升的配电网网格化规划研究与应用"入选国网经研体系科学技术进步奖二等奖，先后获得河北省质量科技成果特等奖 1 项、一等奖 1 项，冀北公司优秀管理创新推广成果 1 项，冀北公司管理创新论文大赛三等奖 1 项，北京市管理创新成果二等奖 1 项，电力行业 QC 小组故事演讲比赛二等奖 1 项，电力行业质量信得过班组建设二等奖 1 项。"配电网工程投资规划与可研估算分析工具"获国家版权局计算机软件著作权。"北戴河区 10 kV '简单智慧云网'建设规划"获公司青年创新大赛三等奖。2 篇论文入选 2019 年电力工程造价专业交流论文集，其中 1 篇获得国家电网定额系统 2019 年度电力工程造价管理论文三等奖。

（王巍）

（二）配电网建设

【配电网建设概况】

2019 年公司配电网基建项目共计 345 项，总投资 31 736.42 万元。其中，新（改、扩）建 10 kV 线路 162.76 km；新建开闭所 6 座；新增及改造配电变压器 437 台，容量 111 510 kV·A；新（改、扩）建 0.4 kV 线路 262.77 km，配电变压器综合配电柜（JP 柜）430 个。

【配电网示范区建设】

联合冀北公司经济技术研究院共同组建项目攻关团队，不断优化设计方案，严控工程建设质量及进度，于 6 月 17 日顺利投产冀北公司首个源网荷储主动智能配电网示范工程——开发区 10 kV 宁海大道开闭所，作为泛在电力物联网样板工程，为智慧能源泛在互联做出示范、形成引领。

▶ 6 月 17 日，冀北公司首个源网荷储主动智能配电网示范工程竣工投产（吴荡 摄）

践行两网融合理念，联合冀北公司经济技术研究院启动实施技术迭代升级，针对地区电网特点研制全电化移动储能设备，实现削峰填谷、保电、救援等多场景灵活应用，参与开发区园博园指挥中心、北戴河家庭旅馆区、煤改电等重要场所保供电，提升电网设备的用能效率及智能化水平，提高供电可靠性。

▶ 6 月 20 日，全电化移动储能设备（许林成 摄）

【配电网建设管理】

启动配电网基建遗留工程清零行动，编制下发《实施方案》并严格计划刚性管理，全面落实标准化建设、依法合规、精准投资、现场安全等相关要求，实施专人督导、定期约谈、现场办公等手段，及时解决困难和问题，清零行动成效显著。工程管理水平得以有效提升，巡视（巡察）和审计等风险有效化解，配电网支撑安全生产和优质服务能力不断增强。

▶ 3月5日，召开配电网基建遗留工程清零行动协调会（赵一 摄）

完成2019年配电网勘测、编制、审核及入库项目需求435个、42 168.02万元。选取海港区城市B类区配电网为典型实例，经济技术研究所和海港区客户服务分中心开展项目需求编制工作，根据优化网架结构、改善供电质量、提高装备标准、提升智能水平、深化新技术应用五大类项目需求类型和电网现状，对配电网建设改造策略、项目需求情况及整体成效预测进行分析，典型设计、标准化物料应用率100%，为公司配电网规划、建设提供有力支撑。

以卢龙、山海关业主项目部为样板，按区域标准化建设配电网工程3个项目部，配置设计和甲方工地代表，对照岗位安全责任清单，健全、明确安全管理职责界面和责任分工，切实提升履责能力，构建工程现场管控一体化协同运作机制，推行规范化业务管理流程，高质量、精益化开展工程前期、协调、实施和现场安全精益管理。

严格落实现场作业"十不干""三十条安全措施""十八项禁令"要求，深入开展安全巩固提升行动。对施工单位承载力、建档立卡信息进行动态梳理，严格分包和施工队伍管理，加强施工过程监督，不断提升现场风险防控能力，针对

环境复杂、高处、近电、带电等风险等级较高作业，制定控制措施，严格"三措一案"编、审、批，以"飞行检查"等方式不定期开展现场安全检查15次，发现整改问题63项，有效规范现场作业秩序，确保施工现场安全管控到位。

▶ 3月22日，公司召开安全巩固提升会议（赵一 摄）

加大协调力度，快速解决工程实施过程中存在的问题和困难，北戴河10 kV草场等6项迎峰度夏工程提前投产，为配网安全度夏提供强力支撑。统筹已批复项目和已到货物资，加快青龙等区域14项涉及低电压隐患治理问题类项目实施，确保百姓诉求第一时间得到响应，夏季大负荷前全面完成隐患治理。

▶ 9月28日，煤改电配套工程全部竣工（严磊 摄）

强化部门协同，完成确村确户、可研及初设一体化编制与评审、物资供应、施工计划安排、开工部署及现场实施推进，在取暖期前完成47

项（10 282 户）"光热＋"煤改电配套工程建设，确保百姓温暖入冬，助力打赢"蓝天保卫战"。加快推进河北港口、秦热发电等"三供一业"供电移交代管工程攻坚收尾，确保移交改造任务顺利完成，提高居民供电设施配置标准，提升百姓生活质量和获得感、幸福感。

（三）农网建设

【农村电网改造升级】

2019 年共计完成 6 个批次 244 个单体农网项目，投资 17 397.1 万元。全年新增及改造配电变压器 325 台，容量 68 160 kV·A；新建及改造 10 kV 线路 102.61 km；新建及改造 0.4 kV 线路 186.58 km，JP 柜 325 个。

持续深化标准化建设改造，搭建交流学习桥梁，组织开展优质工程交流学习活动，积极推进配电网优质工程创建，全面提升施工工艺水平。青龙 10 kV 八道岭村台区新建等 2 项配电网工程入选冀北公司配电网优质工程，开发区 10 kV 宁海大道开闭所新建工程被冀北公司推荐为国网优质工程。

国网冀北电力有限公司部门文件

冀设备〔2019〕58 号

国网冀北电力有限公司设备管理部关于命名 2019 年度配电网"十六佳"优质工程的通知

国网唐山供电公司、国网张家口供电公司、国网秦皇岛供电公司、国网承德供电公司、国网廊坊供电公司：

为深入贯彻"三型两网、世界一流"建设要求，进一步提升配电网工程建设管理与管理水平，加快建设网架坚强、运行可靠、泛在物联的一流现代化配电网，公司组织开展了 2019 年配电网优质工程评选工作。依据《国网设备部关于做 2019 年配电网百佳工程评选工作的通知》（设备配电〔2019〕62 号）和《国家电网公司配电网优质工程评选管理办法》（国网〔运检 /3〕922-2018），公司对五家地市推荐上报的 50 项配电网工程项

附件

国网冀北电力有限公司 2019 年度配电网"十六佳"优质工程名单

排序	工程项目类别	项目名称	所属单位
1	配电站房	秦皇岛开发区 10kV 宁海大道开闭所新建工程	国网秦皇岛供电公司
2	10 千伏线路	唐山玉田玉铺 110 千伏变电站 10 千伏线路新建工程	国网唐山供电公司
3	10 千伏线路	张家口怀区 10 千伏 532 宝平暨分支线路改造工程	国网张家口供电公司
4	10 千伏线路	唐山乐亭 10 千伏翔安 532 分支线路新建工程	国网唐山供电公司
5	10 千伏线路	承德围场县 10 千伏三义永 513 线路改造工程	国网承德供电公司
6	配电台区及低压配网	张家口张北县 10 千伏及以下大河互动幸福院新建台区工程	国网张家口供电公司
7	配电台区及低压配网	承德宽城县 10kV 尖宝山台区新建工程	国网承德供电公司
8	配电台区及低压配网	廊坊大厂 10 千伏牛万宅村综合台区新建工程	国网廊坊供电公司
9	配电台区及低压配网	张家口康保县 10 千伏南井子村台区新建工程	国网张家口供电公司
10	配电台区及低压配网	冀北廊坊大安县 10kV 西各庄村综合配变新建工程	国网廊坊供电公司
11	配电台区及低压配网	张家口蔚县 10 千伏及以下光明村村网改造工程	国网张家口供电公司
12	配电台区及低压配网	张家口怀来 10 千伏及以下东花园新民基新村网改造工程	国网张家口供电公司
13	配电台区及低压配网	廊坊香河县 10 千伏国庄台区 4 新建工程	国网廊坊供电公司
14	配电台区及低压配网	唐山迁西庙岭头村 10kV 及以下村网改造工程	国网唐山供电公司
15	配电台区及低压配网	承德滦化县湾沟门乡湾沟门村 0.4 千伏湾沟门村台区改造工程	国网承德供电公司
16	配电台区及低压配网	秦皇岛青龙县 10 千伏八道岭村台区新建工	国网秦皇岛供电公司

▶ 8月5日，公司配网基建工程获得冀北公司优质工程（赵一 制）

【乡镇供电管理】

2019 年，按照冀北公司和国家电网工作要求，深化"全能型"乡镇供电所建设工作，创建 1 个国网五星级供电所（抚宁杜庄乡供电所）。截至目前，公司共创建 4 个国网五星级供电所、9 个冀北公司四星级全能型乡镇供电所。

按照深化"全能型"乡镇供电所建设要求，不断加强供电所日常管理，把星级供电所建设与日常工作有机结合，要求供电所严格按照工作标准执行，搜集完善相关记录、台账等资料，根据资料整理周期进行存档。建立供电所联查常态机制，组织专家组成员对供电所日常工作落实情况、各专业部室重点工作执行情况等进行综合检查。营配末端融合业务取得成效，率先在冀北地区开展移动作业末端融合应用试点工作，每所至少配置 10 个移动作业终端，达到深度应用要求，进一步实现营配末端业务深度融合。按季度开展县供电企业综合评价工作，有效管控县级供电企业各项管理指标，四季度县供电企业（共 43 个县供电企业）综合评价中，公司 4 个县供电企业总排名分别是卢龙县供电公司（第 5 名）、抚宁区

供电公司（第17名）、昌黎县供电公司（第26名）、青龙县供电公司（第30名）。

（王岩 程建国）

（四）工程管理

【电网建设情况】

2019年，公司基建工程项目共17项，完成基建投资5.38亿元，新增变电容量$40×10^4$ kV·A，新增线路长度200.06 km，新开工和投产项目均按里程碑计划开展。

【基建专业管理】

1. 工程安全质量管理有效提高

落实电网建设"五项"管理机制，承办冀北公司"转作风、强管理、抓落实"专项活动，推广"秦电安全"APP应用和开发质量通病二维码，深化作业层班组标准化建设和核心分包队伍培育管控，推动关键人员落实安全责任，坚决做实现场两级管控。按期完成基建现场安全管控可视化系统应用，成立安全动态风险监控分中心，专人负责值班监护，梳理重大风险远程监控计划，实施全方位实时管控。在戴河—黄金海岸、京能热电—黄金海岸220 kV线路施工跨越高速公路、铁路和电力线路时严格执行"一方案一措施一张票"，严格落实"两案一措""一严三禁"，加强到岗到位和逐级监督检查，严肃责任追究。扎实推进工程技术工作。董庄等3项工程（董庄、站东、金梦海湾）首次开展三维设计并取得初设批复，探索三维设计、三维评审、三维移交，提高工程设计质量和设计深度，同时上半年提前完成全年施工、监理和物资招标，并取得中标结果。稳步开展工程技经工作。完成工程结算10项（220 kV：黄金海岸、京能热电；110 kV：河南、葛园、华润青龙风电、肖营子配套二期；35 kV：青龙王

厂站改造、昌黎荒佃庄主变增容、卢龙印庄—陈官屯改造、新荒线π入施各庄），开展服务类招标19项，完成6项工程辅助转资工作，全面开展2018年造价分析，站东等4项工程（董庄、站东、金梦海湾、杨庄主变增容）全面启用施工图预算第三方评审机制，严格执行国家电网施工图预算管理，在冀北公司率先完成结算清零工作。开展"党建＋基建"一体化建设。组织开展"不忘初心、牢记使命"主题教育，"新区党员先锋队"通过组织连建、队伍连抓、目标连责，组织广大党员进现场开展"重温入党誓词""守初心、担使命、亮建决胜京能热电""三亮三比——我是党员我先行"等党员活动，打造和谐外部环境，提高基建队伍现场攻坚克难能力，增强队伍凝聚力，实现"党建＋基建"双提升。

▶ 黄金海岸220 kV变电站于2019年9月18日启动投产（史文全 摄）

2. 圆满完成重点工程建设任务

举全公司之力，圆满完成黄金海岸和京能热电工程电网建设，工程涉及5个区县、12个乡镇、72个行政村，线路长度194 km，累计跨越9处铁路、10处高速公路，工程克服建设周期短、安全风险大、属地协调难，在工程前期融合、物资供应、停电安排、竣工验收、信息通信和安全管理方面取得新的突破，两项工程提前10个月建成投产，公司电网建设受到秦皇岛市委、市政府和冀北公司主要领导的肯定。探索"智慧天眼"

泛在电力物联网基建试点应用。应用北斗卫星开发黄金海岸变电站"智慧天眼"人员管理系统，全面实施参建人员实名制信息化动态管控，提升现场安防措施，实现人员、机械、物料在线监控、在线预警，确保"一人一卡"管住现场参建人员，"一点一机"管住作业关键信息，现场各项信息远程监控操作，其中"智慧天眼"泛在电力物联网基建试点应用作品代表公司参加冀北公司青年创新创意大赛，取得第二名的好成绩。工程前期工作取得新突破。首次在工程开工前办理完成"四证"手续（建设用地规划许可证、建设规划许可证、施工许可证、国土证），实现地区工程依法合规开工；联合公司"一口对外"办公室积极跑办市人民政府，促成秦皇岛市人民政府出台《秦皇岛市人民政府关于加快电网发展建设的实施意见》，加快和简化电网项目审批流程，明晰电网建设补偿标准，为电力建设争取巨大政策支持；协同属地公司积极联系属地政府，开展黄金海岸和京能热电线路征拆，确保两项工程全面进场施工。

（许明强）

三、企业管理

（一）计划与投资管理

【计划管理】

1. 计划管理指标情况

（1）经营指标完成情况。售电量 133.4×10^8 kW·h，同比增长 -2.34%；线损率 5.5%，同比降低 0.01 个百分点；营业收入 69.03 亿元，同比降低 3.91%；利润总额 44.61 亿元；经济增加值（EVA）$424\,647.92$ 万元，公司资产总额 55.77 亿元，同比增长 6.94%；资产负债率 21.33%，电费回收率 100%。固定资产完成 9.77 亿元。续建项目投产 110 kV 及以上线路 266 km，变电容量 46×10^8 kV·A。

（2）售电量完成情况。2019 年，受国家宏观经济政策调整和经济转型换挡的双重影响，秦皇岛地区售电市场维持稳中有进、稳中向好发展态势，全年完成售电量 133.4×10^8 kW·h，电量在冀北公司 5 市中排名第 5 位，同比增长 -2.343%，增速在冀北公司 5 市中排名第 5 位。

（3）线损指标完成情况。2019 年供电量 141.17×10^8 kW·h，同比下降 2.36%；售电量 133.4×10^8 kW·h，同比下降 2.34%；损失电量 7.76×10^8 kW·h，线损率 5.5%。

2. 计划管理主要工作

（1）执行项目计划。严格落实国家电网、冀北公司相关要求，按照《专项计划管理界面及项目分类表》《项目命名规则》《项目可研编制模板、评审及批复规范》等规范要求，加强投资精准性、规模合理性、结构优化性、立项准确性、流程规范性、资料完备性研究，为下年项目储备打好基础。加强项目立项、计划执行、招标采购、工程施工、竣工结算全过程管控，加强考核与评价，将此项工程与各单位月度绩效考核相结合，制定责任明晰、可操作性强的考核措施，保障项目计划的精准执行。

（2）加强指标管控。2019 年，公司按照"兼顾考核管理，强化过程管控"的工作原则，优化指标管理体系，提升指标管控能力，减少各专业传统优势和完成情况始终较好的指标，关注工作短板及冀北公司重点任务指标，将指标数量缩减，综合计划指标体系不断精简、优化。加强指标过程管控，坚持月度分析及考核，关注指标督办，形成持续改进的闭环管理模式，公司全年各项指标管控良好，指标管控能力持续提升。

（3）节能管理。开展节能宣传周活动，2019 年全国节能宣传周的活动主题是"绿色发展　节能先行"。结合节能宣传主题和实际，公司开展形式多样、行之有效、针对性强的宣传活动，使大家充分认识节能减排的重要意义，不断增强责任感和使命感。公司助力社会节能和电能替代，坚决贯彻国家电网节能减排发展战略。

实时监控各基层单位用能情况，对能源消耗控制不理想的单位及时提出预警，综合能耗实现同比下降；报送各种能源报表及能源利用状况报告。

通过各级能源管理审查，按照政府部门和冀北公司要求，分别完成 2018 年度能源利用状况自查评分和自查报告，提供相关辅助文件，为公司能源管理各项得分提供有力支持。公司在生产经营中执行节能制度，实施节能项目，采取降损措施，推广电能替代，推动社会节能，公司生产经营中始终贯穿节能减排主线。

【投资管理】

1. 固定资产投资

2019 年，公司固定资产投资完成 10.57 亿元，其中电网基建 8.61 亿元，小型基建投资 479 万元，生产技改 10 980 万元，生产辅助技改 1202 万元，资本性电网信息化项目 310 万元，资本性营销项目 3742 万元，零星购置 2871 万元。

主网架建设方面，2019 年建设 220 kV 工程两项：冀北秦皇岛黄金海岸 220 kV 输变电工程、冀北秦皇岛京能热电 220 kV 送出工程，总投资

2.53 亿元；110 kV 工程 9 项：冀北秦皇岛站东 110 kV 输变电工程、冀北秦皇岛金梦海湾 110 kV 输变电工程、冀北秦皇岛董庄 110 kV 输变电工程、冀北秦皇岛杨庄 110 kV 变电站主变增容输变电工程、冀北秦皇岛新区 110 kV 输变电工程、秦皇岛河东寨 110 kV 输变电工程、冀北秦皇岛黄金海岸 220 kV 变电站 110 kV 送出工程、冀北秦皇岛华润青龙风电 110 kV 送出工程、冀北秦皇岛葛园 110 kV 输变电工程，总投资 2.85 亿元。

配农网建设方面，完成城市配网及县域电网投资 35 kV 及以下总投资 3.14 亿元，新增变电站布点和新建线路，强化 35 kV 网架结构。

2019 年新开工 110 kV 及以上线路 59.35 km、变电容量 40 MV·A；投产 110 kV 及以上线路 185.5 km、变电容量 46 MV·A。

2. 基层大修投资

2019 年下达基层大修项目四批次，包含第一批次 1134.74 万元、第二批次 1144.71 万元、第三批次 1272.81 万元、第四批次 5310.14 万元，总投资 8862.40 万元。投入重点：一是配合年度春检预试，解决输、变、配电设备存在的缺陷。二是设备、设施防汛项目消缺。三是其他急需解决的维修项目。四是安全性评价及反措要求需要落实的项目。

3. 投资专业重点工作

（1）综合计划执行。按照冀北公司下达的综合计划，细化分解落实项目计划：电网基建（包含 220 kV、110 kV 电网基建项目，35 kV 及以下配网基建项目，35 kV 及以下配网续建项目，农网升级改造工程项目）、小型基建、生产技改（直属、县供电子公司）、生产辅助技改、零星购置、生产大修（直属、县供电子公司）、生产辅助大修、研究开发、信息化建设（直属、上划县公司）、营销投入（直属、上划县公司）、教育培训，并按照专业分工督导相关部门加以落实。

（2）电网发展诊断分析。按照电网投资"四级贯通、分级负责"的管理要求，诊断工作贯通到市和县公司，对 2018 年电网发展情况进行诊断评估，重点分析当前电网投入产出和经营效益情况，提出地市电网亟待解决的典型问题和需要满足的发展需求，总结经验和不足，编制《电网发展诊断分析报告大纲》，在系统中填报详细诊断数据，提出 2020 年投资计划安排策略和"十四五"规划建议。

（3）基建项目后评价工作。加强投资管理，提高投资决策水平，完善投资决策机制，规范投资项目后评价，选取冀北秦皇岛肖营子 220 kV 输变电工程和配电网项目进行后评价，对历年已完成后评价的常规工程开展"回头看"评价，滚动更新运营数据，持续开展评价，编制完成年度后评价报告编制工作。

（4）项目管理工作。综合计划下达后，对项目物资需求进行梳理，按采购方式分类，明确流程。组织项目管理人员 ERP 系统操作培训。跟踪节点、严控过程、召开项目推进会，利用 ERP 系统对合同签订、供货、入库、报账等节点实时监控，分析进展情况，推动项目执行。

（5）基建建议计划。按照冀北公司要求，公司于 7—8 月完成下年度基建建议计划编制工作，及时报送冀北公司备案，为公司下年度基建施工做好充分准备。

（牛益国）

【统计管理】

完成各项统计工作任务。按月度、季度、年度上报冀北公司生产统计报表、农网统计报表、节能减排报表。按月度、季度、年度完成统计局、发展改革委及政府其他部门的统计报表报送及统计调查工作。完成统计农网年报冀北公司自查工作，参与完成冀北公司统计年鉴审核工作，编辑出版《2018 年秦皇岛供电公司统计资料汇编》。

进行"网上电网"系统试点建设。作为国家电网和冀北公司"网上电网"试点建设市级单位之一，公司在 2019 年 5 月启动建设工作后，迅速成立由公司主管领导牵头、发展策划部统筹管理、各专业部门协同配合的领导小组和工作小组，覆盖系统建设所有专业，延伸至县公司各专业部门，横向管理和纵向管理有效结合。目前，系统已实现市县公司全覆盖，同步开展数据集成和专项试用工作。主要完成工作有：一是完成设备档案接入，开展源网荷设备自动统计。完成生产设备各专业系统间匹配，设备、项目相互匹配，实现生产设备源头取数，设备年报过渡到设备月报，各专业打破壁垒、互相融合。二是推进运行数据治理。解决 E 文件缺失问题，查找用采系统源端数据缺失问题，发现一个、解决一个，向冀北公司提出源数据传递流程建议，提高源数据接入率。三是配合开展专项试用工作。调研设备运行状态变化测点取数情况，上报源网荷设备统计试用报告，配合项目组完成主配网设备负载率分析，讨论专项功能，反映建设诉求。四是完成公司资产主网架治理工作。逐个变电站、逐条线路梳理网架，消除孤单厂、孤单站、断头线、飞线等问题，在 PIS 2.0 系统中实现 35 kV 及以上各电压等级电网完整成图呈现，与现实网架结构真实对应。

（訾爱媛）

（二）人力资源管理

【人力资源概况】

公司全口径用工 4393 人，同比降低 3.2%。本部主业 1214 人，县公司 1076 人，集体企业 2044 人，路灯管理处 59 人。女性 790 人，占比 17.98%，男性 3603 人，占比 82.02%；平均年龄 44.68 岁；大学专科及以上学历 2361 人，占比 53.74%；初级及以上专业技术资格 1910 人，占比 43.48%；技师及以上职业技能等级 2104 人，占比 47.89%。

获国家电网人力资源工作先进集体荣誉称号，获得冀北公司管理创新论文一等奖 1 项、优秀奖 2 项，河北省管理创新成果三等奖 2 项，1 项绩效管理案例入选国网绩效"工具箱"，深化"三项制度"改革亮点成效在国家电网报刊载。

【领导班子和干部队伍建设】

编制"1+N"干部人事制度体系建设规划，制定《中层干部培训管理办法》。严格选用程序，明确民主推荐是考察对象产生的必经程序，采取"先谈话调研推荐，后会议推荐，再深入考察"方式，推荐结果作为考察对象确定的重要参考。优化成长路径，探索副科、党务正职、行政正职的干部成长路线，促进党务和专业知识双提升。全面落实中组部开展档案 3 年审核要求，完成科级干部和干部身份员工的档案审核，有序推进工人身份人员档案审核。规范领导班子分工调整和报备流程。严格因私出国（境）管理，制定相关模板、标准和流程，并加强宣贯，严格审批、报备，切实提高规矩意识。深化干部系统、人力资源管理系统和人事档案三维对比核查，筑牢信息基础。

【人才队伍建设】

一是加大人才开发力度。完成 2018 年度专业技术资格认定和评审（70 人通过初级认定，18 人通过中级认定，64 人通过中级评审公示，65 人通过高级评审公示）。参与制定冀北公司优秀人才管理办法，组织完成 2018 年度优秀专家人才考核，引导发挥引领带动作用。二是开展系统外专家人才选拔。组织完成"电力行业技能人才培育突出贡献奖""模范退役军人"选拔申报工作。1 人荣获河北省突出贡献技师称号。

【劳动组织管理】

一是深化"三型两网"机构调整。制定《"三型两网"有关机构调整实施方案》，设置互联网办公室，完成有关机构及职责调整，成立泛在电力物联网柔性攻关团队，为"三型两网"建设提供组织和人员支撑。二是优化调整党建工作机构。制定完善党建工作机构设置实施方案，完成党建工作机构优化调整，健全并明确机构分工。三是试点建立岗位任职资格体系。组织规划、运检、营销、物资4个试点专业参加冀北公司集中办公，构建527条分类分层的试点专业岗位任职资格标准，优化典型岗位体系目录，形成试点专业的任职资格基础库，为健全岗位任职资格体系奠定基础。四是有序推进内设机构标准制定。依据冀北公司内设机构设置标准，结合公司业务流程，对内设机构设置进行评估试测，针对性提出反馈意见并持续修改完善。五是完成定员测算工作。组织公司各专业部门规范设备台账统计，完成2019年度定员测算。

【劳动用工管理】

一是完成年度新员工接收。做好2019年度迎接毕业生入职服务，组织开展新员工轮岗实习；完成退役士兵接收工作，履行企业社会责任。二是健全以劳动合同为基础的契约化用工机制。强化试用期满考核、首次合同期满考核两个"窗口期"，落实解除劳动合同等退出机制。三是组织开展张家口冬奥帮扶工作。选派7名员工到张家口公司开展冬奥人才帮扶，选派35人加入2022冬奥会张家口赛区场馆保电人员团队，选派4人加入冬奥电力保障技术专家团队。四是促进公司人力资源优化配置。结合各部门实际情况和岗位需求开展组织调配工作；开展2018年挂岗锻炼人员留用工作，进一步优化人力资源配置；开展2019年岗位竞聘工作，有效解决公司部分急需管理、技术岗位缺员现状。五是积极组织开展上级单位内部市场相关工作。组织完成冀北本部挂职（岗）锻炼、直属单位岗位竞聘、帮扶、选拔借用等工作，向冀北公司及所属单位输送14名优秀干部员工（智能配网中心10人、本部1人、电科院1人、综服公司1人、物业公司1人），3人借用至冀北清洁能源汽车公司，1人援藏挂职，完成四川公司2名青年骨干实践锻炼。

【薪酬及福利保障管理】

一是进一步优化工资总额分配机制。首次制定公司《工资总额管理办法》，将工资总额核定

与各单位人数逐步脱钩，与业绩、效益、效率紧密对接，逐步建立"增人不增资、减人不减资"的薪酬分配机制，引导各单位内部挖潜、提质增效。二是规范表彰奖励项目清单。以精简表彰项目和严控评比表彰规模为原则，结合公司实际，完成评比表彰项目清理规范工作，进一步提升表彰项目的示范性和引领作用。三是开展退休人员统筹外补贴自查整改工作。根据国资委《关于有关中央企业违规向退休领导人员发放统筹外补贴问题整改工作的通知》（国资党委考分〔2019〕130号）和发展改革委《关于开展中央企业违规向退休人员发放统筹外补贴问题专项整改工作的通知》及国家电网和冀北公司相关通知要求，对统筹外补贴项目进行全面自查，逐项梳理统筹外补贴执行政策依据，严格核查发放标准，按要求对市、县（区）两级公司统筹外补贴项目进行规范整改。

【全员绩效管理】

完善以业绩贡献为导向的绩效考评机制，进一步优化绩效结果分级评定。以公司业绩提升为统领，员工C、D级比例不再统一划定比例，创新实施"三维联动"机制，即在冀北公司根据年度业绩考核对公司差异化确定的基础上，对公司绩效管理规范、年度业绩考核优秀的单位，可分别再降1%。实施年度预分级，并根据联动因素精准调整，更加合理地确定公司各等级比例人数，进一步激发组织和员工活力。

（三）培训管理

【职工教育培训】

统筹设计培训项目，突出培训"精准效应"。坚持围绕"精准"二字，建立培训项目"双向动态"储备机制。一是充分应用大数据技术，结合走访调研、问卷调查等，对以往培训课程、内容、

面向对象和实际效果进行深入分析挖掘,形成"自下而上"的培训需求。二是借鉴兼职教师队伍专业意见,特别是国家电网、冀北公司级兼职教师、技能考评员及竞赛调考专业教练的意见,形成"自上而下"的培训要求。"双向动态"统筹规划培训项目,持续强化培训项目的针对性、实效性、前瞻性与先进性。配合各专业做好 2019 年培训计划的有效实施,组织实施职工教育培训项目 86 项(共 223 期),完成培训 19 793 人次,促进全员素质能力分层分级精准提升。

强化培训资源开发,促进培训"信息智能化"。重点通过借助信息化平台和现代化管理手段,强化对培训调研、储备、立项、实施、反馈的全过程精准化管控。一是建立完善"兼职教师智库"。充分利用"互联网+"大数据分析优势,构建涵盖兼职培训专家库管理、七大维度的培训师能力模型、五大模块培训知识体系、培训师成长体系、培训师能力提升对比分析的"兼职教师智库",建立系统定制化培养计划,强化对培训师能力素质、培训效果的精准评估,推动兼职教师的高效、合理和智能使用培养。二是建立"培训微信签到系统""智能培训考试平台",通过人脸识别技术、微信签到打卡和线上线下考试系统监控,强化对参培人员、培训纪律的严格管理,重点提高学员参与度,解决好培训质效不高等问题,促进培训整体效能的持续提升。

建立新员工培养计划,进行针对性培训。自新员工入职后,分别参加公司、冀北公司组织的新员工入职培训;进行岗位认知实习,了解公司各基层部门的职责分工、专业技能;参加国家电网新员工集训;集中学习电网运行、安全管理等基础课程。促进新员工的多元化、复合型职业规划培养。

【能级评价工作】

有效开展能级评定,激发员工"学习活力"。严格贯彻落实冀北公司的有关要求,细致研究、分析技能能级评定与技能鉴定的管理办法,制定

相关的执行方案,组建能级评定专家团队,各专业做好向冀北公司乃至国家电网推荐能级评定专家的准备;加强申报、审核、评价、结果应用的过程管控,做好能级评定与技能鉴定的平稳过渡;注重评定结果在薪酬调整、职级聘任、人才评选等方面的应用,做好正向引导,进一步激发一线员工活力。公司 2019 年完成全部 52 个专业的能级评价申报工作,公司报名评价人数共计 306 人,其中高级技师申报人数 145 人,技师及以下报名人数 161 人。

【兼职培训师队伍建设】

加强培训师队伍建设,促进师资潜力深挖。依托内部资源,组建由 61 名专家、技术骨干为主的兼职教师队伍,侧重于使用内部员工进行经验、技艺授课,在向内挖潜的同时形成带动效应,营造全员培训的浓厚氛围。同时依托"互联网+"技术,通过"兼职教师智库"系统,建立兼职教师的储备、培养、使用、评价等全流程管控,实现公司对兼职教师队伍的动态管理。

【在职学历教育管理】

专业对口,学以致用。公司鼓励职工利用业余时间参加在职学历教育,提高业务工作能力。2019 年全年共有 42 人取得大专学历,27 人取得本科学历,25 人取得硕士学位。

(四)财务与资产管理

【经营和财务状况】

截至 2019 年年底,秦皇岛供电公司资产总计 55.77 亿元,比 2018 年年底增加 3.62 亿元,资产负债率 21.33%,较 2018 年增长 0.04%,利润总额 44.61 亿元,比 2018 年减少 2.52 亿元,经济增加值 42.46 亿元,比 2018 年减少 2.82 亿元。利润总额和经济增加值减少主要受售电量下降和

一般工商业降价影响。

【财务信息化管理】

按照国家电网多维精益管理体系变革统一部署，财务资产部积极推进会计科目回归财务本源，管理维度从会计科目中剥离，构建"会计科目＋管理维度"多维精益反映体系。全面梳理"会计科目＋管理维度"的对应关系，积极开展财务管控系统、MDM系统、国网商旅云和员工报销业务系统优化梳理工作，确保多维精益管理体系变革落地实施。

【预算与成本管理】

结合输配电成本监审要求，秉持服务生产运营需要和服务精益管理的原则，改变现有成本预算管控模式，进一步推动公司本质安全建设，保障电网高质量发展。一是在预算分配前端充分考虑按业务类型等多维度信息展示需求，贯通预算分配和会计核算链路，实现"预算—核算"信息多视角、多维度分析展示。二是推进全价值链的预算精益分配。在标准成本测算的基础上，以"每一个员工、每一台设备、每一项工作"为切入点，细化成本预算管控，全面支撑精准预算管控和业务核算管理。

【资产与产权管理】

深入贯彻多维精益管理体系变革的总体思路和建设原则，保质保量完成冀北公司下达的资产清查盘点任务，积极开展对公司下辖全部不动产、后勤资产和其余各类存量资产的全面清查盘点工作，规范有效资产增量，盘活有效资产存量，监管有效资产流量，优化有效资产总量，更加适应输配电价改革监管的需要，进一步提升企业固定资产精益化管理水平。

【资金管理】

根据国家电网深化新型资金管理体系建设工作要求，围绕"1233"新型资金管理体系建设思路，稳步推进现金流"按日排程"工作，提升资金集约效率；专题研究"省级直收"工作，积极探索电费管理由"市级直收"向"省级直收"转变，精准定位业务重心及关键节点，优化提升"市级直收"管理水平，理顺关键节点，提升电费资金归集效率，保证资金本质安全。

【工程财务管理】

充分发挥工程财务在投资、资产两端的价值桥梁作用，以"投资预算管过程、竣工决算促转资"为目标，强化工程财务全过程管控。落实冀北公司"放管服"工作要求，从源头抓起，按照工程项目实际需求合理分配工程投资预算。将工程结算、转资前拆分等工作的及时性和准确性作为协同监督管控目标，促进工程及时转资、及时决算。持续推进在建工程清理，2019年共清理在建工程66项，转资金额25 327.56万元。

【全面风险管理与内部控制】

全面开展月度实时监督，综合运用线上线下监督手段，突出监督重点，注重监督时效，及时改进管理薄弱环节。以内外部审计整改问题和华北审计中心线上审计疑点工单为抓手，与业务部门相互协同，举一反三开展自查自纠工作。通过组织开展财务稽核监督及内控风险管理工作，进一步提升公司依法合规管理水平。

【财税管理】

根据国家减税降费相关政策规定，财务资产部充分利用税务改革带来的红利，进一步合理降低公司纳税成本，包括：销售电力产品增值税税率由16%降至13%；取得不动产或不动产在建工程的进项税额允许一次性抵扣；国内旅客运输服务进项税额允许抵扣；辅导公司员工填报个人所得税专项附加扣除信息。

【财务专业人员建设】

2019年开展"财务大讲堂"系列活动，涵盖预算、工程、电价、资金、税务、稽核内控等多个方面。通过"财务大讲堂"，增强基层单位之间的沟通与交流，增进业务部门与财务资产部门之间的协作效率，展示财务团队的管理能力，进一步增强财务工作在企业管理中的影响力，快速提升财务队伍整体水平。

（五）物资管理

【物资计划管理】

严格管控需求计划提报，巩固优选物料、固化 ID 应用，提质增效，顺利完成全年各批次计划申报工作。2019 年全年，完成物资类申报 12 个批次，需求计划提报 238 条，估算金额 6646.4 万元；完成主配网协议库存 4 批次，需求计划提报 594 条，估算金额 4.26 亿元。完成服务类 9 个批次，需求计划提报 215 条，估算金额 2.74 亿元；完成冀北公司服务框架招标 2 个批次，需求计划提报 181 条，估算金额 8.18 亿元；完成服务框架执行 11 个批次，需求计划提报 2548 条，估算金额 3.43 亿元。

（高寅）

【物资标准化管理】

在巩固固化 ID 应用成效的基础上，深入推进优选物料使用，提高物资采购标准执行率和优选率比例。助力冀北公司标准化工作开展，协助梳理国网设备采购标准，并形成物料采购标识规则。

（高寅）

【物资采购管理】

零星物资涵盖办公用品、运维劳保、车辆、计算机、硅钢片、小 e 专区等物资，具有品类杂、数量多、单价低、需求频次高等特点。零星物资采购管理没有捷径，靠的是统筹的前瞻性、规划的大局观、管控的精细化。2019 年，公司零星物资采购与供应即国网商城电商化采购工作继续以计划需求为引领，以物资供应协同为主线，创建 591 笔有效订单，执行金额 5114.79 余万元。

把为下一道工序服务纳入公司零星物资请购工作现场流程中，根据国家电网与冀北公司相关规定、规范，严格执行零星物资采购策略，即优先选择一级专区商品，其次是二、三级专区商品。严格掌控新增请购物资上线第一级审批管理。

规模采购，规范作业。公司零星物资采购业务依据国家电网、冀北公司批次采购策略管理模式开展，即办公类物资请购全年共执行 3 个请购批次，分别安排在每年的 3 月、6 月和 9 月进行；非办公类物资请购原则上按办公类物资请购批次执行，辅以即时请购与紧急需求作为必要补充手段，以全面满足项目工程施工进度需要。

以"零星物资采购结算及时率大于 85%"为业务管控底线，依据"一单一评价"管控模式，对请购物资、票据未实物妥投的，坚决不允许供应商点击"货物妥投"，对请购物资、票据实物妥投订单，及时做好物资验收、分拣配送、报账付款工作。为确保系统操作严谨无纰漏，合同履约人员在 MIGO 收货前，确认供应商已按照约定日期点击"货物妥投"，并要求财务在货物妥投 44 天内完成"电 e 宝"付款操作。

梳理权限，规避风险。严格按照国网对零星物资电商化风险防控重要指示，公司按照冀北公司部署，全面梳理辖区零星物资采购业务流程，实现电商采购、验收、结算等业务流程的闭环管控。

严禁采购专区涵盖的大中小类物资。申报批次采购，并根据批次采购，适时增补需求。按照"总部直接组织实施和总部统一组织监控、省公司具体实施"采购策略，合理补充申报零星物资采购商品 4 个批次。

（沈凤利）

【物资供应管理】

强化监督管控，保障合同签订及时率、准确率 100%。落实冀北公司部署，扎实推进"三金一款"清欠工作，建立工作台账，明确责任分工，闭环管控全业务流程，顺畅与项目部门沟通协作机制，高效解决滞付问题，加快"三单"办理时效，圆满完成相关支付任务。2019 年共计完成 706 个工程项目合同签订 8873 份，合同总金额 50 228.89 万元，涉及供应商 390 家，到货物资结算率为 93%。

严格执行里程碑计划，超前介入，合理谋划，建立差异化物资供应模式。结合工程实施进度，持续开展增量设备实物 ID 贴签工作。加强信息收集，掌控生产动态，通过履约协调会、赴厂监督等手段，同时结合"规范基建物资供应管理"协同监督项目实施，提升物资供应协同能力，高效保证黄金海岸、京能热电等重点基建工程物资供应。建立"日报 + 周总结"工作机制，结合电话跟踪、驻厂催货等措施，统筹开展物资催交催运，完成"煤改电"工程履约任务。2019 年共制订供应计划 14 825 条，涉及工程项目 698 个，涉及供应商 327 家，到货物资金额累计 45 476.68 万元。

（王永红）

【物资仓储配送管理】

2019 年仓储工作坚持以安全为基础，以标准化为支撑，以问题为导向，进一步夯实标准化、规范化管理基础，深化管控措施，全面做好仓储物资保管，提升物资供应保障能力。按照环评要求，完善仓储功能，完成仓库废旧危化池存储设施改造，废旧蓄电池等废旧危化品环境污染品的保管条件全面提升，有序推进柳村仓库危废环评工作。有效开展仓储物资保管业务。合理利用仓库仓储资源，做好煤改电等物资的收发与保管，通过对项目物资入库暂存代保管，有效支撑、服务公司生产经营大局。进一步规范报废回收，退役资产保管，结余物资再利用物资业务管理。

仓储信息化标准化得到进一步提升。按照冀北公司统一部署，深化市县两级注册仓库仓储管理，开展 WMS 上线应用，仓储管理系统进一步完善和优化，仓储物资精细化、信息化管理水平全面提高。多措并举，开展积压物资盘活利用。建立闲置库存资源和积压物资盘活利用机制，加强在库物资库龄分析，及时向物资所属部门提供积压预警信息，深挖闲置资源再利用价值，通过物资调拨再利用平台，完成闲置库存物资跨省、跨地市调拨，取得库存资源共享、节支降耗的效果。

（李守东）

【物资质量监督管理】

横向协同项目部门，强化设备制造过程监督见证。全年共组织专业技术人员 18 人对黄金海岸 220 kV 变电站新建工程等 6 个工程主设备关键生产环节进行监督，完成见证工作 6 次。配合冀北公司为加强冬奥工程物资质量监督工作，完成对涉冬奥直属工程 5 家供应商的巡检。全年共计派遣 6 人配合冀北公司完成国家电网 2019 年度省公司二级采购目录（电能计量箱、配电箱）招标采购联合资格预审。严格落实"四个百分之百"全覆盖要求，全面开展检测业务，对重要物资或质量问题突出的物资，增加关键性能指标检测，提高发现问题的能力，减少质量风险，累计完成到货物资抽检 94 批次，发现处理问题 17 条，避免超过 269 万元不合格产品流入电网。

（朱庆海）

【物资监察管理】

配合省公司完成批次集中招标采购现场全过程监督工作。充实公司招标采购监督专家库，在库监督专家达到 9 人，其中一级监督专家 3 人，二级监督专家 6 人。强化廉洁自律，依据冀北公司物资部修订的《廉政保密风险防控手册》组织物资从业人员签订《廉洁自律承诺书》，签订率 100%。建立"三全三化"物资监督体系，落实冀北公司物资监督工作重点措施，切实有效防控物资管理风险，全面提升物资管理风险防控水平。

（杨晓卓）

（六）运营监测（控）中心管理

【运营监测（控）体系运行】

围绕"三型两网"建设中数据深化应用和"两

个聚焦"（"跨专业、跨部门"和"公司级"两个焦点），延续管理建议、数据预警等方法，持续完善公司级监测分析主题库，建立"二十四节气"常态监测预警模式，监测分析管控能力进一步增强。

【全面监测管理】

开展重点指标监测，以综合计划与预算在线监测为抓手，围绕企业负责人业绩考核、同业对标、综合计划等核心指标，对项目类主题、售电类项目等重点指标展开常态监测；全面负责冀北公司指标类主题监测，协同项目组对省公司、地市公司指标开展数据收集、分析综合计划相关指标执行同比变化情况和执行偏差情况，促进计划有序执行。发布并常态实施"二十四节气常态预警"。经深度整合提炼，聚焦决策层关注点、经营管理薄弱点及公司发展关键点、效益提升瓶颈点，按照时令性、成熟性、价值型的原则，发布2019年二十四节气常态监测预警主题35项，定期输出预警报告，监测预警工作持续向常态、固化方向发展。开展专题监测，过程管控公司农配网运行、报废资产处置等情况，提升公司农配网资产运行效率与运营效益，提高公司运营风险防控能力。深化多主题专题监测，加强与营销稽查融合建设，精准锁定异动目标，全年各类监测成效41.75万元。

【运营分析管理】

固化运营动态、专题分析、即时分析三级分析体系，辅助公司经营发展决策。立足全局站位，持续优化综合分析，持续丰富分析视角和内容，构建营业收入净额、营业总成本、利润总额、量本利关联指标分析模型。开创性开展外部环境监测分析，对重要外部环境监测分析以动态、简报形式发布，全年发布电力直接交易最新动态8期。丰富综合运营分析内容，重要分析领域拓展至县公司，对月度综合运营分析报告正式行文，提升综合分析价值。

深化推进管理建议工作，全年累计提出管理

建议10项。一是发挥数据价值作用，通过数据挖掘分析，找准趋势、变化、差距与短板。二是把握跨专业协同视角，突出数据的关联性和同一数据在不同专业领域的价值作用。三是监测分析视角向生产领域拓展，先后完成《关于冀北地区配电台区功率因数的分析报告》《秦皇岛供电公司配电网三相不平衡治理数据挖掘分析与建议》等4篇专项分析报告的编制工作。

【协调控制管理】

运营协同向支撑服务方向转变。全面落实公司年初职代会运监专业明细数据支撑服务其他部门要求，调整站位，运营协同向支撑服务方面转变。常态运营协同方面，上半年，共发起运营协同工作单72项，横向协调运检、营销、调控等专业部门，其中派发配网停电工单10项，共计核查配网长时停电线路122条次，配网重复停电线路360条次；核查重载台区37台次、过载台区15台次。明细数据支撑方面，重点围绕台区线损治理、低电压治理、线路故障停电、项目物资到货、综合计划执行等主题，提供明细数据信息近5万条。异动科学诊治方面，不停留在异动表象，努力与其他部门建立异动科学诊治工作机制，理顺运监事前预警、业务部门协同分析、异动处理过程追踪与治毕反馈工作流程，固化"运监＋异动部门、单位"模式共同护航公司经营管理提质增效。

【全景展示管理】

常态运行"秦皇岛关键指标监测"展示屏，涉及投资建设、生产运行等六大模块主营业务指标。对月度综合计划和预算在线监测中的指标监测成果运用Tableau展示技术对外展示，增强专题监测的可视性。常态更新维护公司运营监控网页专栏，实现对接外部环境。投运"数说秦皇岛"展示屏，用数据见证公司历史发展、描绘"四个卓越""十三五"发展蓝图。

【模型工具建设】

投产公司级核心运营指标看板。一季度投产

地市公司级往来账管理业务管理模型工具。公司牵头负责设计的冀北公司分布式能源并网监测工具也初具规模，监测分析能力水平进一步提升。

常态输出模型工具监测分析报告。在冀北省市一体化团队及博望公司支撑下，常态发布重要客户、台区停电、故障报修、业扩全流程时限等模型工具"一键生成报告"。

【运营数据资产管理】

初步建立企业级数据资产管理模式，全面夯实监测数据基础，规范数据需求、数据接入、数据维护、数据质量管理各阶段工作，常态开展工作台问题核查，进行工作台、可视化系统数据准确性核查。承担冀北公司五位一体业扩流程试点监测任务，研发业扩流程轻量级模型工具，实现端到端流程绩效监控、效能分析和综合评价，促进岗位职责落实，构建数据管理协同机制，常态即时分析，建立典型案例分析库，实现管理疑点快速预警、存在问题快速解决、经营风险有效防范。

【组织结构对接】

按照省市"三型两网"组织机构改革方案部署要求完成组织机构改革。在组织机构对接过渡阶段，全员动员，全力保障业务不断不乱。

（张雪梅）

（七）依法治企

【规章制度建设】

组织开展党内规范性文件集中清理。印发专项工作方案，对2018年12月31日及以前印发的105件规范性文件进行了清理，确定44件为党内规范性文件，其中废止21件、失效14件、修订1件、继续有效8件；严格执行规章制度计划管理，2019年共新建制度3项、修订制度1项、废止制度3项。

【合同管理】

严格合同审查，协助业务部门起草《柳村仓库库区作业腾挪物资劳务合同》《灯具及发电机等设备维护保养合同》等参考文本13份。2019年共审查经济合同2143份，涉及金额11.97亿元，未发生合同纠纷；整理归档2018年合同文本2225份。

【法律纠纷协调与处理】

完善案件基础资料，整理归档历史案件卷宗93册。2019年新发诉讼案件12起，涉案金额362.38万元，其中市公司4起，县公司8起，目前已结案4起；协助处理执行案件2起。

【法律风险防范体系建设】

编制实施2019年法律风险控制计划，将"触电人身伤亡""因私事出国（境）""电费拖欠"等七大类风险点纳入重点防控对象；按照冀北公司要求，开展软件著作权法律风险专项检查，经排查目前公司独立开发的软件共有1项，未发现软件著作权法律风险；按照"应审必审"原则，对参与秦皇岛经济技术开发区增量配电改革试点项目业主市场化优选竞标等事项出具4份法律意见书，防范决策风险。

【普法工作】

印发公司2019年《法治企业建设工作要点》《普法工作要点》，明确年度重点工作。制作《幸福是什么》宪法宣传片和宪法宣传台历，增强广大职工学习宪法的热情。组织公司机关党员观看《特别追踪》普法电影，弘扬诚信守法意识。

（赵晶晶）

【审计工作】

全年共组织开展内部审计9项，实施审计签证1944项，审计资产总额2.19亿元，发现问题143个，提出审计意见及建议173条，促进公司增收节支137万元。认真落实冀北公司审计工作部署，工作成效突出，1人被评为河北省内部审计先进个人，1人被评为冀北公司优秀党员，公司审计部被评为河北省内部审计先进集体。"国网丰宁县供电公司经理任中经济责任审计"获评冀北公司优秀审计项目，2篇审计案例获评冀北公司优秀审计案例。审计工作综合考核在冀北A组七家单位中位居第一。

1. 圆满完成迎审参审工作

提高工作站位，严格落实配合审计主体责任，完成冀北公司田博董事长任中延伸审计迎审工作，公司领导及各专业主要负责人靠前指挥，分级沟通协调，针对审计发现问题即知即改，全力完成迎审任务。主动对接冀北公司审计工作需求，积极协调专兼职审计人员34人，外出工作98天，完成廊坊任中审计、浙江人力资源专项等5项参审任务，工作成果得到充分认可。

2. 全面抓好问题整改

有效落实国家电网问题整改验收标准，与审计意见同步下发整改报告及佐证材料验收参考标准，促进提升审计项目整体质量和问题整改标准化水平。突出问题整改时效，要求被审计单位立查立改，全面完成年度整改工作任务。推动重点领域问题整改，切实促进配网工程清零行动工作的全面开展。做好重大问题、专业管理重点问题研究分析工作，编写集体企业工程机械租赁情况专题报告及营销管理问题综合分析报告，促进相关管理部门完善管理措施。

3. 加快推进数字化审计工作

不断适应新形势、新要求，坚持走数字强审之路，加大审计信息化、数字化研究力度，创新优化审计组织方式及方法手段，将数字化审计不断向深处引进。着力构建远程在线全量数据分析与现场重点核实审计高效模式，加快形成审计实务方法体系，不断缩短现场审计时间，提升审计工作质效。

4. 不断强化审计队伍建设

牢固树立"监督不是高人一等，但要技高一筹"理念，以学、训、练、战等多种形式持续提升审计人员"四项能力"。着力强化关键业务能力和工匠精神培养，重点发现和培育一些一专多能、复合型跨界审计人才。注重专兼职审计人员梯队建设，积极储备后备人才，确保审计队伍稳定和持续发展。

（李立国）

（八）管理提升

【标准化建设】

2019年公司依照冀北公司企协的工作要求，扎实推进制度标准宣贯，定期组织召开标准化工作会议，强化制度标准宣贯执行和培训，建立严格的监督考核机制，营造标准化建设氛围，标准制度有效落实，促进管理提升，标准化工作高效推进。按照标准化年度工作计划，明确重点工作任务，召开工作会议，对制度标准进行宣贯，组织各县公司、各工区、各班组进行相关培训工作，定期对基层单位进行走访和检查，查阅相关标准执行情况记录，纠正各单位在工作中出现的问题。按照标准化信息系统登录要求，组织各部门每个工作日登录，重点学习国家电网通用制度和各项业务工作标准，全年共登录系统35 681人次。

制度标准执行情况如下。

1. 识别确认情况

2019年公司共转发宣贯国家电网标准94项，经相关识别确认适用于公司标准52项，使公司标准宣贯执行迅速有效。

2. 分解落实情况

制订年度培训计划，明确年度学习重点，各单位进行分解，结合标准化信息系统的使用、安全日活动，分层级、分专业开展标准化知识培训与学习。

3. 执行应用情况

按照标准化信息系统登录要求，组织系统内

各单位、工区、班组在册人员坚持每个工作日登录、收藏、评价，定期组织培训学习，对标准执行应用情况进行汇总审核。

4. 监督检查情况

严格按照《国网秦皇岛供电公司标准化工作考核实施意见》采取现场抽查与评价结合的方式对各单位进行考核，分别对各单位进行评价，结果纳入公司绩效考核，各单位对工作的重视程度有所提高。制定监督检查方案，积极开展标准化工作现场评价工作，针对发现的问题及时督促其纠正和改进，提升标准化管理。

（张琳）

【管理创新】

公司 2019 年管理创新硕果累累，共有 14 项管理创新成果分获北京市、河北省和冀北公司级荣誉。冀北公司级 2019 年度管理创新成果方面：党委组织部《"1+2"三维激励模式下实现员工收入能增能减的探索实践》获得二等奖，《供电企业基于岗位任职资格和全员量化考核的员工能上能下管理》获得三等奖。发展策划部《电能替代发展战略深化研究及推广应用》和运维检修部《智能配电网项目"四全"精益化管理体系构建与实施》获得冀北公司 2019 年度优秀管理创新推广成果。河北省省级企业管理现代化创新成果方面：运维检修部《电力配网抢修全流程精细化管理体系的构建与实施》获得二等奖；党委组织部《基于"四维"修正因素模型的内部人力资源市场体系构建与实施》和《基于"四统一"的市县一体化统筹运作企业补充医疗管理体系构建与实施》获得三等奖。2019 年度管理创新论文大赛方面：党委组织部《基于人力资源生态的岗位精益化管理体系创新构建与实施》获得二等奖；营销部《基于末端业务融合的台区同期线损管理新模式研究》、经济技术研究所《推行精益化过程管控，提升技改检修储备项目技经管理水平》获得三等奖；营销部《运用智慧型管理理念，构建综合能源服务新业态》、项目管理中心《电力企

业基于泛在电力物联网背景下的电网管理探索与实践》、党委组织部《基于"两维三位"的管理机关绩效考核》《深化"三项制度"改革高效完成"停薪留保"人员复工》获得优秀奖。

公司科协每年精密组织、超前谋划全年创新成果项目及工作的开展，全年把控成果流程，密切跟踪项目实施，重视科技成果的创新与转化；公司党委办公室、安全监察部（保卫部）、财务资产部、党委组织部、电力调度控制中心、运维检修部、经济技术研究所、营销部、工会等单位科技人员发挥不断进取、勇于创新的特点，立足本职岗位做奉献，不断进取求创新，在各自的岗位上推陈出新，不断涌现出优秀的管理创新成果，为公司科技发展做出突出贡献。

（张琳）

【同业对标】

1. 同业对标工作组织实施

调整对标管控策略，有效开展对标工作。按照冀北企协年度工作会议精神，积极调整指标管理策略，持续有效开展：一是召开年度同业对标专业会，总结 2018 年同业对标完成情况、布置全年工作安排，宣贯落实 2019 年指标体系并分解至各部门单位。二是根据上半年指标完成情况，对标办召开座谈会，明确提出下一步同业对标工作指导意见，诊断分析指标，预测年度完成值，针对短板提出具体措施改进提升。三是按时参加冀北企协组织的专业培训。公司同业对标工作不断向好，坚持开展诊断分析，达到指标管理稳中有升的工作效果。

2. 同业对标工作具体开展情况

（1）编制完善《2019—2021 年秦皇岛供电公司同业对标指导手册》，结合公司现状认真分析每个指标实际水平，影响指标水平不利、有利因素，对比先进单位或企业指标目标值，查找分析存在的差距和原因，结合公司 2～3 年内的重要项目、大额资金及重大安排，提出切实可行的提升措施，预测年度可达水平值或预测值，以此

指导公司上下开展同业对标工作，根据每半年度、年度实施情况滚动修编同业对标指导手册，补充措施，修订预测值，实现"找差距、抓改进、促提升"的工作目标。

（2）卓越绩效评价师队伍建设成效显著。组织宣贯《县级供电企业卓越管理指导细则（试行）》，逐项分解、逐一落实，全面深入推进县级供电企业卓越绩效管理新模式，组织各县级开展自我评价，查找管理特色亮点和改进机会。强化专题培训，提升能力素质，共计组织公司级、县级等培训5次，组织参与冀北公司、外部培训6次。其中外部培训所有人员全部通过考核，获得中质协卓越绩效评审员资格9人，获得企业自评师资格7人。通过充分发挥卓越绩效专家的专业引领和示范带头作用，有效解决企协专业纵向贯通的问题，提升各层级卓越绩效管理水平。

（3）深化县级卓越绩效应用。按照冀北企协要求，着力提升县级供电企业的服务能力和效率效益水平，组织县公司深入贯彻学习《深化国网冀北电力有限公司县级供电企业卓越管理深化应用工作方案》，确立在4家县级供电企业全面推广，组织4家县级公司制定相关组织机构、工作推进方案，分别召开启动会议，并于7月上报国标版自评报告。通过梳理基层单位对接部门脉络，构建公司"一市四县"卓越管理深化应用"一脉贯通"新模式。

（4）有效组织县公司AAA级评审。经冀北公司推荐，国网昌黎县供电公司作为5家示范引领县级供电企业之一，申报中国水利电力质量管理协会组织的"电力行业卓越绩效标杆评价"工作。公司派专人组织指导国网昌黎县供电公司启动自评报告编写，成立相关组织机构，形成工作方案，明确各项任务完成时间节点，组织专家和专业培训9次，国网昌黎县供电公司在8月顺利通过中国水利电力质量管理协会文稿评审，10月31日至11月2日国网昌黎县供电公司迎接现场评审，最终顺利通过卓越绩效AAA级水平认证，

12月5日正式在海南授奖。

（九）信息通信工作

【信息通信建设与管理】

依据进一步完善传输网、业务网、支撑网技术原则和骨干网、接入网建设原则，编制完成《2019—2024年通信网滚动规划》；细化《变电运维主辅设备监控系统通道通信需求与通信方案》，实现对所辖变电站主辅设备信息集中监控。以提高公司核心业务的安全运行率为抓手，综合考虑各类生产业务的数据流向、带宽需求及可靠性要求，对网络结构进行持续优化完善，对业务承载方式进行调整。全年共计编写通信优化方案3项，通信方式调整46项，提升区调至县调、运维班的带宽容量，进一步均衡传输网承载的业务种类和数量。

全年共完成计划检修56项，执行标准化作业巡检卡56套，网管通信电路数据调整526条，蓄电池放电试验18组，纤芯测试470芯，发现并处理缺陷隐患3项，全面保障通信设备健康水平。

▶ 4月15日，通信运检人员对通信设备进行春季巡检（李明祥 摄）

全面贯彻冀北公司TMS数据治理统一部署

和要求，多措并举，高效保障工作开展。优于冀北公司推进时点要求，完成所辖通信站点空间资源、光缆资源台账治理和传输资源及配线资源治理，数据质量大幅提升。

全年共计完成 263 条光缆纤芯数据治理，完成 990 条业务数据治理，光缆基础属性和配线治理、专用纤芯业务治理完成率均为 100%。

根据《国网信通部关于开展 ADSS 光缆"三跨"隐患治理工作的通知》要求，与输电专业配合，对本地区 ADSS 光缆"三跨"隐患进行排查、梳理。一是在输电专业、设计单位支撑协助下，建立 ADSS 光缆"三跨"隐患台账，按区段制定隐患治理方案，分年度纳入改造计划。二是在输电专业协助下，对部分隐患点进行现场巡检、拍照，根据现场情况排查出隐患等级，为制定本地区 ADSS 光缆"三跨"隐患治理年度计划提供依据。三是增进与输电、运检专业沟通，加强 ADSS 光缆"三跨"区段日常风险防控，确保 ADSS "三跨"光缆运行安全。

▶ 4 月 22 日，信息运维人员巡视公司信息机房设备（仇海峰 摄）

先后完成 2009 版电能表更换 2 万余户，完成上行通道光纤改造 403 个台区。更换 11 个台区 HPLC 模块，建成停电事件主动上报实验区，支撑台区侧电能表停电研判、电量异常监测等应用。开展对台区"变—箱—表—户"的现场核查工作，全年共完成 327 个台区、51 560 户用户的核查任务，规范并更正 GIS 系统台区图形 307 个。

基本完成北戴河电网全检监控中心建设；完成 200 余台智能配变终端安装调试工作；完成 3 座智能化配电室建设，包含环境监控、局放在线监测及空调、风机联动等；完成 6 条配电线路的馈线自动化改造；完成源网荷储示范项目数据接入配电自动化系统主站。感知层建设已初步实现试点效果，随着运行经验的积累和技术的成熟，物联网的覆盖范围不断提升，泛在电力物联网工作试点成效显著。

【信息通信系统安全与保障】

开展电网保护、安控业务通道重载情况核查，建立重载光缆及设备清单并制定重载治理方案。梳理单条光缆、单台设备故障可能造成的安全风险，分析并制定运行风险管控措施。通过方式优化、网络调整、改造建设等措施，合理控制、有效降低生产业务安全运行风险。全年共完成核查方式 136 项，风险预控 3 次，完善预案 6 项，使地区通信网发生影响业务的故障同比下降 10%。

以落实通信网规划和通信网容灾建设为抓手，借助项目建设管理，优化和调整通信网建设实施计划，稳步推进通信基础设施建设，持续提升通信网光纤覆盖率和网络可靠性。

全年相继实施调度程控交换系统改造业务切改，港东、娄杖子站通信电源改造，平方、李庄、王校庄、武山、槽沟、玉皇庙、崔各庄、秦皇岛中心站等蓄电池改造；完成黄金海岸、肖营子配套、昌城等工程方式安排、业务调整、验收等工作。

▶ 11 月 20 日，冀北信通专家组检查指导公司通信安全工作（仇海峰 摄）

加强网络及信息系统建设，针对客服中心、福电楼、变电楼、调度楼4个网络汇聚点设备老旧问题进行网络改造，确保信息系统平稳运行。针对信息网络资源，对指标相关联的汇聚站点地址资源进行整合及优化，降低网络时延，缩短路由收敛时间，进一步提高指标管控能力。对机房内超年限运行"专用精密空调"进行改造及扩容，整体改善机房空调动力环境运行状态，实现空调联机运行与监控统一的冗余运行模式。

先后完成河北省公安厅组织的"护网2019"攻防演习、公安部组织的网络安全攻防演习及新中国成立70周年活动保电、北戴河暑期保电等重要保障任务。保障期间，全面落实信息安全管控要求，累计投入200多人次开展系统监测、应急值守、现场信息安全督查等工作，高质量完成网络安全零漏洞、零入侵、零篡改防守任务。

持续开展信息系统（设备）隐患排查。按照端口、权限最小开放原则对在网系统（设备）进行全面排查治理，并及时修复发现的系统漏洞。每月利用漏洞扫描网络设备对所辖信息网全网段3749台设备（系统）进行全面漏扫、整改工作，做到漏洞隐患设备（系统）即时发现即时整改。完成250余台网络设备的接口安全配置，实现对部分危险端口的屏蔽工作。暑期前对核心机房电源及动力环境设备进行全面检查和隐患处理，确保全年信息网络系统稳定运行。

▶ 11月20日，冀北公司专家组检查指导公司信息安全工作（仇海峰 摄）

根据国家电网"一人多机"整改要求及冀北科信部"移动终端整合"要求，对所辖在运移动作业终端进行升级及整合，在要求时限内完成整合移动作业终端500台，并对老旧终端进行腾退，全面实现"一人一账号一终端"工作目标。

全面贯彻落实两级两会精神，夯基础、抓管理、强安全、保稳定、促发展，充分发挥信息通信专业在公司安全生产和经营业务的支撑、保障和服务作用，圆满完成全年各项工作任务。2019年10月信息通信分公司被冀北公司授予"庆祝新中国成立70周年活动保电先进集体"荣誉称号。

截至2019年12月底，光缆线路运行率、光传输设备运行率、保护业务保障率、安控业务保障率、自动化业务保障率、调度电话保障率、数据通信网业务保障率均为100%。

（张恩江 李明祥）

（十）供电服务指挥中心管理

【供电服务指挥平台建设成效】

贯彻国家电网《关于开展供电服务指挥平台建设试点工作的通知》精神，以打造国家电网先进试点单位为目标，以客户为中心，以提升供电可靠性和优质服务水平为重点，以全面提升配网运营效率效益和供电服务水平为方向，公司供电服务指挥中心正式实现实体化运作。2018年6月28日，按照国家电网《关于全面推进供电服务指挥中心（配网调控中心）建设工作的通知》要求，城区配网调控业务划转至供服中心，并更名为供电服务指挥中心（配网调控中心）。

供电服务指挥中心（配网调控中心）为独立二级部门，下设配网调控班、配电运营班、服务指挥班、技术保障班 4 个班组，对外是以客户为导向的供电服务统一指挥机构，集中响应客户诉求；对内是以可靠供电为中心的配电运营协同指挥平台。供电服务指挥中心（配网调控中心）负责开展统一指挥、协调督办、过程管控、监控预警、分析评价等工作，执行承接前端线上线下服务渠道接入与后端服务资源调配的指挥中枢职能，为打造公司"强前端、智中枢、大后台"的"互联网+"供电服务体系提供基础支撑。

▶ 8 月 20 日，供电服务指挥中心（配网调控中心）（史文全　摄）

以提升坚强智能、管理高效、服务优质为落脚点，以提高配网调控、配网指挥、服务指挥 3 项业务能力为抓手，夯实服务基础，构建过程透明、信息在线、流程融合的供电服务体系，打造供电服务新名片。

【供电服务指挥中心深化运营】

按照公司建设要求，全力推进供电服务指挥工作再提升，打造"主动、智能、快速"指挥链条，加深服务信息集约，强化专业横向协同，构建以供电服务指挥中心为源头的"立体式"数据治理及服务优化管理体系，实现各项业务水平质效提升。配网抢修指挥能力全面提升。配网抢修指挥依托供服平台落实自动化、智能化，已实现抢修工单自动精准派发、短信精准通知到户、主动抢修预警、故障分析细化、数据稽查贯通等。2019

年，实现接派单及时率 100%，移动抢修 APP 在 47 个班组全覆盖后，同时推进抢修指挥三级督办管理，着力开展故障辅助研判、工单质检、现场行为管控等业务，实时回传故障信息及抢修进度，整体提升用户用电体验。配网主动运检能力全面提升。由"被动抢修"向"主动抢修"转变，以配电自动化、用电信息采集及 PMS 系统为依托，感知配网设备运行状态，精准研判故障，借助供服平台，构建重点运行指标监测、研判、督导、反馈工作机制，提升主动监测、主动抢修、主动服务水平，支撑配网设备抢修和运维管理。分步、分批次完成配网调度业务划转。2019 年 5 月 10 日完成开发区全部 10 kV 电网设备及北戴河区、北戴河新区、海港区变电站 10 kV 馈线，2019 年 11 月 1 日北戴河区、北戴河新区全部 10 kV 电网设备配网调度业务划转。科学安排配调运行方式，提高电网供电可靠性。编制月度预计划停电分析 12 份，减少重复停电，随时掌握配电网的负荷变动情况和设备运行情况，合理安排配电网运行方式，提高供电可靠性。

（刘方圆　张志强）

【供电服务指挥中心系统建设】

供服系统建设工作逐步深化，以国家电网设备〔2018〕1044 号文件为依据，着力解决夯实基础阶段遗留问题，满足深化运营阶段要求，优化提升配电运营管控能力、配网生产指挥能力、业务协同指挥能力、客户服务指挥能力、服务质量监督能力、智能化供服 APP 移动作业能力、配网大数据高级应用、配网深度数据融合及接口，全方位拓展供电服务指挥中心业务支撑能力。

结合公司深化建设思路及管理创新，引入大数据、人工智能等前沿技术，从 3 个方面深化供电服务指挥系统建设：一是完成 15 项全网首家亮点高阶功能应用，支撑秦皇岛供电服务指挥中心业务运转，达到标杆单位水平。二是深化抢修指挥能力，实现多屏联动互动指挥、全景可视化监控、智能分词分析、精准网格派单、抢修全过程管控、抢修设备状态实时校核、重点线路管控、故障多维分析、工单智能主动服务、抢修服务资源管控、低压服务站管控、网格化分析管理、稽查工单 OA 联动闭环管理、配网批准书线上作业、智能化配网操作票精益化管控，提升抢修协同指挥能力。三是深化客户服务能力，实现多维度分析客户行为信息，建立重要客户、区域性群体画像，提效时限预警与主动服务；全面监控用户停复电状态，多渠道提升督办效率，加强主动服务，优化客户用电履约监控；开展监测预警分析，优化服务风险敏锐感知能力，实现全业务、全口径服务过程高效管控；实现基于馈线和配变的可开放容量的计算、发布和查询，提升业扩业务效率效益。

备，确保数据分析工作有序开展。充分运用大数据技术数据支撑能力，多频度、多角度实现对全业务关键指标实时监控，围绕指标计算路径和数据流入，运用设置阈值、同比、环比、拟合、趋势等工具，实现数据对比分析，主动发现指标异常、数据异动和趋势波动，推送异常信息。开展关键指标定期统计通报，定位异常节点，建议改进方向，标注工作重点，为公司管理提供工作思路及智慧支撑，为公司全业务开展提供多样化支撑管控服务。开展各专业管理决策方案联动推演验证，推演方案辐射业务、影响范围、影响效果，归集管理短板及决策优势，避免管理疏漏，优化管理决策，落实全局统筹一体化管理格局，全面助力管理转型升级。

▶ 5 月 13 日，供电服务指挥平台主屏（邓统轩 摄）

▶ 7 月 11 日，供电服务指挥中心分析报告（张晓飞 摄）

（邓统轩 李治国）

【供电服务指挥平台大数据应用分析】

依托智能化、数字化、结构化的海量数据储

四、安全生产

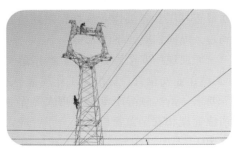

（一）安全管理

【安全生产与监督管理】

紧密围绕国家电网、冀北公司2019年安全生产工作整体部署，坚守安全红线和底线，压实各级安全生产责任，突出预防为主、源头治理和过程管控，全面深化安全风险管控，健全预防为主的安全管理体系，不断夯实安全管理基础，切实增强安全管控能力。

压紧压实安全生产责任。坚持党政同责、一岗双责、齐抓共管，各级主要负责人作为安全生产第一责任人严格履行法定职责，所有领导班子成员对分管范围内的安全工作负领导责任。按照"管业务必须管安全"原则，对业务范围内电网、人身、设备、网络信息及交通、消防安全负直接管理责任，在部署开展专业工作的同时，同步履行安全投入、教育培训、风险管控、安全检查、隐患排查治理、应急处置、反违章等安全管理职责。逐级落实安全责任清单，开展全员安全责任清单宣贯，实现安全生产从"全员参与"到"全员履责"。

开展"安全大检查"工作。组织开展"春（秋）季安全大检查""防人身事故专项行动""防止恶性误操作专项行动""电力安全工器具专项隐患排查专项行动"等，及时发现并跟踪治理存在的问题。公司班子成员严格落实包联责任制，全面督查基层和各类作业现场，做到检查范围横向到边，纵向到底，不留死角。

加强现场安全监督力度。严格落实国家电网《生产作业安全管控标准化工作规范》、"十不干"等要求，落实领导干部和管理人员作业现场到岗到位管理和安全监督检查，全年管理人员到岗到位5042人次。印发《安全生产反违章工作实施方案》，强化现场安全管控和反违章，稽查各类作业现场257个。组织"三级"风险布控会，落实生产作业安全风险的超前分析和流程化控制，完善作业现场保证安全的组织措施和技术措施，实施风险分层分级的闭环管控。加强作业现场各类安全工器具的检查和管理，严格按照规程进行预防性试验，避免检验不合格或没有合格标识的安全工器具进入作业现场。

强化安全生产基础管理。全员签订安全生产承诺书，完成安全责任清单修订工作，按照"一组织一清单，一岗位一清单"的要求，对全公司部门、单位、岗位的安全责任进行了全面梳理，对机构、岗位名称有变化和安全责任有调整的统一进行了重新修订。建立安全工具应急库房，确保大型急抢修现场安全工器具、易损安全工器具能够及时得到补充。建立标准规范的安全工器具试验室，保证安全工器具预防性试验的合规性。

（王松　王伟）

【安全长效机制建设】

公司按照冀北公司2019年安全生产工作整体部署，强化安全基础管理，开展安全专项活动，加强春（秋）检预试、电网建设安全风险管控，完成了各项重大保电任务，电网保持安全稳定运行。

部署全年安全工作。召开公司2019年安全生产工作会议及安委会会议，印发2019年安全生产工作意见，明确全年工作重点。严格执行国家电网《安全工作规定》《安全职责规范》《安全工作奖惩规定》等规章制度，强化责任意识，落实"党政同责、一岗双责、齐抓共管、失职追责"要求。规范安全生产秩序管理，切实将各级领导和管理人员的安全责任落实到安全生产"月计划、周安排、日管控"日常工作中去。

深化本质安全建设。落实国家电网要求，推动安全管理制度化体系化建设，丰富本质安全内涵，注重安全生产责任、体系、基础、制度和应急建设，提升组织管理、源头保障、隐患排查治理、风险管控、队伍素质、质量管控、科技支撑、应急处置等安全生产综合能力。组织开展安全技能实训、业务培训、技能竞赛等活动，打造本质安全型员工队伍。

加强安全监督管理。围绕电网建设、城乡配网工程等安全薄弱环节和春（秋）检、迎峰度夏（冬）等重点工作，及时发现并整治事故苗头，集中力量解决安全生产突出问题。强化生产作业安全管控，统筹检修、基建、技改各项工作，强化作业计划刚性管理，保障安全承载能力。规范安全生产月、周、日例会，严格管控生产秩序。完善领导干部和管理人员到岗到位规定，突出重心下沉、关口前移。全面实行生产作业标准化，"不按标准化作业就是违章"。严格落实国家电网生产现场作业"十不干"要求，细化完善具体落实举措，组织对全体生产作业员工和各级领导干部、管理人员开展多形式、全覆盖宣贯，确保"十不干"要求人人知晓、人人熟知、入脑入心，引导员工加强自我防护，主动拒绝违章作业。加强城乡配网、小型分散作业、事故抢修、客户工程等工作组织和安全管理，严控停送电、接地线拆装等关键环节。采取"四不两直"方式，加强现场监督检查，大力开展反违章工作。

严格安全考核和责任追究。强化目标管理，严格同业对标、绩效考核指标过程管控。突出正向激励，加大对查改重大隐患、高效处置突发事件的专项奖励力度，加强对基层一线安全生产先进典型的表彰奖励。完善各级安全考核奖惩机制，下发《安全工作奖惩实施方案》，设立安全生产专项奖，对"两票"执行无差错、无违章班组，及时制止严重违章、发现治理重大隐患、正确处置复杂故障的集体和个人及时给予表彰和奖励，激励引导干部职工扎实做好安全工作。坚持严抓严管，对未实现安全目标、未落实安全责任、管理违章、行为违章甚至发生事故的，依规严肃处罚。

加强安全教育培训。有针对性开展《安规》、工作票和农电工安全教育等培训，组织开展春（秋）季《安规》普考和安全法律法规考试，通过率100%。积极沟通秦皇岛市应急管理局，组织各级单位负责人安全培训复审。依托南山职业技能培训学校，组织开展应急专项培训，邀请浙江咸亨国际应急专家进行应急实操训练，提高基层员工应急实操水平。

（王松　王伟）

【安全隐患排查治理】

按照"全覆盖、勤排查、早发现、快治理"工作思路，巩固完善隐患排查治理工作机制，加强隐患排查治理闭环管理和动态监控。

常态化安全隐患排查治理。结合春季安全大检查活动和秋季安全大检查及缺陷隐患排查活动，开展隐患排查治理工作。全年公司各单位共排查一般隐患465项，计划整改465项，按期完成465项。计划整改完成率100%。

专项安全隐患排查治理。按照冀北公司的统一部署及各专业专项隐患排查全覆盖工作要求，开展专项安全隐患排查，包括基建春季安全大检查、电网规划专业安全隐患排查、变电站消防隐患、"六查六防"专项行动、防汛隐患排查整治、国庆70周年保电调控系统安全检查等。对重大隐患挂牌督办，实行"两单一表"（督办单、反馈单和过程管控表）管控。

开展隐患排查治理工作培训。宣贯并落实国家电网及冀北公司安全隐患排查治理制度，狠抓隐患源头整治，提前消除事故苗头。组织安全隐患管理制度、安全隐患范例学习，提升管理人员及基层员工排查隐患的能力，从而提升隐患排查工作的深度和广度。

加强隐患档案隐患排查治理档案信息管理，按照《国网冀北电力有限公司安全隐患档案填写规范》，明确档案填报要求和注意事项，指导各单位逐字段梳理安全隐患档案中现有不规范的问题，加强整改。依据《国家电网公司关于开展安全隐患排查治理过程考核的意见》，公司每月对系统内隐患档案进行审核，每季度参加冀北公司隐患档案质量集中审查，切实提高安全隐患档案质量，进而推动安全隐患排查治理工作的规范化、长效化。

提前谋划安全隐患治理工作，结合全年综合计划的编制工作，将安全隐患治理纳入公司 2019 年电网规划和年度电网建设、技改、大修、专项活动、检修维护等工作中，保证安全隐患治理资金、措施的落实。完善隐患排查工作机制和考核机制。将隐患排查工作纳入现行的每日、每周、每月的例行安全生产工作中，同时加强隐患排查奖惩工作，做到分析"安全生产"必谈"隐患排查"，谈"隐患排查"必落实工作奖惩。

（黄萌）

【安全生产风险管控】

紧密围绕公司中心工作，严格落实冀北公司和公司 2019 年安全生产工作意见，坚持"七个不发生、三个确保"工作目标，持续强化生产、基建、农配网等各领域安全生产风险管控，开展"安全大检查""六查六防"专项系列活动，强化安全隐患排查治理，强化作业过程风险管控。

人身风险管控。强化各级人员的责任意识、风险意识，加强现场安全措施的规范设置，切实做到标准化作业。严格执行领导干部和管理人员生产现场到岗到位工作实施方案，强化现场安全管控和反违章。贯彻落实国务院安委会《关于进一步加强安全培训工作的决定》和《生产经营单位安全培训规定》精神，完成 70 名各级单位主要负责人安全资格培训、取证。选取有资质的第三方单位，完成 4 个县（区）公司和开发区、北戴河、山海关和北戴河新区客户服务分中心所辖供电所全部工器具预防性试验。

设备风险管控。统筹安排设备检修预试，深化状态检修，推广应用集中带电检测和专业化检测，推进人机协同巡检机制，确保设备状态可控、能控、在控。全面推广实施三级巡护机制落实输电线路"六防"措施和输电线路综合治理工作，重点提升输电线路抵御冰害、山火等自然灾害、外力破坏的能力。推进配电设备标准化运维建设，消除管理薄弱环节，治理老旧设备，实现设备管理精益化、标准化。

电网运行风险管控。严格落实《电网运行风险预警管控工作规范》，加强电网运行风险预控。实施风险分级预警和分层管控，加强领导审核批准，落实先降后控要求。优化电网风险预警管控工作中预警工作流程，细化管控措施。输变电工程施工风险方面，着力加强与建设、运检、调控等部门的协同，全面开展输变电工程施工安全风险预警管控工作，确保 10 类施工作业项目的"全覆盖"，全力保障电网安全运行和重点项目的顺利推进。

▶ 6 月 16 日，安全生产月：防风险除隐患遏事故宣传现场（张昊 摄）

作业现场风险管控。针对预试、保电等年度重点任务，通过执行"三措一案"编审等管控措施，实现对各类安全风险的提前预控。严格落实防止人身、人为责任事故管控措施，强化预试期间安全管理，坚持每周召开安全风险布控会，针对每项具体工作进行全面的分析和布控，实现风险的闭环管理，确保各项作业风险可控、能控、在控。严格执行《生产作业安全管控标准化工作规范》，严格落实"三级"风险布控会和"四级"风险管控要求，强化生产作业安全全过程管控。

（王伟）

【政治保电】

落实各项保电工作部署，成立保电工作组织，明确各级保电职责，编制完善保电工作方案和应急预案，着力提升风险防控能力和突发事件应急处置能力，圆满完成全国两会第二届"一带一路"国际合作高峰论坛和 2019 年中国北京世界园艺博览会、高考、庆祝新中国成立 70 周年、北戴河暑期保电等政治保电任务，以及春节、"五一"、中秋等节日保电任务。

服务秦皇岛地区经济社会发展，完成秦皇岛市两会、秦皇岛国际马拉松赛、"秦皇山海"全民诵读大会、防范非法集资宣传日、秦皇岛市委"国庆"广场活动、全国医师资格考试、国家统一法律职业资格考试等 37 场保电任务。

全面加强保电工作部署，制定了"1 + 10"保电工作实施方案，成立以党政主要负责人为组长的保电工作领导小组。全年，共投入保电人员 20 335 人，车辆 2158 辆，发电车 28 辆，发电机 145 台。按照最高的标准、最有效的组织保障、最可靠的技术措施、最饱满的精神状态、最严明的工作纪律即"五个最"的要求，实现"三个确保和一个不发生"：确保秦皇岛地区电网安全稳定运行，确保人身、电网、设备和网络信息安全，确保不发生有影响的停电及服务事件，不发生失泄密事件。

做好保电值班和应急值守。保电期间，公司启动应急机制，市、县两级应急指挥中心互联互通，安监、运检、营销、建设、信通、调度等专业协同，加强安全管控，强化信息报送，及时处置安全生产突发事件，保证了电网安全稳定运行。秉承"保电工作无小事"理念，依托"群防群治"机制，充分发挥"三级巡护"能效，安排群众护线员及督查人员，对 500 kV 重要输电通道、电铁线路、重要客户电缆沟进行特巡特护。

（谷文卓）

【工程建设安全管理】

2019 年，公司贯彻落实国家电网和冀北公司的各项要求，狠抓责任落实，强化现场管理，严格安全监督考核，确保全年各项基建任务的完成。

强化安全责任的落实，以落实岗位安全责任清单为抓手，狠抓各项目部人员安全责任的落实。落实《国家电网有限公司输变电工程安全质量责任量化考核办法》，对工程项目开展安全量化考核。严格落实业主、监理和施工项目部安全职责，对作业前期准备、施工过程管控、安全检查考核履责方面开展监督检查。

加强复工安全管理。根据国家电网和冀北公司关于加强节后复工安全管理的各项要求，制定工程复工检查方案，确保复工检查覆盖到每一个参建单位、每一个施工现场、每一个工作人员，对照"复工五项基本条件"，下达停工的"九条红线"要求，对分包管理、施工机械使用、施工作业票执行、作业人员现场行为进行全面的复工督查，对存在的问题提出整改要求，对不具备条件的不得复工。加强人员管理，强化对复工人员的安全培训，做到复工安全培训的全覆盖。

积极开展安全生产集中整治专项活动，对施工检修中存在的 3 个项目部履责不到、施工方案与现场"两层皮"情况，作业票执行及配农网基建施工现场安全管理不规范等情况进行专项整治。开展"防风险、保安全、迎大庆"安全生产专项行动要求，对有限空间作业、交叉跨越、起重施工现场等高风险工程项目存在的隐患开展治理。

强化安全教育培训。组织开展 4 期以《电力安全工作规程（电网建设部分）》、2018 年版安全施工作业票、国网通用管理制度等为主要内容的专项培训。结合配电网施工的现状，开展对配农网基建施工安全管理能力的培训，提升县公司、分中心工程施工人员现场安全管控能力。

加强施工安全技术管理，对较大施工安全风险，严格落实"两案一措""一严三禁"工作要求，在落实安全措施的同时，加强施工安全技术管理，重点针对跨越架、深基坑的拉线设置、承力计算及边坡防护等作业项目，进行施工方案的审核，保证各项措施的科学、完善。强化作业过程中方案的落实，减少编制与执行的"两层皮"现象发生。

强化配电网小型基建现场安全管理。继续开展配电网建设"安全管理提升"活动，完善业主项目部，开展施工项目标准化建设，在农配网基建、煤改电工程中，不断规范工程项目的安全管理。强化作业现场"十不干"和防止人身事故的"三十条措施""十八项禁令"的执行，规范配电基建施工作业票的使用，做到现场作业安全可控。

加强重大风险作业安全管理。结合仙螺岛变电站输电线路施工跨越多、危险大的情况，对跨越带电线路、铁路、高速公路等高风险等级作业（四级风险）开展风险预警。全年共发布四级施工风险预警13次，在施工过程中，业主、监理、施工单位认真落实预警管控措施。同时，加强对危险性施工作业风险项目的安全监督管理和检查。重点加强对组塔架线、深基坑施工、脚手架搭拆、主变安装等三级风险施工作业过程的安全管理，确保高风险作业施工的安全。

严格现场检查，强化监督考核。全年对基建施工项目开展"四不两直"安全检查30余次。结合季节性施工特点，对施工现场开展冬季施工专项检查。开展对施工作业管理、安全工器具使用等情况的专项督查。全年共下发整改通知单11份，有效制止现场违章情况的发生。

（居荫芳）

【农电安全管理】

2019年按冀北公司县供电企业安全性评价工作计划，组织开展对国网昌黎县供电公司自评价及专家组的评价和国网卢龙县供电公司的专家组复查评工作。一是公司安全性评价领导小组分别对国网昌黎县供电公司和国网卢龙县供电公司安全性评价工作进行督导检查，对存在的问题提出整改意见，并对各基层单位、各站所班组查评发现的问题整改情况进行再督查，各单位都建立健全安全性评价资料档案，规范填写、保存相关资料。二是各县公司分别召开安全性评价专题会，细化了安全性评价实施办法，按照评价标准、评价项目逐条进行梳理分解分工，责任到各部门、站所和班组，要求针对发现的问题制定出相应的整改措施、整改时限和责任人。三是按照安评实施方案时间节点要求，昌黎县供电公司6月底完成了企业自查评工作，并向冀北公司提交专家查评申请。2019年8月12日至8月16日，受冀北公司委托，北京思恩电机工程有限责任公司组织专家组对国网昌黎县供电公司进行县供电企业安全评价的专家查评。安全性评价专家组共查评综合安全、电网安全、设备安全、供用电安全、工程建设安全、作业安全、电力通信及信息网络安全、交通消防及防灾安全等八大部分内容总计456小项，根据昌黎县供电公司的实际情况，其中无关项16项，实际查评440项，扣分项112项，应得分9680分，实得分8686分，得分率89.73%。存在问题112项，其中重点问题33项，提出整改建议112条。四是受冀北公司委托，北京思恩电机工程有限责任公司组织专家组于2019年10月14日至10月18日对国网卢龙县供电公司供电企业安全评价进行复查评工作。专家组听取了国网卢龙县供电公司安全性评价整改情况和自查报告，并在此基础上通过现场查看、询问、检查、核实与专业管理人员交换意见等方式进行复查评。本次安全性复评价，应查评456项，其中无关项22项，实际查评434项，应得分9500分，实得分8328分，得分率87.66%。存在问题96项，其中重点问题31项，提出整改建议96条。

结合冀北公司开展星级供电所建设要求和公司工作计划，按星级供电所建设标准开展供电所安全管理提升工作。一是细化分解安全生产目标，逐级签订安全生产承诺书，确保安全责任得到层层落实。二是强化安全责任意识，巩固和加强安全生产基础地位，认真执行管理人员到岗到位规定制度。三是强化供电所安全管理建设和现场安全管控，加强安全生产工作的领导、检查和监督。四是强化工作审批流程，严格各项工作的审批力度，充分发挥安全员工作职能，对生产现场进行"全过程、全方位"安全管控，确保人员到位、措施到位。五是组织开展了安全工器具专项检查。针对安全工器具使用、管理、存放、报废等进行全面排查，对发现的问题已全部进行整改。2019年配合营销部完成了1个五星、10个四星供电所创建工作。

强化现场安全管控，对各单位领导干部和管理人员到岗到位履行职责情况进行监督，督导检查各单位落实施工"三措一案"和施工审查批准情况，加强现场"两票三制"、危险点分析控制措施执行的检查力度，加大现场安全措施落实的监督力度，加强违章行为的查处，排查农网工程安全隐患，确保了农网工程安全顺利开展。

（沈广泰）

【应急体系管理】

加强应急预案体系。开展新一轮应急预案修订工作，全面优化市、县两级预案体系，从总体预案、专项预案、现场处置方案的基础上，组织公司有关部门编制专项应急预案，及时协调预案编制过程中存在的，在进行电网风险分析、人身设备风险分析和高危及重要客户风险分析的问题，经过多轮修订，最终形成了自然灾害类、事故灾难类、公共卫生事件类和社会安全事件类四大类共27个专项应急预案。针对典型的突发事件，继续完善现场处置方案的内容结构，在处置方案基础上，针对工作场所的特点，编制简明、实用、有效的应急处置卡。

开展应急演练。有针对性地举行了电网大面积停电事件应急处置、设备故障、防风防汛、电力供应、交通消防、信息通信等演练。共举办37次应急演练，其中综合1次，专项12次，现场处置24次，参加人数共1405人次。通过演练，使各参演人员增强了预案的熟悉度，检验了各级人员应对突发事故的判断、处理能力。

完善应急队伍体系。重新梳理完善包括输电、变电、配电、计量、通信、后勤保障、物资供应等各专业应急救援队伍17支，基干队伍5支，应急救援队员297人，应急救援车辆110余台。加强各级应急救援队伍专业知识和业务技能培训，提升应急救援队伍的实战能力和协同作战能力。

▶ 7月11日，秦皇岛旅游旺季保供电反事故应急演练现场（史文全 摄）

健全应急物资保障。建立应急救援装备库，配备了大型发电机械、破拆工器具、应急照明装置、单兵装备等应急装备，由安全应急办负责应急装备的造册管理和应急状态下的调配使用，按照"谁的资产、谁保养；谁使用、谁运维；谁调用、谁负责"的原则，明确应急装备运维责任主体，确保应急装备随时可用。

（谷文卓）

【电力设施保护】

为了确保电力设施保护工作取得实效，国网秦皇岛供电公司多措并举、精准发力，强化"政企联合、警企联动"机制效能建设，外部隐患治理成效显著。全年共计完成树障治理122处29 943棵，建构筑物隐患治理14处，大型机械碰线风险管控371处；与公安联动处置阻碍作业（扰乱检修）等事件4起，打击处理涉电犯罪案件 2 起，并配合查处窃电案件 15 起。公司连续 21 年顺利完成北戴河旅游旺季保电任务，确保了庆祝新中国成立 70 周年活动供电绝对安全。

深入开展电力设施安全隐患大排查、大整治工作。编制专项工作方案，认真落实电力设施保护主体责任，严格按照时间节点开展了电力设施安全隐患大排查大整治台账梳理工作。通过与市委、市政府积极沟通汇报，供电设施周围运行环境整治被列入市重点问题事项，隐患整治在旅游旺季到来前得以基本完成。同时，为有效扭转山火频发对电力线路造成影响的被动局面，供电公司创新防范模式，主动对接森林防火指挥部，借助其卫星监控系统实时监控重要山区线路山火危险点防控情况，确保了山火早发现、早治理、早防范。

结合地区形势大力开展"聚焦电力保护，建设美丽河北"电力设施保护宣传月活动，为了使活动达到预期效果，公司制作、印制各类宣传品 3 万余份，各县区分公司、客户服务分中心均按照要求组织开展了集中宣传活动，实现了集市、旅游景点、社区、营业厅等人员密集场所的宣传覆盖。

不断强化"树线"矛盾综合治理力度，拓展精益化管理思路，确立了"两步走""三依靠""三前"工作模式，即以"提前预防、及时消除"为目的，以"依靠法律、依靠政府、依靠群众"为中心，紧密围绕"超前规划、提前控制、事前宣传"3 条主线，创新实践架空电力线路"树障"顽疾综合治理管理模式。为进一步做好绿化和植树造林工作中对架空电力线路的安全保障工作，最大限度消除"树障"顽疾、确保电网安全可靠运行夯实了基础。

（张伟　贾晏升）

（二）生产管理

【生产设备管理】

1. 变电专业管理

检修预试工作。全年共完成 25 座变电站的春、秋检预试工作，检修变压器 40 台；220 kV 间隔 50 个、110 kV 间隔 89 个。消除危急缺陷 23 项、严重缺陷 33 项、一般缺陷 378 项，确保电网设备运行安全平稳。

▶ 11 月 7 日，110 kV 燕大变电站春检预试（史文全　摄）

设备状态评价工作。针对 65 座 110 kV 及以上变电站及 193 条输电线路开展设备状态评价工作，涉及变压器、断路器、输电线路、组合电器、电流互感器、电压互感器等共计 17 类设备，评价设备共计 9003 台（条），其中正常状态设备 8110 台（条），占比 90.08%；注意状态设备 395 台（条），占比 4.39%；异常状态设备 463 台（条），占比 5.14%；严重状态设备 35 台（条），占比 0.39%。

电气试验工作。开展高压试验 2491 台次，包括主变压器 36 台次，开关及组合电器 184 台次，隔离开关 373 台次，电流互感器 353 台次（110

kV 以上电压等级），电压互感器 173 台次，开关柜 653 台次等，发现缺陷 6 例；开展油色谱试验 734 台次，发现缺陷 2 例；开展 SF6 气体试验 179 台次，未发现缺陷。

2. 输电专业管理

防雷工作。开展输电线路雷害评估和雷害差异化治理，完成接地电阻大修 205 基；安装线路避雷器共 288 支。

防污闪工作。结合停电检修，完成 9 条线路 143 基杆塔，9800 余片瓷绝缘子的零值检测；完成复合绝缘子、防污闪涂料憎水性测试 29 条线路 52 基憎水性测试，测试结果合格；全年累计喷涂防污闪涂料 50 436 片。

防鸟害工作。按照《高压架空线路鸟害区域划分与防鸟害配置原则》，规范驱鸟器的安装，对线路驱鸟装置进行调整补充，共计安装 20 000 余支驱鸟装置。

三跨改造工作。完成秦王线、戴小一线三跨改造工作；加装线路防外破在线监测装置 18 套。

▶ 3 月 5 日，220 kV 徐李一、二线路巡视（史文全 摄）

3. 带电作业管理

公司开展的带电作业项目以紧固线夹螺栓、摘除异物、绝缘子测试为主。共开展了 227 次输电专项带电作业，其中 220 kV 线路 25 条次，龙小一线整紧螺栓，带电加销子，天平一、二线，龙小二线带电加装避雷器脱落引线等电位作业项目。110 kV 线路 32 条次，采用地电位作业方式

处理导地线、塔身上异物、消缺工作。

▶ 5 月 6 日，冀北县域配网不停电作业能力达标测试（左加伟 摄）

配网带电作业深入推进组织机构建设，建设完成抚宁带电作业分中心。开展带电作业技能培训，在秦皇岛南山带电作业培训基地承办冀北公司县域 10 kV 配网架空线路不停电作业技能达标测试。创新成果获得"第八届中国（河北）青年创新创业大赛暨第六届'创青春'中国青年创新创业大赛（河北赛区）银奖""国网冀北电力有限公司第五届青年创新创意大赛银奖""秦皇岛市青年创新创效大赛二等奖"等多个省部级奖项。全年开展 10 kV 配网不停电作业 2466 次，减少停电时户数约为 26.8 万时·户，不停电作业化率为 89.84%。其中带电消缺 18 次，配合配电工程作业 2028 次，配合用户工程作业 420 次。

（刘占戈 白杰 徐江 袁艺）

【生产技术改造】

1. 生产技术改造完成情况

2019 年公司共下达电网技改项目 90 项，计划资金 9497.13 万元，全年共完成 84 项非跨年技改项目的实施工作，项目投资完成率 100%。

输电专业。完成戴小一线跨越津秦高铁等三跨改造，改造杆塔 8 基、导线 1.65 km、地线 1.65 km；秦徐二线等线路分布式故障诊断装置安装，安装分布式故障诊断装置 12 套；戴小二线等线路视频在线监测装置安装，安装监测装置 280 套；五南线等混凝土杆老旧更换改造，改造杆塔 12 基、

导线 4.19 km、地线 4.19 km；肖方线等线路防雷装置改造，安装避雷器 288 支；龙南线绝缘子改造，更换绝缘子 2808 片。

变电专业。完成石门变电站主变压器改造和中性点成套装置各 1 套；南戴河变电站等 5 套 10 kV 消弧线圈改造；昌城等 12 座变电站避雷针改造；平方等变电站消防控制室建设等消防治理项目；孟姜等变电站 4 套 220 kV 变压器油色谱在线监测装置改造；汤河等变电站 8 组蓄电池改造；李庄变电站 2 套电容器组改造；变电运维一班等主设备监控系统终端改造；靖安站 35 kV 302 断路器改造；深河等站一键顺控和智能化管控平台接入改造；南戴河站 10 kV 开关柜改造。

配电专业。完成西农线等线路防雷改造，改造避雷器 873 组；东阚大队等台区 JP 柜改造，改造 JP 柜 260 台；高建线等线路配电自动化改造，更换柱上开关 7 台、FTU 7 台，安装无线加密盒子 271 个；天鹅堡等开闭所局放在线监测装置增设等智能化项目。

保护专业。对 2 座 220 kV 变电站的 10 套 220 kV 保护装置和 1 座 110 kV 变电站的 9 套 110 kV 保护装置进行改造。

自动化专业。完成 2 座变电站 3 套 UPS 电源改造；完成公司调度数据网骨干节点改造等项目。

通信专业。完成公司 IMS 行政交换网综合接入改造；港东等变电站 12 套通信电源系统改造。

2. 生产设备大修完成情况

2019 年公司共下达电网专修项目 53 项，累计资金 2859.19 万元。

输电专业。完成武龙一线等线路防污闪涂料大修，复涂绝缘子 4739 串；小台一线等线路杆塔接地装置大修，大修杆塔 268 基；官荆二线等线路杆塔防洪防撞大修，大修杆塔 12 基；平肖一线等线路驱鸟装置大修，对 473 基杆塔，每基安装 18 支驱鸟刺，共安装 8514 支驱鸟刺；港板线电缆大修。

变电专业。完成海阳等变电站室外设备防污闪大修，对海阳等变电站 110 kV 主变 6 台、断路器 28 组、隔离开关 49 组、互感器 22 组等设备复涂 PRTV 和更换老化增爬裙；玉皇庙变电站 10 kV 开关柜大修，对 2#、3#、4# 主变及母线及所属设备更换绝缘件；李庄变电站水泥支柱加固大修，对主变基础及一次设备水泥支柱补强加固大修施工；西区等变电站电缆通道封堵大修，铁庄等变电站电缆沟排水设施大修；深河等变电站消防安全标识消防隐患治理、李庄等变电站消防水系统大修等消防治理项目；小营等变电站屋面防水大修等运行环境治理项目。

配电专业。完成西港里等小区箱式开关站、箱式变电站顶防雨除漏大修，大修站房 57 座；城一线等配电线路配电杆塔运行标识大修，对 38 条配电线路杆塔安装热转印标签，共计 7000 块；南李庄站 10 kV 出线电缆沟大修，修缮电缆沟长 700 m；10 kV 东门等配电站室通信管理机大修，对 20 座配电站室的通信管理机进行大修。

保护专业。对 2 座 110 kV 变电站继电保护专用地网进行大修。

自动化专业。完成自动化主站机房环境监测系统大修；完成调度主站安防设备大修；对乐山路等共 17 座开闭所遥动通信装置进行大修。

通信专业。完成 19 套通信电源大修和 6 套数据网设备大修。

（宋伟　叶鞠）

【技术监督管理】

动态调整公司技术监督网络，全过程监督高效运转，全年开展全过程技术监督工作 79 项，发现问题 204 项，涉及 15 个全过程技术监督精益化实施细则中的 60 条具体条款，整改问题 188 项，整改率 92.16%。发布预告警单 20 张，发现山海关变电站 1 号变 C 相套管乙炔超标、新区 110 kV 输变电工程开关柜母线排镀银厚度不合格等典型设备安全隐患，督促相关单位整改，有效扼制设备故障苗头，保证电力设备安全运行。专项监督持续提升。落实设备电气性能和金属专项技术监督工作，按计划开展专项监督活动。组织参加金属监督专项提升培训2次，有效提升检测人员监督检测能力。全年开展专项监督16项，其中电气设备性能专项监督检测设备138台次，发现问题6个；金属专项监督检测设备773台次，发现问题15个，全部问题均完成整改，有效提升入网设备质量。

（刘占戈）

【设备隐患排查治理】

输电专业。排查输电线路通道外破隐患120处，累计发送隐患通知书265份，签订安全协议6份，与政府联合执法4次，警企联动4次，企业内部联动2次，聘用群众护线员120人。共计处理违章建筑20处，清理通道树竹23 762棵，制止危险施工（机械）78次，消除危险源2处，进一步优化了电力设施运行环境，降低威胁电网安全稳定运行的安全风险。

▶ 5月9日，110 kV 孟山一线绝缘子消缺
（史文全 摄）

变电专业。结合《国家电网有限公司十八项电网重大反事故措施（修订版）》要求，组织各专业完成变电站电气设备、消防设备、安防设备、防小动物设施、防汛设施和房屋建筑物等设施的隐患排查工作。对变压器母线绝缘化、非电量保护装置防雨措施、变压器油位、变电站微机防误闭锁装置、安全工器具、高压防盗电网和消防系统设备等进行了细致排查，共排查出4021项不

满足反措的问题，完成海滨、石门变电站的综合治理，完成南戴河更换10 kV开关柜、徐庄站等30台220 kV主变消防改造、石门站2号主变更换等工作，消除了许多重大隐患。

配电专业。组织开展电气火灾隐患、配电线路引发森林火灾隐患、配电电缆线路隐患等专项排查治理，详细制定排查方案，全面开展拉网式排查。对配电站房超期灭火器完成试验，并采购补充新灭火器4524只，确保全部站房灭火器配置到位。编制下发电缆通道建设及运维相关管理要求，进一步加强电缆通道运维管理及建设标准专业管理，规范电缆通道使用流程。完成北戴河全域电缆RFID标识部署，建设智能化监控电缆通道达到5.5 km，逐步在海港区开展电缆通道防火治理工作，有效提升电缆通道防火防爆水平。

（徐江 刘占戈 孙凌辰）

【生产信息化管理】

2019年公司将运检信息化建设作为重点工作，以运检信息化为手段，完成公司日常各项运维检修工作，公司信息化管理水平进一步提高。开展输电、变电、配电台账完整性及图数一致率治理工作，治理问题数据2万余条，输变电设备台账完整率100%，配电设备台账完整率99.93%。开展PMS图形问题数据治理工作，治理问题数据5万余条，变电站、线路、配电站房质检率100%。系统应用一种工作票460张、操作票3894张、缺陷650条、巡视记录25 000余条，保证PMS 2.0系统各项应用要求，完成PMS系统应用指标。

（魏国华）

【防汛安全管理】

公司全面落实国家电网"科学防汛、安全救灾"要求，组织设备运维单位开展对暑期重要变电站、低洼变电站、常年积水电缆沟道等防汛隐患点、薄弱点的治理工作，消除各类防汛安全隐患缺陷65处。完成6座变电站、30余座配电室及配开箱防水大修。针对低洼区域变电站，在220 kV深河、孟姜，110 kV山海关等防汛重点

变电站的集水井、电缆隧道、电缆沟等加装智能水位监测系统 12 套，密封铝合金挡板 4 面，布置新型 BBS 封堵材料挡水墙 3 面。

汛期前全面完成各部门防汛物资的采购补充。组建抢修队伍 22 支，抢修人员 756 人，抢修车辆 220 台，购置移动排水泵 20 台，普通排水泵 30 台，配套水带 700 m，电源电缆 400 m，应急照明灯具 42 套，小型应急发电机 2 台，铁锹 200 把，各类防汛物资共 6000 余台（件），全面保障了重要厂站、线路安全度汛。6 月，公司针对暴雨、大风等自然灾害天气对电网的破坏举行旅游旺季保电应急演练。7—9 月，公司安排应急抢险人员 950 余人次，出动车辆 350 台次，有效应对暴雨、大风等恶劣天气。

（赵春利）

【政治保电】

做好各类保电工作准备，突出强化人员、物资和车辆的准备，开展各电压等级供电系统的预案演练，优化涉暑变电站带电传动方案，加强部门联动。重点部署涉暑保电变电站、输配线路的值班值守、重点巡视看护工作，累计完成北戴河暑期政治保电 223 场次；春节、全国两会、秦皇岛国际马拉松赛、国庆 70 周年等重要节日、重大活动保电 44 场次，累计出动保电人员 7400 余人次，保电车辆 2700 余台次，提供大型发电车辆供电保障 20 余台次，为重要节日、重大活动供电安全提供了有力保障。

▶ 10 月 1 日，国庆 70 周年特别保电（史文全 摄）

（白杰）

（三）电网运行

【2019 年电力供需形势分析】

1. 2019 年秦皇岛电网负荷情况

2019 年地区最大负荷 249.9×10^4 kW，出现在 7 月 31 日，同比升高 2.21%，刷新历史最高值记录。其中 4 个县最大负荷分别为：昌黎县 31.2×10^4 kW、卢龙县 15.79×10^4 kW、青龙县 13.75×10^4 kW、抚宁区 32.3×10^4 kW。

2019 年地区负荷的突出特点为夏季空调负荷增长较快。7—8 月为地区旅游旺季，暑期负荷持续增长，同时 7 月下旬高温高湿天气较多，人体舒适度指数较低，两个因素共同作用导致空调降温负荷直线上升，使地区负荷创历史新高。

工业负荷方面，随着地区产业升级的进一步推进，政府大力扶持高技术制造业和战略性新兴产业，提高 GDP 能耗比，能源密集型企业逐步去产能，同时，2019 年重污染天气环保限产频次及力度大大增加，工业总负荷较上年略有下降，但由于地区经济运行高质量发展态势良好，总体负荷较为平稳。

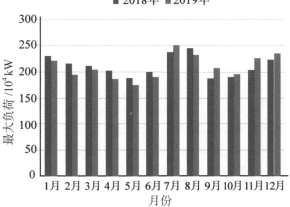

▶ 2018 年与 2019 年各月最大负荷对比图（连盟 制）

2. 发供电能力

秦皇岛地区电网，运行冀北公司电力调度控制中心统调电厂 13 座，包括 4 座风电场和 9 座光伏电站，总装机容量 47.28×10^4 kW，其中 2019 年新投光伏电站 1 座，投产容量 2×10^4 kW，风电场增容 1 座，增加容量 4.8×10^4 kW；运行地方调度分布式光伏电站 3 座，总装机容量 1.18×10^4 kW；运行地方自备电厂 6 座，包括水电厂 4 座、生物质电厂 2 座，总装机容量为 5.68×10^4 kW。其中 4 座水电厂均以防洪灌溉、居民供水为主，发电为辅，发电计划按照地区用水需求制定；生物质电厂为灵海电厂和佰能林昌电厂，发电计划按照生物质燃料供应量而定。6 座电厂目前均不参与电网调峰调频，发电机出力按照调控中心下发的发电计划曲线执行。

▶ 6 月 25 日，锦辉南新庄光伏电站（刘华德 摄）

3. 电网供需平衡情况

秦皇岛电网属于典型的受端电网。目前地区电网共有 3 个主要电源点，一个是位于地区东部装机容量为 160×10^4 kW 的秦皇岛热电厂，另外两个电源点分别为位于地区中部变电容量为 150×10^4 kV·A 的 500 kV 天马变电站和位于地区西南部的变电容量 240×10^4 kV·A 的 500 kV 昌黎变电站。2019 年秦皇岛电网电力供需平衡无问题。

（连盟 刘华德）

【2020 年电力供需形势预测】

根据 2019 年地区经济形势及地区负荷特性，预测 2020 年秦皇岛电网地区最大负荷 260×10^4 kW。电力供需平衡由冀北电网统一协调。

（连盟）

【电网调度管理】

1. 电网安全得到有力保障

（1）网架结构进一步加强。积极开展电网结构、负荷、基改建工程对电网运行特性的影响分析，有效指导设备运维和电网规划。积极提出项目立项建议和电网补强措施，促进地区电网结构持续优化，地区 220 kV 仙螺岛站投运后，徐杜双故障失稳问题得以彻底解决。

（2）安全生产平稳有序。按照岗位工作职责，分级制定安全生产目标，各层级牢固树立安全意识，扎实做好安全生产各项工作。截至 2019 年年底，调控专业正确执行停电计划申请工作票 1212 张，安排检修方式票 460 张，下达倒闸操作指令 13 609 项。全年按计划完成仙螺岛站及配套线路启动、戴小双线路改造等冀北调度设备工作 23 项。完成河南站启动等地、县调设备工作 1328 项，其中主网工作 687 项，配农网工作 641 项。

（3）精准管控电网风险。加强停电计划安全校核，以省、地、农配网设备一体计划，基建、检修等各类工作统筹协调为原则，最大限度地确保年度计划编制的精准性及月度计划的刚性执行。严守"先降后控"原则，从优化停电计划及落实风险防范措施角度做好安监、运检、营销等部门间的专业联动，为电网安全运行提供有力支撑。全年计划检修工作共涉及 142 项电网风险，其中五级电网风险 40 项、六级风险 102 项，均按照风险预警管控控制规范完成风险分析布控。

（4）积极提升应急能力。严防电网大面积停电事故，在雨雪、大风、雷暴、高湿季节做好了事故预想，并及时发布临时风险预警，成功处置设备异常 84 次。结合迎峰度夏、迎峰度冬、重大保电活动等，周密制定并落实保电方案，扎实做好全国两会及春节、北戴河暑期政治保电工作。以庆祝新中国成立 70 周年保电活动为节点，完成地县联合反事故演练 3 次，提高了调控人员对预案的掌握程度，切实为事故处理提供帮助。

（5）稳固电网"三道防线"。按照冀北公

司"排雷"专项行动统一部署，电力调度控制中心对秦皇岛电网111座公司属变电站、12座新能源场站和32座直调用户站开展专项核查工作。发现问题共计287项，已整改48项，未整改239项已制定有效防范措施和整改计划。推进家族性缺陷整改，根据国家电网下发的二次设备家族性缺陷反措通知，共排查出存在家族性缺陷设备53台，并全部完成整改。

（6）主站安全升级提速。开展地区110 kV及35 kV变电站网络安全监测装置部署工作，用时28天完成97座变电站194台装置的安装调试工作，完善升级二次系统安防策略，在冀北公司率先实现装置覆盖率100%目标。针对自动化机房UPS电源运行情况，完成2台UPS电源及配套电池组改造，保障极端情况下调度系统可靠运行。完成地区调度数据网骨干节点改造工作，部署设备双电源模块，优化系统路由配置，确保基础数据运行稳定。

▶ 5月10日，承办冀北公司调控专业会
（刘华德　摄）

2. 管理水平得到持续提升

（1）开创向量测量新模式。创新开展主变合环测向量方式，根据主变运行参数，进行3轮数据校核，对合环情况下主变进行分头位置调整，成功完成主变35 kV侧保护向量测量工作，解决新投运变电站35 kV侧无负荷无法测向量问题，提高设备运行安全性。

（2）首推配农网合环倒电。按照公司工作部署，主配农网两级配合开展35 kV及以下合环倒电工作，并陆续下发了合环倒电工作方案、技术要求，逐步建立主配农网合环倒电工作机制，供电可靠性进一步提升，已经完成35 kV合环倒电30次、10 kV合环倒电44次。

（3）规范地县配管理范围。按照电压等级及供电区域，合理将543条10 kV配线调度权划转至县，专业管理更规范、上下级调度业务沟通更顺畅、检修运维和故障处置效率更高效。

（4）继电保护工作快速推进。针对继电保护及安全自动装置超期服役问题，加快推进超期服役设备改造工作，年内协调完成2个项目批复，涉及设备数量15台。有序推进存量继电保护设备实物ID赋码工作，已完成公司所属全部67座主网变电站的实物ID赋码工作。规范保护定值交叉内审和带电改定值工作流程，有效提升专业管理水平。

（5）集中监控模块运行稳定。积极推进D5000系统上线运行各项工作。秦皇岛地调D5000系统顺利通过运行检验，已完全实施主用全部功能，原"大集控"系统已完成历史使命正式下线，减轻信通、自动化专业设备运维工作压力。

（6）自动化专业管理稳步向前。开展电力监控系统网络安全"排雷"行动，全面排查并治理各类安全问题共计133项。完成地调主站212项安全漏洞的集中整改。组织开展调控系统"护网2019"网络安全攻防演练保障工作，完成冀北地区新能源场站网络安全"全覆盖"检查工作，排查并治理并网电厂网络安全防护设备的部署和运行问题36项。健全"调控云"维护机制，建立内部各协调工作机制，实现调控云、D5000、OMS设备模型参数源端维护、全局共享、多系统模型互联互通。

（7）电网损耗管理更精准。以提升同期线损系统基础数据质量为目标，以线损系统指标合格为抓手，明确地县调数据采集—分析—管理职责，加强部门间配合，优化电量主站系统模块，丰富异常数据预警分析手段，累计处理90条，其中电表倍率参数等错误 44 项，电能表故障 32 项，远方终端故障 14 项。按照负荷性质调整地区轻载主变运行方式，年节约电量 92×10^4 kW·h。

（8）新能源管理向下延伸。优化并网服务流程，主动跟进并网各环节，杜绝负面舆情，全年完成 1 座光伏电站和 1 座生物质电厂的并网服务工作，并网容量 3.2×10^4 kW。完成秦皇岛地区分布式电源接入电网承载力测算、分布式电源信息映射关系台账录入、分布式电源功率预测项目储备等重点工作。先后组织 3 批义务培训、2 次现场指导，帮助新能源场站提升值班员业务水平。常态化开展新能源场站季度督察，按照"一患一档"全周期管理模式，持续提升场站消缺速度和质量，实现网源协调发展和地区新能源管理水平的有效提升。

▶ 12 月 4 日，高效恢复大用户电力供应获赠锦旗（刘华德　摄）

3. 创新竞赛成果丰富

2019 年共获得 QC 成果奖和质量信得过班组成果 15 项，其中，2019 年河北省质量科技成果奖 4 项，2019 年河北省优胜质量科技成果奖 2 项，河北省质量管理小组活动优胜成果奖 4 项，北京质量协会达标成果 2 项，2019 年电力行业质量信得过班组建设二等成果奖 1 项。

（刘长春　刘华德）

【电网运行管理】

1. 电网调度范围

公司调控中心负责对秦皇岛地区 220 kV 及

以下电网的调度运行管理，其中 220 kV 系统中的与周边电网的联络线、地区内部的环网线路、环网运行变电站的母线系统、本地区接于 220 kV 电网的发电机组为冀北电力调度控制中心调度。

公司电力调度控制中心调度范围为秦皇岛 220 kV 环网运行变电站的变压器及以下设备、负荷终端线路及以下设备。监控范围为地区 220 kV 及以下全部设备。

2. 2019 年主要设备投产情况

2019 年，秦皇岛电网 220 kV 仙螺岛站投运，彻底解决天黎双 N－2 后龙小双回线过载问题和徐杜双 N－2 故障后系统不稳定问题，自此秦皇岛 220 kV 及以上等级电网实现了线路 N－2 后，电网均无过载及不稳定问题。

3. 一次系统运行

（1）2019 年重大方式变化。

4 月，110 kV 肖双线投运，110 kV 双山子站实现两个 220 kV 站供电。

9 月，220 kV 仙螺岛站仙戴双回、黎仙双回投运。

（2）2019 年运行方式安排。

500 kV 网络经高天三回线与东北电网联结，经天乐双、黎亭双与唐山电网联结。

220 kV 网络实现分区运行。电磁环网在陈官屯站和武山站打开。

电网保持全接线、全保护运行方式，负荷站供电的 220 kV 线路开环运行，其余 220 kV 线路均环网运行；全部 220 kV 变电站的中低压侧母联开关断开运行。

110 kV 网络分别以 220 kV 变电站为电源呈辐射状运行；全部 110 kV 变电站的低压侧母联开关断开运行。

4. 二次系统运行

（1）秦皇岛电网二次装置概况和运行指标。

截至 2019 年年底，公司主网变电站继电保护及安全自动装置共 2769 台（套）。其中继电保护装置 2477 套；故障录波装置 126 套；安全自动装置 166 套。设备投入率及微机化率均为 100%。各县公司维护继电保护及安全自动装置 816 套，微机化率 100%，其中备自投装置共 76 套，微机化率 100%。

2019 年全部电压等级继电保护正确动作率 100%。其中主网全部保护共动作 661 次，正确动作率 100%；县域继电保护共动作 1298 次，正确动作率 100%；故障录波 23 次，录波完好率 100%。

（2）继电保护装置运行概况。

2019 年秦皇岛电网变电站继电保护装置运行状况良好。故障录波器联通情况良好，未发生与冀北主站超过 72 小时的通信中断事件。

2019 年继电保护专业完成针对五里台站 220 kV 3 号主变保护改造等工程的高风险作业管控工作。细化从编制"三措一案"至现场验收各环节的安全要点与技术、管理保障措施。在大型项目实施现场，电力调度控制中心—运维单位两级专业领导及管理人员到岗到位，对 110 kV 石门站主变保护双重化改造工程，肖营子 110 kV 线路切改等工程，河南、葛园等变电站基建工程进行现场技术监督，杜绝"三误"事故的发生。开展二次设备家族性缺陷排查整改工作。按照《国调中心关于 2018 年部分型号继电保护装置 30 项家族性缺陷情况的通报》要求，共梳理问题设备 45 台，并于 2019 年年底前整改完毕。针对《冀北地区 220 kV 及以上 PRS－753 常规线路保护装置设备排查、整改工作通知》要求，共梳理问题设备 8 台，并于 2019 年年底前全部整改完毕。推进继电保护设备识别代码实施与应用。开展继电保护和安全自动装置"排雷"专项行动。

（3）调度自动化系统运行概况。

强化基础数据运维，核查整治基础运行数据，全年结合预试和基改建工程实传开关 238 台，完善系统图形、报表 176 项，编制系统应用公式 125 项。开展地区 110 kV 及 35 kV 变电站网络安全监测装置部署工作，完成 97 座变电站 194 台

装置的现场安装调试，完善升级二次系统安防策略，在冀北公司率先实现装置覆盖率 100% 的目标。

深入推进网络与信息安全管理工作。巩固清朗有序安全网络空间建设成果，开展电力监控系统网络安全"排雷"行动，围绕基础设施安全、体系结构安全、本体安全、全方位安全等 4 个方面的工作，全面排查并治理调控机构、变电站和新能源场站各类安全问题共计 133 项。开展国庆 70 周年网络安全保障工作，全面梳理网络边界安防设备的运行情况，进一步收紧安防设备的策略配置，对地调主站 212 项安全漏洞进行集中整改。组织完成秦皇岛 D5000 主备调系统和 3 座 110 kV 智能变电站的信息安全等级保护测评工作，并根据测评发现的问题及时开展整改工作。组织完成 10 座变电站和 6 座新能源场站反向隔离装置版本升级工作，确保外部数据向生产控制大区传输的安全性。细化安全风险分析，强化安全策略配置，组织开展调控系统"护网 2019"网络安全攻防演练保障工作，完成冀北地区新能源场站网络安全"全覆盖"检查工作，全面排查治理并网电厂网络安全防护设备的部署和运行问题，督导新能源场站监控系统"排雷"行动切实落地。

强化"调控云"维护职责，健全"调控云"维护机制。组织开展秦皇岛地区 35 kV 以上变电站及其站内设备和线路、10 kV 以上发电厂及其场内设备模型数据维护核查，完成一次模型数据维护核查 2.6 万余条，二次模型数据维护核查 1.9 万余条；完成地区电网、联络线、发电厂、发电机、变压器绕组、交流线端 6 类积分电量数据上云；实现调控云、D5000、OMS 设备模型参数源端维护、全局共享、多系统模型互联互通；开放省地云地调用户权限，完成模型数据查询、主题查询等功能在地调的推广及应用。

（刘长春　焦明　徐娟　王莉　宋轶）

五、市场营销及优质服务

（一）市场营销

【电力营销管理】

全年售电量累计完成 133.40×10^8 kW·h，同比减少 2.34%；售电收入完成 74.94 亿元，同比降低 5.73%；售电均价累计完成 561.79 元／（MW·h），可比口径提高 0.21 元／（MW·h）；电能替代完成 16.03×10^8 kW·h；业扩净增容量完成 110.60×10^4 kV·A，同比增加 24.36×10^4 kV·A，上升 28.24%。

营商环境更加优化，收集重点项目 217 项，应用"人脸识别"技术，在北戴河泛在物联网示范区居民报装试行"零证办电"，实行 100 kW 及以下项目低压接入，高压客户接电时长压缩至 28.37 个工作日。

"党建 +"前端服务能力不断提升，全面形成农村网格化供电服务模式，深入开展供电营业厅"三型一化"服务转型建设工作，"党建 + 优质服务"推动地区 95598 投诉数量同比下降 63.14%。

营销管理基础更加扎实，营销全业务综合监控实现对 37 个供电所及 7 个抄表班按周工作提示、按月评比、按年绩效考核。一般工商业本地卡表改远程表已全部完成，居民卡表改远程表累计改造表计 8 万块，更换 HPLC 模块 11.7 万只。对 9 个单位的库存及在运计量资产开展计量稽查工作，发现、整改问题 27 类，清理垃圾数据 25.61 万条。治理营配贯通系统问题数据 3.11 万条。

电费回收风险防控更加严密，深入推进电费回收"日清日结"，累计推广远程费控 163.87 万户，高压费控覆盖率 95.97%，低压非居民覆盖率 99.35%，低压居民覆盖率 99.71%。

新兴业务拓展更加全面，实施电能替代项目 374 个，替代电量 16.03×10^8 kW·h，累计建成电动汽车充电站 72 座，充电桩 625 个，累计分布式电源并网用户 3491 户，总容量 8.79×10^4 kW。

智慧用电新模式不断深入，2018 年至今光纤改造台区 2554 个，利用 HPLC 通信技术收集客户用电数据，在北戴河示范区建成停电事件主动上报实验区，在冀北微信公众号基础上进行互动服务平台测试。择优选取光伏发电等九大类型共计 23 户客户作为虚拟电厂试点客户资源，客户容量共计 104.5 MV·A。降本增效成效更加显著，累计治理异常台区 2683 个，台区线损合格率 98.01%，与中国人民银行秦皇岛市中心支行签订电力用户征信管理合作协议，反窃电成效完成 1331.20 万元。

（焦东翔　毕小玉）

【电费回收】

1. 电费回收情况

截至 2019 年年底电费回收考核期，公司当年电费回收率实现 100%，无陈欠电费，全面完成冀北公司指标要求。

2. 电费回收的主要措施和成效

一是严格落实冀北公司关于电费回收"日清日结"工作要求，加强电费回收精益化管理。建立联防联控机制，形成自上而下的电费风险监管体系，加强对基层单位电费回收督导，及时了解重点欠费户的欠费原因、催收情况、回收进度，全面掌控电费回收情况。二是深化"一户一策"管理。严格贯彻落实冀北公司关于"一户一策"制度的相关要求，重点关注高耗能、高污染、过剩产能行业或经营状况差、有关停并转风险的企业，根据实际情况重新制定风险防控措施。切实加强风险管控，将"一户一策"工作理念贯彻到每个抄表催费人员，做到人人自觉应用"一户一策"管理方法。三是坚持电费回收日报制度，每日进行电费回收情况统计分析，精准定位电费回收风险点，绑定第一责任人，做到事前预警，严肃考核办法，监督监管到位。四是坚持以服务促回收。通过柔性催费、温情催费、上门服务、主动帮助客户解决实际困难，促进电费及时回笼，有效降低电费回收风险，确保顺利完成电费回收工作任务。

（杨凤祥　万芮萱）

【电能计量】

全年未出现计量类安全及服务事件。提高资产、用电信息采集运维质量，累计配送合格电能表163 263只，分拣拆回电能表68 656只，开展2009版卡表更换及HPLC推广工作，累计更换电能表38 370只，HPLC模块35 798只。公司封印安装率97.17%，及时率72.44%，累计安装封印277 530个。重点开展表计采集治理工作，专公变示值采集成功率由年初的98.41%提升到99.26%，2019年累计改造光纤台区2234台。强化营配贯通与台区同期线损管理，制定下发《图形维护规则与营配数据异动管理细则》，规范营配过程管理，累计核查专变3547个，处理营配问题数据31 119条。组织加大异常台区和线损率7%及以上台区的治理力度，累计治理异常台区2683个，新线损规则下线损合格率87.76%（冀北口径线损合格率96.96%），开展营销重点专业量化考核，完成综合监控与综合评价10期。开展变电站、专变表计消缺工作，累计处理变电站采集故障工单63个，其中调控类27个，运检类36个。现场校验电能表2674只，处理故障表12只。普查采集器62台，处理故障采集器17台。

（冯杨　杨磊）

【电能替代】

2019年，全市共计推广电能替代项目374个，完成电能替代电量16.03×10^8 kW·h。其中，电锅炉替代电量$33\ 562.40 \times 10^4$ kW·h，热泵替代电量9044.54×10^4 kW·h，电窑炉及矿山采选类累计替代电量$17\ 143.02 \times 10^4$ kW·h。

2019年主动配合政府推进地区清洁取暖工作。健全服务网络机构，确保前期宣传、工程进度、服务举措等全流程做到环环有衔接，处处无空白。利用营销系统分析功能，为客户提供取暖用电比

对分析等增值服务，延伸营销服务链条。持续优化"线上线下"购电服务渠道，做好电采暖用户的全流程服务工作。

创新推动电能替代餐饮业新领域。积极争取政府政策支持，推动出台《秦皇岛市2019年餐饮业大气污染防治工作方案》。瞄准黄金海岸风景区全面绿色发展需求，打造阿那亚黄金海岸社区全电食堂，推广各类餐饮电气化技术。服务乡村振兴战略，推动乡村再电气化。打造昌黎葡萄小镇"全电小镇"，在葡萄种植生产、红酒酿造、住宿餐饮、景区观光等各领域推广电能替代技术。在卢龙县创新推广灵芝种植电动抽风机技术，提高生产效率，减少人工成本，避免环境污染。推动秦皇岛港口岸电建设。完成秦皇岛港两泊位高压岸电连船试验供电服务工作。秦皇岛港煤三期301泊位和煤四期扩容709泊位高压岸电系统成功为神华801轮接电，岸电系统运行稳定，参数指标优良，完全满足船舶岸电岸基供电要求。

做好电能替代全流程管理工作，建立快速响应的前端市场开拓团队及电能替代标准化全业务流程，常态化开展市场信息收集、客户需求调研和潜力项目挖掘等工作。2019年，公司六区三县累计开展用户需求调研52次，宣传活动63次，发放电能替代、家庭电气化、电采暖等主题宣传手册21 500余份。

（周树刚　卢妍）

【综合能源服务】

2019年，按照《国家电网公司关于在各省公司开展综合能源服务业务的意见》要求，积极谋划，主动作为，聚焦重点，高质量开展综合能源服务业务。加强与能源管理部门的沟通，结合本地区能源产业结构及消费现状，确定以综合能效服务、供冷供热供电多能服务、分布式能源服务、专用车充电站建设为业务主攻方向，确定优质目标客户群体，开展潜力项目信息收集，按客户需求开展推介。开展走访调研，督导各单位建立由市场、业扩、用电检查、营业电费等各专业组成

的市场开拓团队。积极开展业务学习培训，将综合能源服务作为主要业务，实现基本具备项目推介及初步洽谈能力。

统筹各县（区）公司、客户服务分中心开展本地区综合能源服务市场大规模调研分析15次，调研走访用户853家，收集潜力项目37项，开展综合能源服务业务专题培训5次，持续跟进重点项目，逐户走访调研，力促项目落地，2019年实现业务营收4866万元。

（周树刚　卢妍）

【节能服务体系建设】

按照河北省发展和改革委员会关于电网企业实施电力需求侧管理目标责任考核工作要求，确定目标、落实措施，超额完成了需求侧管理各项指标任务。

1. 节约电力电量指标完成情况

2019年公司承担节约电量指标 3924×10^4 kW·h、节约电力指标 0.67×10^4 kW。

2019年公司全年节约电量 4368.86×10^4 kW·h 时，完成年度指标的111.34%；节约电力 1.13×10^4 kW，完成年度指标的169.05%。其中：公司自身项目节约电量完成 3159.56×10^4 kW·h，占年度指标的80.52%；社会节电项目节约电量完成 1209.30×10^4 kW·h，占年度指标的30.82%。

2019年公司全年共完成节电项目40个，其中电网企业自身节电项目37个，社会节电项目3个。包括：线路改造项目37个，资源综合利用项目1个，电机变频项目2个。

按项目技术类型划分，其中线路改造项目节约电量完成 3159.57×10^4 kW·h，占年度指标的80.52%；资源综合利用发电项目节约电量完成 663.01×10^4 kW·h，占年度指标的16.90%；电机变频项目节约电量完成 546.28×10^4 kW·h，占年度指标的13.92%。

2. 组织管理

公司市场拓展中心设置电力需求侧管理岗位，配备专业人员，主要负责电力需求侧管理示范项目推广与市场开拓、市场调研分析、能效管理、综合能源服务、电能替代、有序用电方案编制与执行督查等，配备了电力需求侧各类专业人员5人。同时在县级公司设立相应岗位，强化公司需求侧管理工作。

3. 工作措施落实情况

制定2019年需求侧工作任务，按照工作推进举措、时间节点和落实单位制定分项工作，内容包含需求响应管理和需求侧管理。同时将节约电力电量指标分解给基层单位，要求年底前完成。通过合理安排计划任务，为专业工作有序推进和顺利开展打下了良好基础。

4. 开展能效网络小组活动推动社会节能

公司于2011年成立能效网络小组，义务为秦皇岛企业提供能效培训、咨询、节能诊断等用能服务，提高社会节能意识和能源使用效率，引导环保节能新理念，为清新空气、甘甜河水的地球家园而努力。全年开展小组活动4次。

3月28日，第一次小组活动，通过讲课宣传智能电网技术，为今后智能电网全面推广做思想和知识储备。

7月2日，第二次小组活动，开展电力需求响应宣讲活动，邀请专家宣讲电力物联网空调需求响应技术和系统，将先进的节能及负荷调控理念传授给能效小组，为明年推广电力需求响应做前期准备。

11月1日，第三次小组活动，通过讲课宣传虚拟电厂技术。此次活动目的是进一步拓宽提高电能利用知识，为节约能源提供新的成果和思路。

12月11日，第四次小组活动，通过讲课宣传新能源采暖技术。活动详细分析了光伏＋电采暖技术的经济性，介绍了如何安装使用，大力推行电能替代，减少重度雾霾天数，保绿色家园。活动场面活跃，调动了大家互动的积极性，进一步促进提高新能源利用效率，减少碳排放工作。

5. 开展需求侧宣传培训

开展需求侧宣传培训活动，在用电客户侧大

力宣传节能技术，客户培训内容为讲授先进节能技术知识、技术咨询交流。

序号	地点	时间	内容
1	国网秦皇岛供电公司	2019年5月14日	国网昌黎县供电公司将节能作为宣传"重头戏"
2	国网秦皇岛供电公司	2019年6月5日	公司开展世界环境日主题活动
3	国网秦皇岛供电公司	2019年7月16日	国网昌黎县供电公司引导客户避峰用电
4	国网秦皇岛供电公司	2019年7月29日	国网昌黎县供电公司"节电锦囊"助企消夏
5	国网秦皇岛供电公司	2019年7月23日	秦皇岛清洁能源宣传进乡村
6	国网秦皇岛供电公司	2019年5月23日	秦皇岛开展第一次用户培训
7	国网秦皇岛供电公司	2019年10月30日	秦皇岛开展第二次用户培训
8	国网秦皇岛供电公司	2019年9月9—11日	秦皇岛供电公司组织营销人员轮训

（周树刚　董宏晓）

【有序用电】

为加强秦皇岛地区有序用电管理工作，优化电力资源配置，确保电力供应平稳有序，最大限度满足地区用电需求。根据《国家电网公司有序用电管理办法（试行）》和《国网冀北电力有限公司有序用电管理办法实施细则》的要求，营销部（农电工作部、客户服务中心）市场及大客户服务室配合市工信局根据人员变化对市有序用电管理领导小组和管理工作小组进行调整，并从方案编制、审定、有序用电措施组织实施等各方面明确相关人员的工作职责，以确保秦皇岛地区有序用电管理工作顺利开展。

年初按照国家电网预案编制大纲着手预案编制的各项准备工作。冀北公司编制通知下达后，按照要求组织各基层单位进行客户梳理，并按照发展改革委《有序用电管理办法》"定用户、定负荷、定线路"的原则开展预案编制工作，预案编制优先保障医院、学校、居民生活、主要党政军机关等办法规定的6类用电需求，并重点调控高耗能、高排放等办法规定的5类用户的用电需求。完成编制后及时报送冀北公司，冀北公司审定后报送市工信局审批，并及时将批复后的预案下发各基层单位。

4月下旬及5月，按照冀北公司要求对预案进行多次梳理，剔除销户或永久减容户，补充部分可实施有序用电用户，形成最终方案，一级预案总计安排571个用户。6月中旬，用两个半天时间组织各分中心、各县公司等相关单位，开展一次全方位的有序用电演练。通过有序用电预案演练，完善有序用电工作实施流程，发现和整改有序用电预案措施实施工作中的问题，确保有序用电预案措施顺利实施。

开展有序用电用户负荷可控能力建设，加强有序用电用户负荷实时数据质量治理，下半年经过3个多月不断的努力，实时负荷不达标户数、冻结负荷不达标户数、用户信息不准确户数明显减少，数据质量保持在一个较高水平。通过近4个月的努力，累计完成有序用电可控能力改造测试43户，测试成功34户，可实现可控负荷 0.91×10^4 kW 的用户侧负荷控制能力。

（周树刚　谢欣荣）

（二）优质服务

【服务体系建设】

一是推进"党建＋零投诉"活动实施。按照《"党建＋供电服务零投诉"专项工作方案》，明确各级党组织、党员在优质服务工作中的责任和义务，组织开展党课学习服务、设置党员示范岗、党员服务宣传等系列活动，进一步提升党员的服务意识、服务能力、服务水平，充分发挥党员在服务工作中的先锋模范作用。

二是完善服务监督机制。建立"一把手说

清楚、专业管到位、营配融合全覆盖"的监督管理机制。以公司周例会为基础，9家基层单位一把手参会，周投诉量排名前两位的单位一把手做问题分析汇报，提升了主管领导的服务管控意识和管理力度。与运维检修部、建设部、供电服务指挥中心等部门建立协同监督机制，强化服务监控和预警，共计开展典型投诉现场核查6次、督办重要服务事件89件，实现投诉同比下降63.14%，促进业务流程优化和服务规范提升。

三是贯彻落实河北省能源局、冀北公司工作部署，制定公司漠视侵害群众利益专项整治工作方案，细化各部门工作职责，明确整治工作目标及重点，督导各基层单位全面开展自查整改工作。

四是加强服务应急保障与处置。发挥服务牵头及协同职能，制定各项重大活动服务保障方案，督导落实各项服务保障措施，强化服务应急保障能力，圆满完成2019年春节、全国两会、第二届"一带一路"国际合作高峰论坛、2019年中国北京世界园艺博览会、"五一"和国庆等重要活动优质服务保障工作。

（曾建　陈洪涛　张李丹）

【分布式电源并网服务】

2019年公司致力于提高分布式并网管理整体管理水平，深化推广应用"互联网＋分布式电源并网服务"。积极推广国网分布式光伏云网、"光e宝"手机APP线上办电业务，实现7×24小时全天候、全方位客户报装服务。

2019年分布式电源并网服务工作制定严格的工作要求：一是严肃整改，加快规范并网管理。对照本次调查梳理的突出问题，督导各单位组织限期整改。举一反三，通过开展全公司分布式电源并网服务规范性监督检查，查找问题、分析原因、制定措施，狠抓责任落实，完善评价标准，加大考核力度，有效缓解分布式光伏发电激增带来的服务压力，规避舆情风险。二是加快制定措施，解决突出问题。认真贯彻落实国家电网、冀北公司关于分布式电源并网服务工作的有关要

求，营销部、发展策划部、财务资产部、运维检修部、电力调度控制中心、经济技术研究所等部门加强协同配合，加强与冀北公司专业管理方面的沟通，重点解决当前在规划计划、业务办理、并网接入、补贴结算、系统缺陷等方面的突出问题，有效防控公司经营和管理风险。三是加强宣传培训，推动并网服务秩序进一步规范。加大客户宣传工作力度，重点在屋顶光伏建设条件较好的农村地区，制定"包村到户"的宣传计划，组织开展专题宣传活动，确保农户获得正确的并网服务信息。加强学习交流，推广先进经验，组织基层人员开展集中培训，确保公司业务规则、操作流程、标准要求落实到位。四是强化管理措施，严控服务风险。细化管控措施，落实管控责任，确保管控措施落实到位，组织开展突出问题排查整治，通过明察暗访、不定期检查等方式，严格管控服务风险。

（周树刚　张媛媛）

【供电服务标准制度】

2019年公司为强化供电服务监督管控，创新服务举措，努力提升供电服务水平，进一步优化服务机制，实施专项提升工程，打造供电服务品牌。

《国网秦皇岛供电公司关于加强供电服务考核工作的通知》。规范供电服务行为，提升服务水平和服务质量，突出专业管理职能在供电服务过程管理和责任追究中的职能效力，增加供电服务奖励标准，进一步明确公司供电服务考核的周期、范围、方式及标准，有效强化公司供电服务管控能力。

《国网秦皇岛供电公司营销部关于进一步加强电力服务事件应急处置的通知》。贯彻落实冀北公司电力服务事件应急处置工作要求，逐级开展《国网秦皇岛供电公司电力服务事件处置应急预案》宣贯。提高公司防范和应对电力服务事件能力，最大限度地预防和降低服务事件造成的损失和影响，维护公司正常生产经营秩序，督导各

单位进一步做好服务应急处置和信息报送工作。

《国网秦皇岛供电公司营销部关于加强属实投诉责任认定工作的通知》。进一步强化95598工单质量监督管控，从严开展投诉属实性核查认定工作，做好工单质量区县级审核工作，实事求是反映问题，严禁弄虚作假、规避考核、漠视群众利益问题。在95598工单"属实性""是否供电企业责任"工单标签基础之上，增加"责任单位""问题原因"两项标签。

《国网秦皇岛供电公司营销部关于规范95598供电服务热线标识使用的通知》。进一步加强优质服务管理，强化95598供电服务热线宣传，畅通客户服务渠道，进一步明确95598供电服务热线使用及监督管控的工作职责，规范95598热线标识使用范围及方式，严禁屏蔽95598供电服务热线行为。

（曾建　陈洪涛　张李丹）

【明察暗访服务监督】

2019年，公司开展供电服务明察暗访工作，及时通报服务问题，优化供电服务流程，落实供电服务问责考核，有效提升供电服务规范。

公司建立日监督、周通报、月考核、季暗访的供电服务监督机制，常态化开展多种形式的明察暗访工作。以日为周期开展供电服务工单预警监控及营业窗口音视频监控，对公司辖区供电营业厅进行服务监督，发现不规范行为及时提醒、督导改正，全年共计开展营业厅服务监督40 520次，督导窗口服务规范问题整改145项。以周为单位，监控投诉、意见、服务申请等工单数量，及时发现供电服务热点、难点问题及典型案例，各专业部门协同服务管控，2019年全年共计发布《供电服务周报》52期。以月度为周期开展供电服务考核，强化服务闭环管控，严格落实服务问责，有效促进各类服务问题整改，全年共计1655人次、考核金额14.6万元。以季度为周期，营销部牵头组织运维检修部、监察部等部门对公司各供电所、营业厅开展明察暗访工作，重点加强对

专业工作落实、服务考核落实、上级通报事件整改、95598客户诉求处理、营业厅服务规范、业务报装管理等情况的暗访检查，及时通报有关情况，督办相关单位整改，有效防范服务舆情和风险，进一步提升供电服务水平。

（曾建　陈洪涛　张李丹）

【舆情应急管理】

2019年公司进一步强化供电服务事件应急处置能力管理，加强电力服务事件应急处置工作要求的宣贯和解读，组织开展电力服务事件处置及信息报送演练，有效提升各单位服务事件处置能力，确保在供电服务过程中迅速响应客户需求，及时解决客户投诉、客户关注和反映的焦点、难点问题，切实维护广大客户利益，努力提升客户服务满意度。全年未发生重大舆情事件。

（曾建　陈洪涛　张李丹）

【服务培训】

2019年，公司供电服务培训管理工作遵循"统一规划、统一标准、分级负责、归口管理"的原则，贯彻国家电网、冀北公司供电服务培训管理制度，强化优质服务培训与业务交流，先后组织95598服务及营业厅人员专项培训、优质服务提升培训、供电所管理人员培训，通过业务知识、案例分析、模拟训练等方式进一步提升前端服务水平，全面提高人员的综合素质。

（曾建　陈洪涛　李治国）

（三）品牌建设

【品牌策划】

贯彻落实公司党委和冀北公司党委宣传部各项决策部署，大力实施品牌引领战略，持续加大对外传播力度，舆情保持总体平稳，品牌形象不断提升，为公司发展提供了坚强可靠的舆论保障。

▶ 4月26日，检修人员对220 kV王校庄变电站设备进行检修（史文全 摄）

【品牌传播】

一是开展重要活动专项宣传。完成纪念五四运动100周年暨青年创新创意大赛、"家国·楷模"主题文化分享会暨首届文体艺术节启动仪式、世界博物馆日、世界计量日、"冀青·互联"促交流、秦皇岛国际马拉松赛和庆祝新中国成立70周年保电工作等活动宣传。

▶ 5月12日，公司圆满完成秦皇岛国际马拉松赛保电任务（史文全 摄）

二是做好日常工作对内、对外宣传。圆满完成上级领导来公司调研指导，元旦、春节、"五一"、端午、高考保电，春检预试，安全生产，优质服务，电能替代，移动储能项目，党建精神文明建设，职工文体及文化活动等方面进行宣传。

三是秦皇岛电力博物馆受到媒体和公众广泛关注。在世界博物馆日前后，"电网头条"客户端分别发表秦皇岛电力博物馆文字、图片新闻。世界博物馆日当天，电网头条向国网系统和社会进行长达10分钟的视频直播，再现秦皇岛百年电力的独特魅力。11月，秦皇岛电力博物馆被中国电机工程学会命名为"电力科普教育基地"。

四是选题策划取得实效。策划"我和我的祖国——我叫国庆，我为共和国庆生"系列宣传稿件《秦皇岛供电徐国庆：电力调度员的日与夜》，以80后调度员工日常工作视角，反映千千万万电力员工在自己岗位上默默奉献的精神，中国电力报（现场云）融媒体客户端刊发。以敏锐视角，紧紧抓住公司员工孙立群勇救溺水游客不留名、婉拒5万元酬金的英雄壮举新闻线索，迅速联系地方媒体，全面展开新闻采访和报道工作，12月5日，秦皇岛日报、秦皇岛晚报分别在头版头条位置予以报道，人民网、今日头条、长城网、河北新闻网、河北政府网等10余家媒体予以转发，形成较强的新闻传播力。

五是做好"最美国网人"巡回宣讲走进秦皇岛宣传报道工作。公司新闻中心提前策划，积极与各级媒体联系，做好宣传报道。新华网、工人日报客户端、河北日报、河北经济日报、河北工人报、秦皇岛日报、秦皇岛晚报、河北新闻网、长城新媒体、网易河北、秦皇岛政府网、秦皇岛新闻网等10余家媒体对该活动进行报道。网易河北对此次活动进行现场直播，有11万余人观看现场直播。

六是助力公司泥井镇供电所参加"全国最美供电所"评选活动并取得优异成绩。公司新闻中心与国网昌黎县供电公司加强协作，选派记者深度参与公司泥井镇供电所最美供电所建设，并采写稿件向中电传媒推送，加强与媒体沟通，助力公司泥井镇供电所的参评活动。

七是充分发挥宣传职能作用。为全方位、多层面地宣传展示公司庆祝新中国成立70周年活动保电期间的责任与担当，发挥了新闻宣传、舆情应对的职能作用。同时，圆满完成国家电网、冀北公司领导来秦调研指导工作和冀北公司第七届职工文化体育艺术节文艺演出暨闭幕式的宣传报道。

▶ 5月13日，公司团委举办纪念五四运动100周年暨青年创新创意大赛（史文全 摄）

【品牌推广】

2019年公司通过与各级媒体搭建全方位、多渠道的沟通平台，持续传播公司发展成果。全年对外发稿1141篇。其中，中央媒体33篇，社会主流媒体198篇，国家电网报42篇，国家电网网站23篇，冀北公司网站577篇，华北电业杂志26篇，冀北手机报233篇，冀北微信公众号9期。公司内部网站发稿3524篇。

▶ 1月16日，北戴河客户服务分中心对辖区灯展现场开展安全用电服务（史文全 摄）

2019年，公司荣获中国电力传媒集团《中国电业》读刊用刊评刊活动标兵单位，《电力快讯》发行先进单位，1人被授予优秀通讯员称号；两部影视作品分获英大传媒2018年度纪录片类二等奖和微电影类三等奖；一部影视作品荣获首届中国工业品牌微电影大赛"最佳编导奖"；两幅（南山电厂）工业遗产摄影作品入选《国家工业遗产影像志》并参加第19届中国平遥国际摄影大展；一部国网故事汇作品获得国家电网7月月度创意奖。

▶ 7月9日，冀北公司"最美国网人"先进事迹宣讲走进秦皇岛（史文全 摄）

【品牌维护】

充分发挥信息发布、宣传引导、品牌塑造功能。一是开展重要活动专项宣传。从不同侧面展示公司安全生产、优质服务、电能替代、党建精神文明建设、职工文体及文化活动等方面的亮点特色。二是落实上级在内网主页增加相关专题的要求。先后增加国家电网《深入学习贯彻习近平新时代中国特色社会主义思想和党的十九大精神》专题网页；《旗帜领航 正心明道》《春检之窗》《主题党日周》《高考保电》《"不忘初心、牢记使命"主题教育》《庆祝新中国成立70周年保电》等7个专题专栏。三是加强"泛在电力物联网"专题宣传。开设《"三型两网，世界一流"建设》和《泛在电力物联网落地实践》专题，在本部一楼大厅设置《加快建设泛在电力物联网》专题展板，广发宣传普及"泛在电力物联网"专业知识。四是密切与地方媒体沟通主动发声。针对反窃电行为、高考保电、春检预试和夏季用电高峰等工作，面向社会主动发声，消除社会误解，有效降低舆情风险。其中，5月，秦皇岛电视台《今日报道》栏目播发的《严惩窃电硕鼠 净化用电环境》消息，为全市营造良好的用电环境，震慑潜在的窃电行为具有重要意义。五是加强突发事件信息发布。针对台风"利奇马"造成的停电影响，及时与地方主流媒体沟通，收到预期效果。

▶ 4月12日，国网青龙县供电公司八道河供电所员工向辖区群众宣传安全用电知识（史文全 摄）

【品牌管理】

为增强风险防范防控意识和能力，加强对各类意识形态阵地的管理，公司依托意识形态阵地，

做大做强正面思想舆论，不断提高网上议题设置能力和舆论引导水平。

▶ 5月20日，变电检修人员对110 kV海滨变电站设备进行春检预试（史文全 摄）

严格按照国家电网《2022年冬奥会官方合作伙伴组合标识应用手册（2019版）》要求，对标识进行梳理、更换，规范组合标识应用。同时，定期对所属单位进行标识规范应用检查，发现问题及时整改。

按照冀北公司党委宣传部要求，完成2019年社会责任根植"秦皇岛港口岸电推广项目""秦皇岛全电厨房推广项目"的选题、立项和新项目储备。

（许明思）

六、和谐企业建设

（一）党建工作

【基层党组织建设】

充分发挥党的组织优势，规范各级党的组织机构设置，有序推进任期届满基层党组织换届选举，成立北戴河暑期政治保电临时党支部。组织召开2019年党建、党风廉政建设暨宣传工作会议，开展党建自定义主题督查，督导解决问题23个。定期召开党建工作领导小组办公室会议，推动全面从严治党各项要求在公司贯彻落实。开展基层党组织书记抓党建述职评议工作，充分了解基层党组织书记抓党建工作真实情况。持续推进基层党组织标准化建设，严肃党内政治生活，坚持季度调阅党支部标准化建设成果，建优用好活动阵地，1个党支部被任命为冀北公司"五星级"党群工作示范点。严把党员入口关，组织入党积极分子和发展对象培训，年内发展党员20人。

▶ 公司召开基层党组织书记抓党建工作述职评议会议（林帅 摄）

【党员教育管理】

开展"不忘初心、牢记使命"主题教育，设立领导班子学习班，开展专题学习，通过征求意见、实地调研走访等形式，发现、解决基层实际问题。完成党支部书记培训、党员3年滚动轮训。开展党员积分制试点建设，设置党员积分看板，依托群体力量监督党员履职尽责。持续推进"旗帜领航 正心明道"党建品牌创建，以"专业＋一线""理论＋实践"为主旨，开展系列主题党日活动，切实将"守正创新"和"正心明道"落实到具体工作的每个环节。组织纪念建党98周年系列活动，评选表彰"两先两优"。

▶ 党委党建部联合公司第五届青年创新创意大赛项目主创者开展"守正创新、担当作为、奋勇争先、创造一流"主题党日活动（林帅 摄）

（二）企业文化建设

【企业文化建设】

建立"正心明道"党建文化品牌，实施3个方面9项专项行动计划，解决工作中最实际的问题，推进"一个引领、三个变革"战略路径落地。开展"专业＋一线""理论＋实践"企业文化重点项目合力攻关和支部联创，构建"平台型、共享型"党建引领文化建设新格局。开展企业文化示范点创建工作，试点建立"守正创新 正心明道"文明实践中心，推动基层文化建设水平整体提升。弘扬党内政治文化，从7月至10月每月一主题，开展纪念新中国成立70周年暨"不忘初心、牢记使命"红色教育主题系列活动，引导广大党员干部坚定理想信念。开展多位典型选树，开展重大典型学习分享活动，举办"最美国网人"先进事迹宣讲会，制作沙画、原创歌曲、H5和MG动画，营造守正创新、担当作为的良好风尚。

▶ 基层党组织在"秦学课堂"讲主题教育
（林帅 摄）

【精神文明建设】

　　高质量开展"不忘初心、牢记使命"主题教育，组织读书班，开设"秦学讲堂"，吸纳统战人员开展思想动态调研，实施"专业＋一线""理论＋实践"支部联创，做到学做结合，确保主题教育取得成效。开展党建自定义主题督查专项行动，采取支部联创、召开组织生活会、开展谈心谈话等方式，深挖问题思想根源、紧盯人员思想波动，充分运用党建优势推动思想政治工作落实落地。建立以党员"一带二"为核心、以网格为责任单元的"枢纽型、平台型、共享型"共产党员服务队，为用户提供更加高效便捷的主动服务，践行"人民电业为人民"理念。

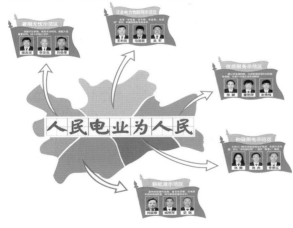

▶ 建立以党员"一带二"为核心的分布式"枢纽型、平台型、共享型"共产党员服务队（林帅 摄）

（三）团青工作

【青年思想引领】

　　深化"青年大学习"，线上＋线下双发力，组织各级各类学习活动163次，团员青年参与率100%，激励青年树牢新思想、牢记新使命。组织青年收听收看纪念五四运动100周年大会，举办纪念五四运动100周年活动暨表彰会，组织赴保定、天津等革命老区和雄安新区开展特别主题团日活动，弘扬"百年五四"精神。举办"正心明道 青心践行"道德讲堂，开设"青·传承"读书栏目，开展"学黎明精神，做时代新人"主题活动，围绕工作主题和具体实际，逐月落实12项行动计划，践行社会主义核心价值观。

▶ 庆祝新中国成立70周年闯关竞赛（林帅 摄）

【服务中心工作】

　　以"号手岗队"为抓手，激励青年岗位建功。开展"青安先锋""青年安全巡查"等专项行动，组织"抖除隐患 抖出安全"抖音视频比赛，有效促进电网建设和检修工作。开展"冀青春·创青春"青年创客分享交流活动，举办青年创新创意大赛，储备青年创新项目58个。以"红马甲"志愿服务为载体，围绕帮孤助残、扶贫助困、爱童助学、环境保护等方面开展志愿服务活动80余次，其中"寸草心"爱老敬老行动4次，关爱留守儿童活动3次。承办"秦皇岛市红领巾研学公益营"活动,制作少年儿童安全用电宣传动漫,践行社会责任。

▶ "青年安全生产示范岗"创建活动(林帅 摄)

【服务青年成长】

规范"推优入党""推优荐才",实施青年成长跟踪计划,开展技术讲堂、青年科技论文评比活动,建立领导干部与杰出青年结对辅导机制,加快优秀青年选拔培养。举办"筑梦新起点"青年才艺展演,承办秦皇岛市变电运维专业青年职业技能竞赛,提高青年能力素质。深入开展团青工作调研,征求意见建议24条。积极选树青年典型,开展"青年五四奖章""青年岗位能手"评选,广泛宣传青年先进事迹。关爱新员工、大龄单身青年、困难青年,举办"青心暖童心"亲子活动,中秋关爱新员工活动,增强青年"获得感""归属感"。

▶ "筑梦新起点"青年才艺展演(林帅 摄)

【团的自身建设】

坚持党建带团建,以党委文件形式印发《关于推进共青团和青年工作高质量发展的意见》。严肃"三会两制一课",统一印发并定期调阅《团支部工作手册》。实施团青对标考核,并纳入党建对标管理。开展团干部培训班,各级团组织书记列席本单位中心组学习,纳入干部培训序列。试点开展区域团建、网络团建,优化团委微信公众号"一网秦深",累计推送工作动态、青年榜样、读书分享等内容51期。以"团团联合""冀青·互联"为载体增强团组织共创联创,与山海关团区委联合开展志愿活动,与北京交通大学联合开展"研究生科技服务实践团"调研实践,与冀北技培中心联合开展主题团日,公司各团支部间开展"青心互联"活动9次。

▶ 团青工作推进会暨团干部述职评议会议(林帅 摄)
(林帅)

(四)纪检监察

【管党治党责任】

持续推进管党治党责任落实,全年公司党委专题研究党风廉政建设工作8次,差异化制定公司领导班子成员和本部部门党风廉政建设履责要点,签订党风廉政建设责任书38份,把党风廉政建设责任分解细化到各部门、各单位、各级领导干部。深化党风廉政责任制考核,坚持将考核结果运用于企业负责人绩效，有力推动"两个责任"和"一岗双责"全面落实。制定年度约谈工作计划，组织公司班子成员对分管范围存在的廉洁风险隐患进行约谈提示，有针对性地约谈基层单位党政主要负责人71人次，班子其他成员约谈分管部门、单位有关人员46人次，层层传导压力。健全党风廉政建设考核指标体系，加强过程监督和考核，将考核结果严格运用到年度企业负责人绩效中。

【专责监督工作】

针对业扩报装、招标采购业务关键环节、关键岗位开展廉洁风险分析，排查整治风险隐患12项，有效完善业务流程，规范权力运行。深入开展集体企业廉洁风险排查，梳理、防控风险点18项，促进集体企业依法合规健康经营。严把干部选拔任用考察关、廉政关和公示关，组织9名提拔重用领导干部任前廉政考试，开展干部任前廉政谈话30人次。开展领导干部及其亲属经商办企专项整治，签订承诺书187份，确保干部明底线、知敬畏，预防违规违纪行为发生。

【纪律作风建设】

把党章党规党纪作为党员教育、干部培训和党委理论学习中心组学习内容，开展典型案例警示教育，多维度重申反腐倡廉和作风建设要求，强化党员干部的"四个意识"。紧盯节假日等重要时间节点，采取下发通知、发送短信等方式，开展风险预警提醒和警示教育，反复重申纪律作风要求。落实"逢节必查、逢查必报"制度，运用《落实中央八项规定精神监督检查指导书》，常态化开展节日明察暗访和日常监督检查7次，基层纪委同步落实双签报告制度。公司范围内组织开展形式主义、官僚主义自查自纠工作，查纠整改问题12项。规范受理行风问题线索，结合漠视侵害群众利益专项整治和"抓整改、除积弊、转作风、为人民"专项行动等重点工作，严肃查纠靠电吃电、"吃拿卡要"、违规收费等群众身边的腐败问题。处置行风问题线索5件，下发纪律检查意见书3份，进一步促进行风建设水平提升。

【纪律审查工作】

运用问题线索4类处置方式，对冀北公司转办的18件信访问题线索依规依纪进行初核。规范谈话室建设，确保执纪安全。对党的十八大以来办结案件的党纪政务处分决定执行情况开展"回头看"，不断提高纪律处分决定执行工作的规范化水平。准确把握"四种形态"科学运用，对苗头性问题早提醒、早纠正，让"红脸出汗"成为常态。对信访、行风举报违规违纪问题给予提醒谈话3人，诫勉谈话1人，党政纪处分1人。坚持对受处分的人员进行回访，充分体现组织的关心和爱护。

【廉政教育工作】

依托党委中心组学习、"三会一课"、主题党日等活动，加强对党的十九届四中全会，十九届中纪委三次、四次全会精神和党纪条规的学习，下发《廉洁风险防控手册》《党的十九大以来查处违纪违法党员干部案件警示录》等读本60余本。开展"守正创新 清风同行"廉政文化主题系列活动，期间党员干部讲廉政党课32次，创作廉洁文化作品54个，推荐书目12本，开展读书及分享活动14次。结合国网系统典型案例，有针对性地开展廉洁教育培训4期，共计培训180余人次，组织基层单位班组长观看专题系列片《叩问初心》，组织基层供电所全体所长参观唐山监狱，以案说法，警钟长鸣。

(陈之良 汪维)

（五）工会工作

【职工民主管理】

公司二届三次职工代表大会。1月29日，

公司召开二届三次职工代表大会。全体职工代表审议《守正创新 笃志行远 争创一流能源互联网企业建设排头兵》工作报告及7个专题工作报告，通过《关于国网秦皇岛供电公司二届三次职工代表大会总经理工作报告的决议》等6项决议。2018年度国网工匠、冀北劳动模范、冀北感动人物、先进集体、先进工作者、工人先锋号、技术能手在会上受到表彰。

▶ 公司召开二届三次职工代表大会（刘淑洁 摄）

【职代会闭会期间民主管理】

二届三次职代会闭会期间，组织召开6次职工代表团（组）长联席会议，讨论审议国网昌黎县供电公司职工活动中心建设工程事项等7项内容。组织开展职工代表巡视检查活动和总经理联络员调研活动，征集调研报告34篇，评选出20篇有价值的进行表彰。组织开展集体合同宣传和集体合同履约监督检查工作，公司《关于2019年度履行集体合同情况的报告》提交职代会审议。组织开展"我为公司献一策"合理化建议活动，征集合理化建议114条，采纳96条，评选出70条优秀合理化建议进行表彰。组织基层工会开展提案工作、民主管理知识培训。组织开展公司提案"提质增量"专题工作，征集职工代表提案及建议42件，1件提案获得冀北公司优秀提

案，24件提案获得公司优秀提案；印发职工代表提案催办书，承办部门对各项提案进行专题研究并进行书面答复，结案率和职工代表满意率均为100%。

▶ 职代会闭会期间组织召开代表团长联席会（刘淑洁 摄）

【厂务公开】

完善公司厂务公开联络员队伍，优化厂务公开专栏公开流程，年内审核发布厂务公开事项30余项。维护更新基层单位厂务公开栏37次。全完善各供电所所务公开管理制度和办法，建立供电所所务公开档案，为2个五星级供电所和1个基层班组制作阳光班务公开栏。学习落实《职工代表大会实施细则》《国家电网公司职工民主管理纲要》《企业民主管理规定》等法规制度，开展企业民主管理知识学习宣传活动。

（刘淑洁）

【班组建设】

探索班组文化建设新途径。班组文化助力提升班组凝聚力，变电检修室"四礼·家"文化将中华传统文化融入一线生产人员职业生涯全过程，荣获河北省总工会工作创新一等奖；营业电费室"幸福心动力"助力优质服务；营销部"和拢·家"文化打造良好工作氛围。年内公司工会荣获全国"安康杯"竞赛安全文化宣传活动先进

单位、冀北公司工会工作先进集体和秦皇岛市模范之家；5个单位荣获秦皇岛市先进职工小家、1个集体荣获河北省先进集体、3个班组荣获冀北公司工人先锋号、1人荣获全国"安康杯"竞赛安全文化宣传活动先进个人、2人荣获河北省劳动模范、1人荣获大国工匠、1人荣获第七届河北省能工巧匠、1人荣获秦皇岛市金牌工人、2人荣获秦皇岛市能工巧匠、1人荣获国家电网劳动模范、1人荣获冀北公司劳动模范、8人荣获冀北公司先进工作者。

▶ 公司工会荣获全国"安康杯"竞赛安全文化宣传活动先进单位（刘继东　摄）

【技术创新】

打造全员创新体系，建立以职工创新孵化基地为重点、12个职工（劳模）创新工作室为抓手、众多职工创新小组为支撑的全员创新体系。内部以全国五一劳动奖章获得者高会民为领军人、以创新工作室带头人为导师，汇聚公司各专业青年创新人才，外部联合冀北电科院和燕山大学等科研院所，建立技术攻关协同创新智库，为公司和电网发展提供强大动力。改造职工（劳模）创新工作室2个。年内1个创新工作室荣获河北省工匠与人才创新工作室，储备职工技术创新创效项目25项，3项成果分获全国能源化学地质系统优秀职工技术创新成果二等奖、全国电力职工技术

优秀成果二等奖、国家电网第四届青年创新创意大赛金奖。

▶ 公司职工创新创效孵化基地（刘继东　摄）

【职工文化建设】

实施文体协会机制，公司成立文体协会12个，公司领导带头参与、担任名誉会长，选拔职工文体骨干担任协会秘书长，建立公司文体人才库，形成企业支持、工会主导、协会组织、文体活动分项开展的常态化运作机制。2019年公司启动首届"盛世华诞·逐梦秦电"文化体育艺术节，一系列征文、摄影、书画、体育等职工文体活动陆续开展，集中展示祖国和企业发展历程中取得的丰硕成果，激发职工爱国热情，凝聚强大工作动力。完善职工活动中心基础设施建设，配备小型体育设施和健身设备，职工活动区域总面积达到3600 m²，全年开放时间近2000小时，职工活动人数超过3万人次。文化体育活动锻炼身心、凝聚团队，成为职工的文化家园。年内荣获国网华北区域主题歌会二等奖1个、三等奖1个，冀北公司足球比赛第四名，冀北公司职工羽毛球精英赛男单第二名、女单第一名，秦皇岛市羽毛球比赛团体第二名、中年混双第三名、优秀组织奖。承办冀北公司第七届职工文化体育艺术节文艺演出暨闭幕式，2个作品荣获"十佳文艺作品奖"。

▶ 冀北公司第七届职工文化体育艺术节文艺演出暨闭幕式（史文全 摄）

（刘继东）

【实施送温暖工程】

落实困难职工救助工作，发放职工困难补助8.5万余元；元旦、春节、春检预试及暑期保电期间，公司领导深入一线慰问30余个现场惠及职工500余人，把"送温暖"工作落到实处。开展"送文化到基层"活动，将慰问品、书籍等送至基层。

▶ "送文化到基层"慰问活动——为国网卢龙县供电公司职工活动中心揭牌（史文全 摄）

▶ 公司领导春节前慰问一线职工（史文全 摄）

引领职工文明健康生活方式。组织公司员工490余人开展16批次健康疗养。为全体在职职工做好市大病医疗互助保险、家庭财产保险的投续保工作。2019年，市帮扶中心共计为300余人次补偿互助金57.27万余元。

【女职工工作】

维护女职工特殊权益。"三八妇女节"期间，工会举办女职工健康讲座，组织女职工投保女性重大疾病安康保险，截至2019年年底，已有14名女职工受益。关注已婚女职工健康需求，组织开展妇科病普查活动，共计检查343人次，以实际行动将女职工权益保护落到实处。

▶ 举办女工美丽健康知识讲座（杨桦 摄）

开展女职工建功立业活动。开展"我和国旗合影"活动，评选出一、二、三等奖作品各10幅（组），印刷成册，发放至公司领导及每个女职工手中；举办"壮丽七十年 阔步新时代"——歌唱祖国微视频歌咏比赛活动，利用新媒体广泛宣传推广，彰显女职工巾帼风采。2019年，1名女职工荣获冀北公司"巾帼建功标兵"称号，10名女职工荣获公司"巾帼建功标兵"称号。

▶ "我和国旗合影"活动一等奖作品（杨桦 摄）

丰富女职工文体活动。全年开办"韵律飞扬"瑜伽班、"千舞翩翩"舞蹈班，女职工参与率80%；举办"显巾帼风采 展女工才艺"女职工手工艺品展；举办"家国·楷模"主题文化分享会，向劳模致敬；在新世纪环岛公园"秦皇山海"朗读亭开展"盛世华诞 逐梦秦电"女职工主题诵读活动；推进"培育好家风——女职工在行动"主题实践活动，调动女职工积极性，增强女职工爱国热情和报效祖国的责任感、使命感，打造"书香冀北·书香秦电"女职工特色文化品牌，为女职工工作增色添彩。

工会主席、女工主任、工会委员开展年度重点工作培训。表彰了5个2018年度模范职工之家、8个先进职工之家、5名优秀工会主席和10名优秀职工之友。

▶ 组织召开工会年度工作会议暨工会主席培训（刘淑洁 摄）

▶ 举办"家国·楷模"主题文化分享会（新闻中心 摄）

▶ 开展"盛世华诞 逐梦秦电"女职工主题诵读活动（杨桦 摄）

（杨桦）

【工会组织建设】

召开公司工会2019年工作会议，传达冀北公司工会2019年工作会议精神，审议2018年度经费审查报告和2019年工会经费预算安排。对

健全完善工会组织机构。调整更换及新选举基层工会主席4人，调整基层工会委员26人，调整基层女职工委员会主任4人、女职工委员7人，更新完善会员档案。

开展工会标准化建设。制订下发2019年工会工作标准化建设年度工作计划、2019年工会主要工作项目横道图、2019年基层工会例行工作、2019年基层工会年度重点工作任务要点，制定下发工会工作标准化建设模板文件。组织开展职工代表、工会干部培训工作，提升职工代表、工会干部履职能力。组织参加冀北公司工会干部管理培训，15人参培。年内公司工会分别荣获秦皇岛市先进职工之家、冀北公司工会工作先进单位等荣誉。开展"强素质、作表率"工会干部主题读书活动和读书心得征集，征集读书心得53篇，评选25篇优秀读书心得进行表彰。

完善基础档案。维护更新基层工会组织机构、工会小组、职工代表、职代会专门工作委员会、代表团长、工会委员会、工会会员档案，完成基层工会主席、委员的补选工作。及时办理会员关系调转手续。

开展干部队伍建设。组织开展工会干部培训，年内240余人次参培；组织开展工会读书活动，为5个基层工会职工书屋购置10余万元图书。

（刘淑洁）

（六）后勤管理工作

【办公管理】

攻坚克难，圆满完成三项重点工程。一是高效推进秦皇岛供电公司配电运检用房项目。该项目占地面积955 m^2，地上6层，建筑面积4863 m^2，总投资2668万元，是公司自2005年后首个大面积办公用房建设项目。年内完成项目初设评审、施工招标共计27部门、9个环节的前期手续办理工作，工程整体进度超前于项目里程碑计划。二是持续推进"乐业暖心工程"建设。全力打造规范化、高标准的办公环境，全面落实国网后勤"两网"建设到哪里，后勤服务就保障到哪里的工作要求，强力推进北戴河客服中心综合整治工程。从3月15日进场到6月15日全面竣工，历时3个月时间，在暑期前为公司上交一份圆满"答卷"，提升公司对外形象，为北戴河暑期旅游旺季保电提供了坚强的后勤保障。合理安排变电院综合改造工程。利用预试空闲期间和周末对生产院落和工会院落进行平整及绿化升级，从细节入手、源头管控，严把施工质量和施工安全关，经过一个半月日夜兼程，圆满完成变电区域改造升级和优化亮化工程，改善基层一线员工办公及生活环境，"乐业暖心工程"的持续推进深入民心，获得职工一致好评。三是有序推进乡镇供电建设工程。进一步做好服务"全能型"乡镇供电所建设工作，对施工质量管理、施工安全管控尝试实行"点""面"相结合管理。不定期对隐蔽工程、主体结构、室内装修、现场安全管理等工作开展现场检查；运用远程网络视频监控系统，对施工现场实行"可视化"动态时时管理和全方位管控，实现项目工程全过程可控在控，确保施工安全、施工质量全程无死角监管，有效提升项目管理水平，高标准完成卢龙刘田庄、抚宁留守营和抚宁镇等3个供电所的改造工程，为基层优化营商环境、提升优质服务创造良好条件。

精益管理，确保3项举措落到实处。一是落实房产管理举措，加强房产土地基础管理。完成11宗土地及65幢房屋不动产数据收集、图片信息采集、地理位置拾取工作，确保公司房产、土地管理完整安全；不定期深入基层开展办公用房监督检查工作；全面准确完成公司公有住房清查摸底与信息系统模块录入工作；及时跟进，多方协调，阶段性完成南山土地及建筑物清算核查工作。二是落实服务职工举措。加强餐饮规范监督管理，建设职工满意的温馨之家，年内出色完成职工就餐、春检预试、重点活动保电及各类值班盒饭配送服务工作；全面推进物业"一对一"贴心服务，不断改善保洁服务质量，保洁服务全天候不断挡；积极推进职工办公场所光源改造、绿化美化工程，针对老旧、破损、不完善的办公设施进行了合理改造，修缮种植办公区域绿植面积1400 m^2，完成基层单位空调拆除与更换安装工作；高质量组织完成在职职工与离退休职工的健康体检及两批次的无偿献血工作；完成计划生育管理工作，为职工办理相关手续76人次，发放独生子女父母退休奖金186 000元；扎实做好劳动防护用品管理工作，充分听取职工建议，劳动防护用品实现按季、按需发放，年内全面完成公司1200余人劳动防护用品的计划、采购、验收、保管、发放工作。三是落实安保管理举措。积极组织消防各项培训和消防逃生疏散演练，进一步提高员工安全意识，强化消防设备设施的日常巡检、巡查制度的落实，公司办公场所安保"四个能力"建设进一步提升，强化安全防卫能力，提升执行服务能力,出色地完成了元旦、春节、暑期、国庆等重要时段的安保工作。全年完成非生产办公场所 300 余具灭火器的检测工作,增换灭火器 200 余具、灭火器箱 20 余个,维修、更换消防设施 100 余处,在冀北安监和市消防主管部门检查中得到充分肯定和好评。

超前谋划,稳步推进 3 项重点工作。一是稳步推进后勤资产实物 ID 建设准备工作。按照国家电网建设方案要求,迅速响应、细化方案,制定公司实物 ID 建设推进计划,对后勤资产实物六大类、20 小类进行细化分解,完成细分后实物资产的现场盘点和资料收集,并与财务资产卡片进行比对,为 2020 年争创冀北公司实物 ID 建设试点单位奠定了坚实基础。二是扎实推进项目储备工作。针对抚宁区规划新建办公楼空置土地将被政府无偿收回的紧急情况,紧急组织力量,克服储备项目已经收口、项目建议书编制时间短等诸多不利因素,在抚宁区供电公司的紧密配合下,用时 3 周高效完成项目建议书的编制工作,一次性通过国家电网储备项目评审并顺利进入国家电网 2020 年项目储备库。持续推进"乐业暖心工程",完成 2020 年北戴河新区生产综合楼、输电楼电梯、抚宁牛头崖、榆关供电所改造等 10 项惠及职工切身利益的项目储备工作,项目计划投资 1371 万元。三是加速推进"两供一业"收尾工作。公司"两供一业"管理在 2018 年 18 个职工家属区、21 个维修改造项目全部完工的基础上,全面完成管理权、资产移交工作,职工家属区移交后均运营平稳。截至 2019 年年底,公司"两供一业"分离移交已完成 12 个项目决算审计工作,其余 9 个项目正在决算审计中。

(严保军)

【公务用车管理】

深入贯彻落实冀北公司、公司年度安全生产会议精神,以安全行车为重点,着力抓好制度落实和驾驶员的安全教育,认真做好公司的交通安全管理工作,圆满完成公司各项保障工作,确保公司交通安全稳定。公司公务车辆已保持安全运行记录 5772 天,未发生负主要责任刮碰事故、车辆损毁、盗窃事故和省公司考核的同等及以上责任交通事故。交通安全局面保持平稳有序,公司连续 16 年被评为秦皇岛市交通安全管理先进单位,1 人多次获得秦皇岛市模范车管干部荣誉。

公司公务车辆管理采用集中管理、统一调度的管理模式,严格落实《国网秦皇岛供电公司公务车辆管理规定》,加强车辆的日常使用和管理,杜绝公车私用,严防发生舆论风险。加强驾驶员队伍建设和车辆精细化、标准化、信息化管理,与冀北公司要求同步,利用统一车辆管理平台,加强公务车辆的跟踪管理,全方位地监控公务车辆的运行情况,确保公务车辆在可控、能控状态。加强车辆"三检"制度的宣传与落实工作,经常性开展车辆安全检查工作,及时排除车辆故障隐患,保证车辆始终处于良好健康状态,确保公司公务车辆行车安全。叮嘱驾驶员严格执行车管制度和交通安全法规,加强交通事故防范工作,落实公司制定的交通安全防范措施,坚决杜绝驾驶员疲劳驾车、带情绪驾车现象,杜绝习惯性违章行为及超速行驶、强超强会、酒后驾车和疲劳驾驶等交通违法行为。切实加强车辆使用、管理及考核,避免车辆使用中的随意性和车辆管理死角,对车辆使用进行严格要求,做到所有车辆使用必须以《车辆派车单》为工作命令和行车依据,按《车辆派车单》上的工作要求、内容和行车路线完成出车任务。加大公务车辆使用费用管理力度,严格落实公司《关于加强汽车加油卡管理的通知》《关于加强车辆维修保养管理的通知》《关于加强车辆 ETC 速通卡使用的通知》要求。严格执行国家电网车辆维修保养单车费用标准。对公务车辆单车油料费、过桥费、存车费、保险费进行考核登记,降低车辆运行成本。

(王玉良)

【综合管理】

2019 年,后勤工作紧密围绕国家电网发展战略，全面贯彻公司二届三次职代会暨2019年工作会议精神，以安全为基础，以服务为根本，以管理创新为手段，强化提质增效，力求精益精准，扎实推进后勤"三三三"工程，全面完成各项后勤服务任务，为公司创建"三型两网"一流能源互联网企业提供了坚强后勤保障。公司后勤工作先后获得国家电网后勤工作先进集体，冀北公司后勤工作先进单位，冀北公司配套保障管理同业对标专业标杆，冀北公司第四届健康美食厨艺竞赛团体金奖、创意奖，河北省省级节水型单位，秦皇岛市节约用水先进单位等荣誉。以秦皇岛供电公司"两供一业"分离移交工作为主要素材的《国资央企深改攻坚任务的暖心工程管理创新与实践》获得河北省企业管理现代化创新成果一等奖。

（严保军）

七、公司所属单位

（一）海港区客户服务分中心

【概况】

海港区客户服务分中心隶属于国网冀北电力有限公司秦皇岛供电公司，担负着海港区电力供应、销售及全区配电网络的设计规划、运行管理和检修维护。供电总面积 201 km²，供电区域内人口数量 90 余万人，供电总户数 41.00 万户。截至 2019 年年底，海港区客户服务分中心共管辖开闭所 110 座，配电室 346 座，箱式开关站 190 台，箱式变电站 411 台，柱上变 282 台，公用变压器共计 1694 台，总容量 1121.36 MV·A；10 kV 线路 152 条，线路长度为 1856 km，其中架空线路 212 km（含架空裸导线 88.6 km，架空绝缘线 123.4 km），电缆线路 1644 km。

▶ 海港区客户服务分中心办公楼（张莉莉 摄）

【人员情况】

海港区客户服务分中心设主管 1 名，党支部书记 1 名，生产副主管 1 名，营业副主管 1 名，下设 1 个配电管理组、1 个营业管理组、20 个一线班组和 2 个郊区供电所。共有在册正式职工 144 人，其中女职工 35 人；高级职称 5 人，中级职称 30 人；年龄构成为 50 岁以上 46 人，40 ~ 50 岁 46 人，40 岁以下 52 人，平均年龄 44 岁。供电服务职工 51 人。

【电网建设】

1. 持续配网网架结构优化完善

截至 2019 年 11 月，基建工程改造老旧配电室、箱式开关站 42 台，切改冷库线、金阳一线、汤海二线、河北一线河东支线负荷，减少线路串接级数，优化网架结构。标准化线路改造市区一线人民支线，撤除腈纶支线架空线路，消除安全隐患。"三供一业"工程投运 10 kV 线路 4 条，开闭所 4 座，配电室 11 座，箱式开关站、箱式变电站 56 台。"光热＋"工程改造 10 kV 线路 3 条，新投电采暖变台 18 座。

2. 推进配网工程项目竣工结算

2018 年配网基建项目 8 项，投资金额 1784.89 万元，已经全部完成竣工决算。2019 年配网基建项目 8 项，投资金额 1301 万元；其中 6 项为充电桩电源接入工程，2 项为开闭所、配电室新建工程。目前充电桩电源接入工程已竣工 5 项，另外 1 项结转到 2020 年；开闭所、配电室新建工程将于 2020 年 11 月底竣工结算。2019 年煤改电项目 3 项，投资金额 965.32 万元，已竣工，准备结算工作。

▶ 工程施工现场（张莉莉 摄）

【安全生产】

1. 加大现场安全管控检查力度

严格贯彻安全第一原则,加强安全基础管理,扎实开展各类安全活动,重视加强安全培训,逐级落实安全责任,细化现场风险分析和控制,强化领导干部、管理人员到岗到位,确保责任到位、工作到位、措施到位。截至 11 月底,海港区共有各类检修现场 476 个,参与现场安全管控(检查)的专业管理人员 519 人次,填写现场安全检查记录 111 份。

▶ 7 月 11 日,暑期防汛应急演练(张莉莉　摄)

2. 提高配电设备基础运检水平

一是深入开展检修预试工作。规范工作审批制度,细化安全技术两交底,科学制定预试方案和检修、消缺计划。2019 年停电计划 82 项,检修配电站房 33 座、架空线路 20 条、变台 68 座,更换柱上断路器 28 台,处理线下树 1656 棵。二是做好各项运维工作。开展线路周期巡视 752 条次,隐患排查及测温特巡 1634 处,消除安全隐患 85 处。对 120 余处创城改造小区、市政施工进行低压设备特巡和安全隐患告知,有效降低外破风险。通过调整配变运行方式或调整低压负荷,解决配变重载 37 处。修缮漏雨站房屋顶 17 处,封堵站房电缆沟 121 座,完成 453 座开闭所、配电室五防锁具安装,修理围栏 17 处。

▶ 配电设备日常巡视(张莉莉　摄)

3. 推进配网设备监控智能化建设

沿海地区暑期高温、潮湿,开闭所 10 kV 开关柜易发生爆柜等情况,威胁设备安全,影响百姓用电。为消除安全隐患,维护设备稳定运行,海港区客户服务分中心与福电建筑安装分公司紧密合作,摸排现场,发现产生爆柜情况的主要原因是潮湿与粉尘,通过在秦皇小区、太阳城等 6 座开闭所安装温湿度智能远控系统,自动监控调节温湿度、记录实时数据,为运维检修工作提供数据支撑。

供电可靠率、电压合格率、生产技改大修精益化管理、配网精益化管理、配网建设任务完成率、PMS 应用评价指数、10 kV 分线线损等均达到要求完成值以上;未发生八级以上人身事件;未发生七级以上电网、设备、信息系统事件,安全隐患排查治理等专项活动及重点工作均按要求完成。

【经营管理】

截至 2019 年 11 月末，海港区客户服务分中心累计完成售电量 39.40×10^8 kW·h，同比下降 9.47%；售电均价 568.06 元 /（MW·h），同比下降 21.86 元 /（MW·h）；投诉工单量同比下降 75.09%。电费及自备电厂收费月均水平完成 100%，实施"一户一策"管理 22 户；实现费控覆盖率 100%，业扩报装服务规范率 100%；营配贯通总体评价指标完成 93.13%，日均采集成功率 99.50%，台区同期线损合格率 86.18%，分线日损平均合格率 91.31%；累计查处窃电、违约用电 326 起，追补电量 221.57×10^4 kW·h，追补电费及违约使用电费 460.12 万元。

1. 持续加强电费回收风险管控

扩大专变用户远程费控范围，通过日监控实时掌握用电情况，实时通知电费余额。严格执行《智能缴费协议》，确保高风险用户电费回收的可控在控。按照电费日清日结工作模式要求，以催为主，降低停电频次，优化客户体验；加强复电监控，提升复电及时率。

2. 加大计量采集运维管控力度

一是持续开展计量设备升级改造工程。累计完成轮换 2009 版集中器 421 台、2009 版专变终端 1305 台、公专变非智能电表 468 只、低压居民本地费控卡表 10 669 只、台区上行通道光纤改造 362 处，更换公变失准电流互感器 16 处。二是积极推进采集运维闭环系统应用。利用闭环掌机累计完成现场补抄任务 1905 次、电能表对时 669 次。三是加强采集系统的抄表异常监控和处理。抄表查台区累计主站处理 1113 次，现场处理高低压采集失败电能表 3922 只、集中器及采集终端离线 439 次。截至 12 月初，整体采集成功率指标完成 98.74%，较年初提高 0.06 个百分点；其中专变采集成功率完成 96.72%，较年初提高 4.61 个百分点。

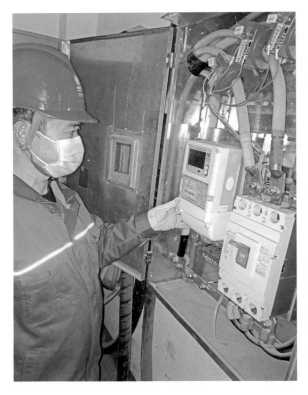

▶ 更换商业用户计量表计（滕平 摄）

3. 加强营销稽查监控管控力度

一是建立营销稽查监控管理机制，全流程、全覆盖、常态化稽查。月度专题稽查，不定期专项稽查，有效结合各类专项政治活动，将稽查贯穿于整个营销工作。二是有效开展漠视侵害群众利益问题专项整治。对存在的问题，全专业纵向摸底，专题研讨整治方案，精准施策，常态化自查、互查、专项检查，立时整改，重点问题"回头看"。

4. 提升同期线损精益管理水平

狠抓基础数据，规范业务协同，建立线损全业务链沟通机制，强化同期线损日监控机制和问题处理闭环管控，线损异动及时分析治理，数据分析、现场核查双管齐下，线损合格率逐步提升。截至 2019 年年底，10 kV 配电线路同期线损 131 条线路合格，日线损平均合格率 86.18%，较年初提升 22.85 个百分点；同期线损合格台区 1398 个，日线损平均合格率91.31%，较年初提升9.83个百分点。修正线变关系、解决各类表计、治理负损线路、调整户变关系等问题38 000余个，核实并重绘高压用户站房、变压器、线路及位置3000余户。

5. 重拳维护供用电环境秩序

结合线损工作，筛查疑似窃电用户，精准打击窃电行为。积极探索窃电与违约用电行为的政企联动、警企联动，立案侦查比特币窃电案件2件，公安部现场调查指导。本年度累计查处窃电、违约用电326起，追补电量221.57×10⁴ kW·h，追补电费及违约使用电费460.12万元，超过全年窃电查处指标110万元。

$221.57 \times 10^4 \ kW \cdot h$

▶ 用电检查班筛查疑似窃电用户（张莉莉 摄）

【优质服务和品牌建设】

1. 强化供电服务工单管控力度

优化服务管控结构与流程，严格闭环管理；

加强服务分析考核力度；多措并举提升服务意识，源头压降工单数量；抢修工单直派落实到位，全力缩短客户抢修时长。截至11月末，常态抢修服务6500余次；共受理投诉71件，同比下降75.09%。其中：营业投诉同比下降66.67%；服务投诉13件，同比下降45.83%；生产投诉13件，同比下降81.25%；视频监控合格率99.92%。

▶ 10月7日，国庆期间表计抢修（何斌 摄）

2. 狠抓优化营商环境政策落实

强化专业协调，压减内部作业流程，缩短办电时长，提升用户体验。利用营配系统实现数据共享，100 kV·A以下容量低压接入方案执行到位。截至2019年年底，10 kV高压送电共53户，接电时长压减至50天内。100 kW及以下单独报装的低压非居民送电180余户，接电时长压减至15天内，全部实现低压接入，投资到客户红线。

3. 试行低压网格化管理模式

编制低压网格化综合服务试点建设实施方案；成立供电服务监控班，为网格化服务提供服务支撑；以抄表员管辖范围为网格，在"三供一业"和卡表改远程表小区试行推广，为客户提供快速、便捷的营配综合服务。目前供电服务监控班接听客户直接来电日均120余件。

▶ 因表计故障处理优质服务获赠锦旗（董娜 摄）

4. 圆满完成各类政治保电任务

深入分析负荷增长规律及区域供电特点，制定周密保电工作方案，合理规划、调配人力物力，圆满完成中高考、暑期大负荷、两会、国庆70周年、秦皇岛国际马拉松赛等重大保电任务，协助完成各类会议、考试、活动等政府保电要求，共计保电120余次。

▶ 5月12日，秦皇岛国际马拉松赛保电现场（史文全 摄）

【党的建设和精神文明建设】

1. 夯实党建基础，发挥党建优势

严格党内制度，规范支部管理。深入推进支部标准化建设，完成党员活动室的设计使用。班子成员严格落实"一岗双责"，全面加强从严治党、党风廉政建设和反腐败工作，强化干部职工监管，贯彻民主集中制，"三重一大"集中商讨。强化学习教育，理论指导实践。深入开展"不忘初心、牢记使命"学习教育，制定主题活动方案，确保活动质效。完成"三会一课"学习教育178次。落实活动开展，营造良好氛围。深入开展主题党日活动、青春建功特色实践志愿服务，以实际行动践行优质服务，提高党性认识。紧密结合公司发展大局，开展泛在电力物联网交流活动。开展"守正创新、清风同行"主题系列活动，让廉洁教育更加贴近职工日常工作生活，同时积极组织各类答题竞赛。

▶ 5月9日，"3+X"主题党日党员集体宣誓（张莉莉 摄）

2. 加强"队伍"建设，提升工作水平

以"三亮三比"鼓励创先争优。树立党员责任区、示范岗，现场工作推进"三亮三比"，落实开展"党建+"系列活动要求，助力安全生产、优质服务；结合预试、大负荷及窗口班组的日常工作，鼓励党员同志立足岗位，创先争优，深化

党建促中心工作发展。以"青年文明号"提升优质服务。年内被评为"全国青年文明号"创建单位，结合中心工作及"党工团"引领，持续实施创一流服务、一流管理、一流人才、一流文化和一流效益的"五创"行动，持续推进青年文明号活动室的建设。以"企业文化"促进整体融合。积极推行新时代企业文化落地实践，探索提炼中心特色文化的融入，做好海阳路营业厅企业文化示范区提升工作，完善政治文化引领内容，打造西港镇供电所企业文化示范点，统一价值观，提升整体凝聚力和向心力。以"思想调研"提升队伍稳定。季度开展谈心谈话，分层级、全覆盖，现场调研3次，发放征求意见表及调查问卷3次，充分了解员工需求及工作建议，畅通职工建言献策渠道，解决提升优质服务、职工活动场地、班组员工结构不合理等实际问题。广泛开展党内一对一谈心谈话，找差距不足，促整改提升。以"党员服务队"，体现社会价值。落实服务队活动计划，定期进行活动情况总结，搭好党和群众"连心桥"。累计义务帮助及慰问25次、义务服务及宣传11次。年度被评为"冀北公司十佳共产党员服务队"。

▶ 10月11日，重阳节慰问孤寡老人邵大娘（张莉莉 摄）

3. 发挥"工团"作用，营造良好氛围

建设职工活动中心，完善东部运维站、供电所食堂设施，为职工营造乐业环境。特殊天气和节假日慰问一线员工6次，积极组织职工疗养、体检，展现企业关怀。组织员工参加读书、荐书活动，引导员工参与各项体育活动，提高自身素质。激励青年员工立足岗位、建功立业，组织青年员工开展志愿服务活动，积极奉献社会，彰显个人价值。

▶ 2月1日，工会慰问困难患病职工及家属（张莉莉 摄）

4. 加强"宣传"管理，彰显部门形象

制定通讯报道管理办法，建立微信群，加强数据统计，增强通讯报道的时效性、针对性、规范性及全面性，加强对外宣传力度，展示工作成就，挖掘特色亮点，树立良好形象。

（张莉莉）

（二）开发区客户服务分中心

【概况】

开发区客户服务分中心隶属于国网冀北电力有限公司秦皇岛供电公司，担负着秦皇岛经济技术开发区的电力供应、销售及全区配电网络的设计规划、运行管理和检修维护。供电总面积128 km²（其中开发区西区108 km²，东区20 km²），供电区域内人口数量约 31 万人。截至 2019 年年末，开发区客户服务分中心供电总户数 14.72 万户，变电站直接出线 10 kV 公用线路 80 条；共有中心开闭所 46 座，二级配电室 82 座，箱式开关站 17 台，箱式变电站 233 台；公用变压器合计 607 台，总容量 515.43 MV·A，其中配电变压器 589 台（511.59 MV·A），柱上变压器 18 台（3.84 MV·A）。

▶ 开发区客户服务分中心办公楼（杨迦茗 摄）

【人员情况】

开发区客户服务分中心下设 7 个一线班组和 1 个供电所。共有在册员工 48 人，其中，高级职称 4 人，中级职称 11 人；员工平均年龄 45 岁。分中心党支部共有党员 23 人，占分中心总人数的 48%。

【电网建设】

配网建设扎实推进，2019 年开发区共执行停电检修 68 项，其中主网停电检修计划 18 项，配网停电检修计划 50 项，完成率 100%。结合停电计划完成配网工程施工 6 项，设备消缺 4 项，完成 86 座配电室、箱站的自动化三遥传动及接入主站工作。有效提升配网运行的安全可靠性，圆满完成新中国成立 70 周年、高考等重大保电任务。截至 12 月底，共执行第一种工作票 165 张；第二种工作票 129 张，操作票 205 张，"两票"合格率 100%。

加强项目全过程管控，提升可研、初设编制合理性，完善配网工程基础档案，组织项目验收小组，细化工程质量管理、档案管理；6 月 17 日，冀北公司首个源网荷储示范工程——秦皇岛开发区 10 kV 宁海大道开闭所顺利投运，实现分布式电源、储能、充电桩（多样性负荷）的标准化接入及信息、能量的高效交互；7 月 25 日，国网首台移动储能车成功完成保电模拟运行；11 月 8 日，完成移动储能系统广域调控平台及站端运检系统功能测试，源网荷储主动智能配电网示范工程取得了重要阶段性成果。遗留工程清零行动涉及开发区 4 座新建开闭所于 9 月 17 日已全部完工，其中宁海大道开闭所项目获选"冀北公司 2019 年度配电网'十六佳'优质工程"，并推荐至国家电网 2019 年度优质工程评选。

▶ 开发区客户服务分中心 10 kV 宁海大道开闭所新建工程（杨迦茗 摄）

【安全生产】

安全是企业协调持续发展的基础，一直以来，开发区高度重视安全工作，保持安全生产平稳态势。2019 年组织员工参加安规、法律法规等考试并全部合格；开展安全大检查、安全生产月等专项活动，编制《开发区客户服务分中心 2019 年安全大检查行动实施方案》，排查治理隐患、缺陷共 10 条；有效应对电力系统突发事件，先后修编应急制度、预案等 8 份，确保电网安全稳定运行；开展工作票培训，夯实安全作业基础；落实安全生产责任制，严格执行领导和管理人员到岗到位制度，领导干部到现场当"安全员"4人次，深入工作现场到岗到位68人次。实现安全生产8400天。

▶ 开发区客户服务分中心进行设备巡视（杨迦茗 摄）

【经营管理】

2019年，开发区客户服务分中心在公司党委的正确领导下，强化"体系、能力、队伍"建设，创新工作思路，规范经营管理，提升服务水平，各项重点工作有序推进，圆满完成全年各项工作任务。售电量累计完成 24.06×10^8 kW·h，同比增长3.44%；售电收入累计完成13.77亿元，同比增长0.32%，剔除调价影响，可比口径同比提高2.04%；累计全口径均价完成572.29元/（MW·h），同比降低17.78元/（MW·h），剔除降价影响，可比口径同比降低8元/（MW·h）；累计收取违约使用电费42.5万元；其他指标均优于或高于计划指标。

2019年开发区客户服务分中心在冀北公司城区供电单位营销专业评价中位列第一。各项指标可控在控，营销同业对标指标排名位于前列。开发区客户服务分中心秉承优质服务用户的理念，服务措施落实到位，员工服务理念认识到位，以优质服务促电费回收。深化业扩流程管控，建立闭环监督机制。累计完成新装、增容9252户，容量 18.64×10^4 kV·A；聚焦优化电力营商环境，

压减办电时长，提质增效，为大数据环境下的营销精准服务提供保证；开展漠视群众利益问题专项自查工作。2019年受理属实投诉7件均已整改完毕，对共性问题制定提升措施，切实维护客户权益；将数据稽查与用电检查相结合。开展反窃电专项治理行动，累计查处窃电30户，追补电费及违约使用电费42.50万元，有效提升经营效益；统筹停电管理，提升优质服务水平。推行多业务综合作业，试点合环倒闸操作，做到"一停多用"，减少停电时间，杜绝用户短期内重复停电，提高客户满意度。

按月分解全年指标，开展网格化管理工作，划分6组网格小组，建立覆盖营销业务的评价和考核体系。月均流程总数166条，日均流程数5条，有效提升班组协作能力，治理异常台区82个，安装智能管理终端35台次，查处异常用户29户，安装自用电69户，治理一终端多台区异常23个，治理一体化负损台区26个；落实电费回收"日清日结"方案，梳理"一户一策"高风险用户，年底实现电费颗粒归仓；开展PMS 2.0唯一源端数据治理。梳理配网设备基础信息，提升信息系统数据质量，推进自动化终端部署，按照"一线一案"原则，完成具备接入配电自动化主站条件的设备自动化传动工作。2019年完成台区线损合格率91.78%，较年初增长9.21个百分点，新合格率完成87.09%；分线线损合格率91.4%，较年初增加8.83个百分点，指标排名第二。

▶ 开发区客户服务分中心园博会应急指挥中心（林峰 摄）

【优质服务和品牌建设】

开展企业文化示范点建设。高压用电检查一班以"安全、精益、和谐、创新"的班组精神为品牌，打造"四建四有"班组。定期组织党员服务队以走进社区的方式为客户提供"零距离"服务。特别是针对居民阶梯电价如何执行、智能缴费方式、电能表计量准确性等问题进行详细解答，及时消除电力客户的用电疑虑，真正让客户用上放心电、明白电。在日常工作中，秉承"人民电业为人民"的企业宗旨，在持续开展"提升服务效能 优化营商环境"中发挥先锋模范作用，提升企业及居民客户的获得感和满意度，树立企业的良好形象。

▶ 开发区客户服务分中心获高度赞扬（杨迦茗 摄）

【党的建设和精神文明建设】

加强党支部标准化建设，坚持民主集中制、"三重一大"决策制度，落实"三会一课"学习制度，宣讲党的十九大精神、《中国共产党支部工作条例（试行）》等主题党课 6 次；深化党风廉政建设，保持党员队伍的先进性和纯洁性，践行"人民电业为人民"的企业宗旨；深入开展"党建+"系列活动，树立党员示范岗，开展主题党日活动，融汇改革发展力量，在落实公司新战略中发挥党员先锋模范作用，推进团支部建设，抓好"党团衔接"，献礼新中国成立 70 周年。

▶ 开发区客户服务分中心共产党员服务队（林峰 摄）

（杨迦茗著）

（三）北戴河客户服务分中心

【概况】

北戴河客户服务分中心隶属于国网冀北电力有限公司秦皇岛供电公司，担负着北戴河区域电力供应、销售及全区配电网络的设计规划、运行管理和检修维护。供电总面积为 67 km²，供电区域内人口数量为 11 万人，供电总营业户数 63 808 户（其中，高压用户 977 户，低压用户 62 831 户）。截至 2019 年年末，开闭所配电室 66 座，环网柜/箱式开关站 45 台，箱式变电站 227 台，公用变压器共计 490 台，总容量 268 635 kV·A；线路长度为 551.5 km，其中电缆线路 504.8 km，架空线路 46.7 km。

▶ 北戴河客户服务分中心办公楼（王霏 摄）

【人员情况】

北戴河客户服务分中心设主管 1 名、党支部书记兼副主管 1 名、营业副主管 1 名、生产副主管 1 名，下设综合办公室、配电管理组、用电管理组及配电运维二班、配电抢修二班、配电检修四班、高压用电检查二班、抄表八班、装表接点五班、营业五班、戴河镇供电所。共有职工 65 人，其中女职工 13 人，平均年龄 51 岁，党员 36 人。生产岗位通过技能鉴定的职工 52 人，生产人员持证上岗率 100%。农电劳务派遣工 13 人，全部通过中级工技能鉴定。在北戴河区委、区政府和公司的领导下，北戴河客户服务分中心一直将履行好暑期保电职责使命作为重中之重来抓，通过不断优化保电机制，强化电网管控，深化服务品质，北戴河辖区电网结构日益改善，基础管理扎实推进，队伍素质稳步提升，优质服务水平不断提高。北戴河客户服务分中心作为保暑期重要客户政治供电的前沿阵地，多年来，广大干部职工以高度的政治责任感、饱满的工作热情和无私奉献的精神，确保暑期政治供电万无一失，连续多年荣获暑期工作"先进单位"荣誉称号。

【电网建设】

在主网建设方面，北戴河客户服务分中心承接的京能热电、黄金海岸 220 kV 线路工程杆塔占地协调工作全部按时完成，此项工程已圆满送电。河东寨 110 kV 输变电工程正在有序推进中。在配网建设方面，结合配网项目提升工程，统筹利用现有资源，暑期前在刘庄、草厂、单庄等家庭旅馆区紧急新设 3 台箱式变电站、3 台柱上变，通过高低压负荷切改及加装储能装置（630 kV·A 移动箱式变电站 1 台）等措施，有效满足 3 个城中村的供电需求，解决文化宫线、海石线线路重载问题，保障民宿区域设备安全可靠运行。积极推进草厂村"煤改电"配套项目建设进度，按时完成现场变压器施工、台区线路低压切改及 1000 余户表计改造任务，全力以赴做到让百姓放心用电、温暖过冬。

▶ 11 月 18 日，河东寨 110 kV 输变电工程施工现场（王松　摄）

【安全生产】

制订安全学习计划，明确全年重点任务及安全生产注意事项，落实反事故演练方案，压实各级安全生产责任。以春、秋季安全大检查、安全生产月、"专题安全日"等专题活动为载体，推进领导干部和管理人员作业现场当"安全员"，作业现场累计到岗到位 104 人次。高质量完成春检预试任务，共计预试高压开关柜 101 台，保护装置 74 路，10 kV 电缆 124 条，配电变压器 22 台。落实电力设施保护属地化要求，联合区政府协调解决电力设施安全隐患重点难题，指派专人对辖区内高低压设备、电缆及架空线路进行特巡，清理违建 3 处，处理小崔线、戴海线、王海线、杨各庄开闭所等处线下树 2300 余棵。专项开展超容用电治理行动，采取用电高峰监测电流、用户负荷侧加装限流装置及与用户协商升压安装变压器等措施，规避过负荷用电造成安全隐患。

▶ 8月20日，线路巡视现场（王松 摄）

▶ 5月28日，重要客户春检预试（王松 摄）

成立北戴河暑期保电组织机构，整理修编重要客户配调规程、重要客户现场运行规程、重要客户典型事故处理预案、重要客户电缆沟巡检管理制度、防汛工作预案，健全客户服务保障体系，协助政府开展涉暑重要客户和用户侧供电安全排查，消除设备隐患，提高用电可靠性。支暑人员准时到岗到位，进驻岗位前接受政治、安全、礼仪、保密制度等相关培训，并做好运行设备的熟悉工作。在中心工作区和刘庄家庭旅馆区域分别配备移动发电车和固定储能装置，暑期管理人员和班组执行24小时值班、备班制度，以应对暑期供电突发事件。强化协调联动，规范急抢修队伍的运行机制和工作流程，加快暑期故障报修应急响应速度。做好群众护线队的配合和管理工作，严格落实重要客户电缆沟巡视看护要求，做到重点部位、重要区段有人看护。积极开展防汛演练，对配电室、架空线路防汛情况进行了防汛隐患全面排查，低洼地带配电室提前安装好排水水泵和防汛沙袋，易冲刷的架空线路电杆进行加固。在公司领导的关心和相关部门的大力支持下，重要客户支暑人员进点工作按时启动，各类备品备件准备齐全，暑期各项工作均圆满完成。

【经营管理】

在现有班组设置基础上成立北戴河低压综合班，探索辖区台区经理制模式，打破专业条块，责任落实到人，依托采集系统和相关智能仪器，台区经理对台区用户进行实时监控，准确定位疑似窃电用户。组织开展"反窃电雷霆行动"，成立北戴河反窃电雷霆行动组，全员签订反窃电承诺书，集中整治，联合公司安监部、运监中心开展联合检查，提前筛选质疑户，靶向查窃，成果颇丰，累计查处违窃95起，追补电费及违约使用电费250.23万元。持续加大线损整治力度，按照"重点突破、逐步铺开"的原则，以戴河镇供电所为攻坚重点，推行台区经理制绩效考核，3—10月共奖励33人次，扣罚52人次。高损台区治理合格95台、负损台区22台，户变关系异常用户2700余户，台区线损率由14.35%降至4.5%，合格率由51.56%提升至82%。做好电能表轮换工作，集中专业力量自主研发装换表电子工作票APP，提高现场数据传输速度及准确率，缩短换表与系统走流时长。累计更换智能表3.36万只、221个台区，该APP的推广有效降低批量换表易造成计量指标大幅下滑的风险。

▶ 3 月 27 日，智能表改造现场（王松 摄）

【优质服务和品牌建设】

在维护和运行好公共电网的基础上，立足北戴河暑期工作无小事的理念，主动为客户排忧解难。为确保重要客户供电万无一失，组织专门队伍负责中直等重要客户电缆通道 24 小时看护，实施特殊时段保电 124 次。圆满完成重要会议、全国高考、大学英语四六级考试、秦皇岛国际马拉松赛、轮滑节等重大保电任务及"五一""十一"供电保障，累计出动车辆 129 台次，参加人员 288 人次。先后帮助武警支队、东北大学分校、团中央培训中心、歌华营地、碧螺塔等客户抢修设备，修复故障，提供移动应急电源，及时恢复供电。在抗击台风"利奇马"过程中，北戴河客户服务分中心立足暑期值班模式的同时，提升管理强度，增加应急力量，台风过境期间，全天候实行全员在岗制度，不间断对核心设备、关键地段进行特巡特护，对故障现场做到最快时间响应、最高效率处置、最短时间送电，期间未发生大面积和长时间的停电状况。

【党的建设和精神文明建设】

持续深化基层党支部制度化规范化建设，完善分中心领导班子成员党风廉政履责要点，将党风廉政建设工作与业务工作同重视、同部署、同落实，开展基层班组走访、调研 9 次，确保党风廉政建设各项任务的有效落实。圆满完成公司巡视巡察问题整改"回头看"工作，落实整改问题 5 项。坚持"三会一课"、民主生活会、重大事项申报、谈心谈话、述职述廉等制度的同时，进一步建立和规范分中心党风廉政建设，通过党小组学习、支部委员讲党课形式开展党风廉政教育 25 次。结合"党建＋"活动和支援暑期工作实际情况，成立以岳志滨为书记的北戴河客户服务分中心保暑期供电临时党支部，针对支暑人员开展经常性思想政治工作，统一思想认识，明确工作意义，充分发挥党员先锋模范作用，高质量完成暑期保电工作。与公司运维检修部党支部联合发布《关于成立北戴河能源互联网示范区建设党员攻关团队的决定》，以党员为核心力量，为示范区建设出谋划策、解决问题，通过不断探索"互联网＋"供电服务体系，力争圆满完成北戴河能源互联网示范区建设。

▶ 4 月 23 日，共产党员服务队参加公益活动
（王松 摄）

▶ 6 月 7 日，圆满完成高考保电（王松 摄）

（王松）

（四）山海关客户服务分中心

【概况】

山海关客户服务分中心隶属于国网冀北电力有限公司秦皇岛供电公司，担负着山海关区的电力供应、销售及全区配电网络的设计规划、运行管理和检修维护。辖区内共有 4 个街道、3 个镇：南关办事处、东街办事处、西街办事处、路南办事处、一关镇、石河镇、孟姜镇，供电总面积 178 km²。截至 2019 年，辖区供电人口 17 万人，其中专变户 808 户，直供公用台区变压器 484 台。

2019 年，山海关客户服务分中心所有指标均优于计划完成。截至 2019 年 12 月，完成售电量 4.668×10^8 kW·h；售电收入 26 532.59 万元；当年电费回收率 100%；线损率 7.16%；停电总时户数为 14 128 时户，用户平均停电时间为 11.72 小时。供电可靠率 RS-1 为 99.64%。

【人员情况】

山海关客户服务分中心现有在册正式职工 50人，其中高级职称 1 人，中级职称 2 人。年龄构成为 50 岁以上 7 人，40 ~ 50 岁 23 人，40 岁以下 20 人。下设营业班、抄表班、装表接电班、高压用电检查班、配电运维班、配电抢修班共 6 个一线班组和 1 个郊区供电所。

【电网建设】

截至 2019 年 12 月，山海关客户服务分中心所辖 10 kV 配电线路 28 条，配电线路总长 401 km，其中架空线路 176 km（含绝缘架空导线 94.87 km）；电缆线路 225 km。0.4 kV 线路总长 174.7 km，其中架空线路 32 km；电缆线路 142.7 km；杆塔 519 基。辖区共有配电室、开闭站、箱式变电站 252 台。公用变压器 484 台，用户专变 808 台，总容量 562 918 kV·A。

2019 年山海关客户服务分中心所属设备运行状态良好，落实设备检修管控，去除鸟巢 50 处、树障 293 棵，消除缺陷 55 处。完善 PMS 2.0 及 GIS 系统，继续进行基础数据治理，完成辖区 28 条线路及 218 座站房的数据治理工作。

科学规划，精准立项，提高供电可靠性。一是优化网架结构，打造坚强配网。投运 10 kV 长城西街开闭所及东关开闭所，彻底解决城内线、临港一线重载问题。二是坚持以问题为导向，推进配网薄弱环节改造。新建电力家属院等 11 台箱式变电站，开放老旧小区负荷，提高供电可靠性；完成避雷器大修项目，改善西农线等雷区线路故障跳闸情况；完成长城线、腾飞三线、腾飞四线跨铁路线路改造，彻底消除安全隐患。三是针对辖区设备老旧、自动化覆盖率低等问题，制定 3 年设备改造计划，滚动完善充实项目储备库并细化修编，申报 2020 年电网储备项目 11 项。四是多方协调，完成中铁山桥"三供一业"项目并验收投运。五是全力以赴完成 2019 年煤改电任务，完成新增或更换变压器 6 台及其配套低压线路的新建，保证了 7 个村 1124 户居民的冬季取暖。

▶ 10 月 17 日，10 kV 东关开闭所线路切改现场（王寅 摄）

【安全生产】

一是深入开展领导干部到现场当"安全员"

专项活动，督导作业现场安全薄弱点，改善一线基层安全实际情况。二是严格执行"无违章班组"要求，认真开展事故学习，落实现场"十不干"制度。三是组织开展春、秋季安全大检查，高考保电，消防、防汛演练。四是细化小现场作业"两票三制"监督与考核，坚决杜绝无票作业。五是重点做好分包队伍安全管理，保持安全生产良好形势。

▶ 10月17日，工作开始前唱票（王磊 摄）

【经营管理】

一是持续推动营销智能化转型。高度关注营销部采集周工单，2019年采集成功率完成99.87%，较上年提升0.18个百分点；开展营配贯通协同治理，截至2019年年底，营配贯通指标达到96.62%；集中精力推广线上缴费，11月线上缴费应用率完成79.10%，企业缴费比例1.63%，费控协议签订率95.69%，营销智能化程度越来越高。二是提质增效增供扩销。严格业扩报装各项制度执行，简化业扩报装手续。大客户开通绿色通道，实行项目经理制，缩短业扩时长。三是多措并举回收电费。加强电费回收过程管控，做到责任到人，强化考核，加大对高低压费控用户协议的签订，用技术手段确保不再发生欠费情况。四是深入挖潜堵漏增收。常态开展主题稽查工作，系统分析与现场核实相结合，对疑似用户和问题用户进行核实处理。定期开展营业普查工作，普

查高、低用户4800多户；截至11月底，反窃查违成效共计126万元。

【优质服务和品牌建设】

一是严格执行"一口对外、首问负责、一次性告之、限时办结、一证受理"制度。二是落实各项服务制度，落实常态化巡视制度，建立音视频设备记录。三是实行95598工单专人负责制，认真核实回访，限时办结，认真分析投诉内因，查找服务短板。四是提升服务人员业务素质和规范服务行为，定期组织窗口服务人员开展业务技能培训，每周召开优质服务分析会。五是开展特色服务，红马甲志愿服务队进社区、进企业、进商场，大力宣传线上缴费，推广费控，宣传诚信依法用电等便民利民活动。六是配合市政施工，开展线路特巡，防止因施工造成的外力破坏停电，保障居民可靠用电。七是建立频繁停电微信群通知联动机制，发挥营业抄表班组区域管控优势，及时对居民进行临时停电及故障处理情况告知，截至11月底，频繁停电投诉率同比降低49.15%。八是圆满完成国庆70周年、中高考、暑期、元旦、春节保电任务，齐心协力完成抗击台风"利奇马"保电任务。

▶ 4月8日，山海关客户服务分中心党员红马甲现场服务用户（王寅 摄）

【党的建设和精神文明建设】

一是加强基础管理，严肃党内政治生活，规

范"三会一课"制度，严格执行组织生活制度，开展"3+X"、"四个一"、助力"创城"、参观烈士陵园等多种形式主题党日实践活动。二是围绕"旗帜领航　正心明道"，强化共产党员服务队建设，以党员为核心，强化保电、宣传、线损治理等多项重点工作。三是开展志愿服务进企业专项活动，调研企业用户需求，宣传安全用电及节能减排知识，帮助用户解决生产中存在的问题，建立用户微信群通知机制，点对点开展优质服务。四是着力开展企业文化示范点建设，始终坚持将党的政治立场、政治纪律和政治要求融入企业文化建设的全过程，做到旗帜鲜明，树牢"四个意识"，坚定"四个自信"，创建了以生产班组为主体的"'接班人'文化助推基层班组工作模式创新变革"和以客服专业为主体的"以电相连，用心沟通"企业文化示范点。五是扎实开展"不忘初心、牢记使命"主题教育，制订学习教育实施方案和详细的学习计划，组织党员干部以集中学习研讨、开展主题党日实践活动等方式，认真学习党的十九大精神及习近平新时代中国特色社会主义思想，坚定理想信念，树立大局意识和群众观念。

▶ 11 月 14 日，女工包饺子慰问一线抢修人员
（金晶　摄）

组织慰问孤寡老人，发扬团结互助、扶危济困精神。关心职工生活，走访慰问离、退休老职工，看望患病的职工和职工家属。坚持五必访，为暑期保电的一线职工送去防暑降温用品。山海关客

户服务分中心青年员工充分依托工会平台，创立山海关客户服务分中心"点亮"创新工作室，以工作中遇到的问题为切入点，提出多项创新发明，分中心工会积极奔走，在上级工会的大力支持下，在分中心建立健身室，添置健身器材，建立职工书屋，组织开展分中心女工"读好书，好读书——读书分享"活动，拓展眼界。

（王磊）

（五）北戴河新区客户服务分中心

【概况】

北戴河新区客户服务分中心隶属于国网冀北电力有限公司秦皇岛供电公司，主要承担着昌黎城区及北戴河新区南戴河区域内所有用电客户的供电任务。同时负责上述区域内用户的抄表、收费、业务受理、用电咨询及供电线路及设备的运行、维护、检修及抢修工作。

2019 年，北戴河新区客户服务分中心以落实公司二届三次职代会暨 2019 年工作会议精神为重点，紧密围绕全年各项主要指标和重点工作，以安全生产、队伍稳定为基础，不断规范管理、提升服务，协助推动地方经济发展，圆满完成了全年各项指标任务。

【人员情况】

截至 2019 年年底，北戴河新区客户服务分中心在册正式职工 49 人，具备研究生以上学历 5 人，大学本科学历 21 人，大学专科学历 15 人。具备高级职称 2 人，中级职称 8 人，初级职称 5 人，取得技师资格 13 人。下设营业班、抄表班（装表接电班）、用电检查班、配电运维班和配电抢修班共 5 个一线班组，辖南戴河供电所 1 个乡镇供电所。

【电网建设】

北戴河新区客户服务分中心始终注重配网管理工作，确保配网坚强，有效提升辖区供电水平。

一是积极做好春、秋检预试。结合计划停电，对蒋孟线、南官线进行线路改造 8.5 km。更换变压器 5 台，新增及更换高压刀闸 22 组，更换跌落保险 18 组，更换拉线 45 条，加装驱鸟器 138 处，更换低压刀闸及开关 8 组，更换高压引线 5 处。更换箱式变电站保护装置及蓄电池电源 1 处。马铁庄站 10 kV 建材一线由单缆运行改为双缆运行，解决了"卡脖子"问题。

二是按时完成季节性工作。全力做好周期巡视检查工作。清除鸟窝 427 处。累计砍剪线下树 841 棵。清理配开箱及柱上变台附近藤蔓植物 78 处。对配开箱门窗封闭性、设备通风设施、电缆沟道积水设备大检查 115 次。成立看护小组，对重点地段委派专人看护，严防外力破坏事故发生。针对负荷特点，开展测温、测负荷工作，完成开关及变压器测温 415 台次，测电流 556 台次，发现过热 6 组，已全部进行处理。

三是加强日常急抢修管理。2019 年 1—12 月急修共计 2334 次，其中内线 1296 次，占比 55%；外部线路及开关跳闸 323 次，占比 14%；表计及欠费处理 625 次，占比 27%；其他事件 90 次，占比 4%。

四是配网基建大修工程顺利推进。2019 年，共推进 14 个遗留工程。除长白三供一业改造外，全部工程均已完工。

五是煤改电工作顺利完成。2019 年，煤改电区域共涉及 1900 户，已全部完成。

【安全生产】

北戴河新区客户服务分中心认真落实各项安全生产法律法规，教育职工牢固树立"安全第一、预防为主"的思想，夯实安全基础，从源头实现安全生产的可控、在控。

一是严格落实公司下达的各项安全大检查要求。查找安全隐患及不足，及时制定整改措施，并督促整改完毕。

二是加强安全培训。合理制定培训计划，全员通过公司安规考试。严格执行安全日活动，吸取事故教训，保障生产工作有序进行。

三是落实现场管控。加强小现场及急抢修现场的管理，落实现场管控措施。

四是落实安全工器具管理制度。严格履行工器具检查、试验、领用及报废制度。

五是日常安全检查。加强日常防火、防盗及信息、车辆安全的监督检查。

截至 2019 年 12 月 31 日，北戴河新区客户服务分中心累计实现安全运行 7668 天。

【经营管理】

北戴河新区客户服务分中心在强化基础管理的同时，深化窗口建设，加强营销人员的业务培训和素质提升。

一是落实新电价政策。组织开展电价自查自纠，常态化开展营销稽查，查漏补缺，逐项整改，截至 2019 年年底，完成稽查成效 16.06 万元。

二是优化电力营商环境。不断压减流程环节，压减接电时间，切实实现业扩办电提速增效，目前，北戴河新区 10 kV 及以上业扩新装增容业务累计平均接电时长为 35.5 天。做实"三零""三省"服务举措，助力小微企业，全年累计完成 100 kW 以下低压接入 14 户，接入容量 5734 kW。

三是加强反窃查违。抽调专人组织开展了跨班组、跨区域的集中交叉互查工作。采取"内稽""外查"并举，班、站、所自查与交叉互查相结合的方式全面进行营业普查，严肃查处违章用电和窃电行为。全年累计完成周期性检查客户 3 万余户次，普查 6867 户，检查重要客户 6 次，配合政府排污工作检查 3 户次，处理违约及窃电客户 12 户，反窃查违成效 10.59 万元。

四是保电费回收。进一步建立健全电费回收"一户一策"管控机制，完善催费策略，规范催费流程，严格落实"以催代停"工作要求，不断增强电费催收时效。

五是健全日监控机制。加强日常管理和专业协调，稳步推进采集运维。截至 2019 年年底，已更换故障电能表 555 块，完成 198 个 2009 版老旧终端更换工作。

六是强化线损管理。构建线损每日监控、定期排查、联合治理、愈后跟踪的闭环管控体系，稳步推进同期线损治理工作。强化 10 kV 线损管理。线损管理小组每天对线损的完成情况进行监测，对异动线路要求当天查找出问题原因，剖析问题根源，当日问题当日处理。实行周例会制度，对每周的问题原因进行总结，逐条进行分析，制定整改措施，真正做到可控、能控、在控。

【优质服务和品牌建设】

北戴河新区客户服务分中心始终秉承"人民电业为人民"的服务宗旨，要求广大职工认真遵守供电服务"三个十条"，积极践行"服务社会经济发展"工作目标，在服务地方经济建设中当好电力先行官，为广大电力客户提供优质、方便、快捷的服务。

一是规范窗口服务行为。严格落实"一口对外、首问负责、一次性告知、限时办结"工作要求。认真落实精简手续、提高办电效率的业扩新模式，实行营业厅"一证受理"，减少客户临柜次数。

二是加大线路巡查力度，及时消缺。合理储备基建、技改大修项目。针对部分农村区域设备老化问题，积极申报新建及改造项目，提高设备健康水平。

三是规范抢修工作流程，提高抢修工作质量。不断提高客户满意度，以实际行动筑牢"可靠、可信赖"品牌形象。

四是开展漠视侵害群众利益问题专项整治。按照冀北公司关于专项整治漠视侵害群众利益问题工作要求，结合公司专项整治工作方案，分中心重点围绕供电服务规范、农网地区配电设施运行维护、农网地区供电质量、信息公开宣传等 4 个方面的工作，全面梳理查找群众诉求强烈、与民生密切相关的问题，并制定整改措施并加以整改。

【党的建设和精神文明建设】

北戴河新区客户服务分中心认真落实公司党委各项工作部署，扎实开展党建及党风廉政建设，并结合实际开展相关活动。

1. 党的建设

一是继续开展"不忘初心、牢记使命"主题教育。分中心党支部思想上高度重视，深刻理解此项工作的重大意义，根据公司党委安排，支部认真组织实施，切实推动主题教育活动做实做细。增强了全体党员"四个意识"，坚定"四个自信"，切实做到"两个维护"。全年支部共召开"三会一课"95 次，开展主题党日活动 17 次，谈心谈话 34 人次。

二是融入中心工作。按国家电网"旗帜领航。三年登高"行动计划，重点开展了"党建＋"等活动党员示范岗和"安全在我心中"主题党日、党员亮身份、窗口服务"三亮三比"等活动，有效提升了一线人员的服务意识。

三是开展特色主题党日周活动。针对三型两网建设，支部组织开展了主题为《守初心筑牢信仰之基，勇担当建功三型两网》专题党课学习，各党小组开展研讨交流，"七一"前夕支部组织重温入党誓词；暑期党员服务队拾捡垃圾；"十一"前夕举行了庆祝新中国成立 70 周年系列活动。

四是继续强化党风廉政建设和反腐败工作。一年来，分中心严格落实党风廉政建设"两个责任"，强化班子作风建设，落实"一岗双责"。履行党风廉政建设和反腐败工作第一责任人职责，强化担当意识和责任意识，并认真研究、部署职责范围内的党风廉政建设工作。

五是发挥工会团青作用。党支部常年坚持品牌创建，开展以昌黎镇特教中心为服务对象的特色帮扶，共产党员服务队、红马甲志愿者每年定期开展"五进入"服务，2019 年特别开展"创建文明城"、收看纪念五四运动 100 周年大会直播；发挥工会作用，组织职工参加技术比武、体育赛事、职工读书等活动，关心关爱职工生产生活，慰问走访一线员工，把企业关爱送到职工心中。

2. 精神文明建设

一是发挥党员服务队、青年红马甲志愿服务作用。分中心青年"红马甲"志愿者，到居民小区开展"弘扬雷锋精神 践行青春誓言"系列活动，向居民发放安全用电、节约用电宣传册，增强了员工"人民电业为人民"的服务意识和担当精神。共产党员服务队重点开展党员示范岗、"党建＋"等专题活动，职工安全生产意识显著提升，通过戴党徽党员亮身份、窗口服务"三亮三比"等活动，有效提升了一线人员的服务意识。

二是积极履行社会责任。积极开展大客户、低保户、残疾困难户、特殊群体走访，贴近实际、贴近需求，为他们提供力所能及的帮助，全年累计提供帮扶 127 人次。分中心志愿者连续多年为中高考提供志愿服务，免费提供考试用具，得到社会各界的高度评价。组织开展共产党员服务队以为用户解答疑难问题、传播用电知识、提供电力咨询、宣传用电安全、开展义务检修、帮扶企业降本增效等方面提供多种形式的志愿服务。关注公益活动，号召职工积极参加公司组织的无偿献血，为社会奉献爱心。

三是护航地方经济发展。全年，分中心积极履行社会责任，服务经济社会发展，完成散乱污治理检查 3 户次，配合北戴河新区政府洋河口拆违、圈里村和南戴河村棚户改造及北戴河新区管理委员会打击"双违"及"高污染、高耗能、环境治理不达标"等专项行动工作，出动人员车辆 130 人次，受到了相关部门的一致好评。

全年，分中心未发生影响公司形象的负面新闻宣传事件和损害公司利益的重大事件，未发生失泄密事件或严重违规事件，未发生违反国家财经法规和公司制度的重大问题，企业保持和谐稳定，未发生职工越级上访、集体上访及其他影响企业稳定的事件。

（王飞）

（六）国网青龙县供电公司

【概况】

国网冀北电力有限公司青龙县供电分公司（简称"国网青龙县供电公司"）隶属于国网冀北电力有限公司秦皇岛供电公司，担负着青龙满族自治县 25 个乡镇 396 个行政村 35 kV 及以下电网运行及维护任务，供电面积 3510 km²，供电人口 54 万人。共设置 7 个职能部门，2 个业务支撑机构，9 个供电所，正式职工 184 人。现有 35 kV 变电站 11 座，主变 22 台，变电总容量 320 MV·A。35 kV 线路 21 条，总长 310.4 km；10 kV 线路 67 条，总长 1759.29 km。配电变压器 2027 台，总容量 293.945 MV·A。

2019 年累计售电量完成 9.28×10^8 kW·h，同比增长 0.32×10^8 kW·h，增长 3.57%；目录口径均价完成 550.18 元/（MW·h），同比降低 20.86 元/（MW·h）；线损率完成 6.16%，同比降低 0.22 个百分点；低维费收入 3825.23 万元；主营业务收入 4.25 亿元；供电可靠率 99.65%，电压合格率 99.95%，未发生七级以上人身、电网、设备、信息事故及消防事件，实现安全生产 7043 天。

▶ 国网青龙县供电公司办公楼（李文静 摄）

【人员情况】

以企业需求为出发点，结合人力资源规划目标，逐步健全人才选用机制。以SAP人力资源管控系统和一级部署系统为依据，掌握各层级、专业超缺员和用工配置情况。依据实际台账上报目标定员，按照超缺员配置人力资源，指导人员流动方向及用工优化策略。优化全员绩效管理，常态化开展一线班组"工作积分制"考核，实现薪酬与绩效系统的关联性。

加强日常管理，结合国网青龙县供电公司各项薪酬保险制度，合理准确分配各类工资项。积极组织开展个人所得税减免信息采集工作，确保个税减免金额的正确性和精准性。完善员工基础信息，收集全员学历、职称、技能鉴定等信息，确保了系统信息的完整、规范、准确，确保人力资源工作常态化开展。

抓好人才发展"多通道"，通过组织技能鉴定和职称申报等工作，逐步提升国网青龙县供电公司人才队伍的质量。积极组织开展内部培训，共组织开展培训8期，其中生产技能培训3期，营销技能培训3期，专业管理培训2期，涉及400余人次，有效提高了员工的整体素质。高技能人才比占员工比例87.86%，中级及以上职称占管理技术人员比例为61.76%，技师、高级技师占技能人员比例为47.14%，人才当量密度为1.1202。

【电网建设】

合理规划中长期电网发展，申报冀北公司配网"一村一图一规划"项目需求，组织专人学习先进县公司管理经验，确保项目顺利实施。

2019年新建改造10 kV线路196.54 km，0.4 kV线路240.60 km，新建变压器312台。保障政府重点项目用电，为城区禁煤区煤改电、冷口温泉旅发大会、七彩青龙等项目提供施工和技术力量支持，完成了402户煤改电的电网改造工程。落实第二批扶贫电站项目光伏产业扶贫政策，完成31个399 kWp集中光伏扶贫电站项目配套电源工程项目评审。《秦皇岛青龙县10 kV八道岭村台区新建工程》顺利争创冀北公司百佳优质工程。

变电工程建设有序推进，完成河南110变电站35 kV线路工程和2020年第一批项目储备评审，35 kV王厂变电站电容器改造按期完工，罗杖子35 kV输变电工程塔基建设即将完成。

【安全生产】

落实本质安全建设要求，签订安全生产承诺书504份，实现安全责任全覆盖。组织安规普调考试670余人次，提升员工安全技能和意识。开展消防安全大检查专项行动，更换办公场所、变电站消防器材，完成供电所大面积停电应急演练活动。

6月以"防风险、除隐患、遏事故"的主题组织开展"安全生产月"宣传教育活动，利用微信平台开展电力宣传、电力安全进校园、外委施工队伍开工前专项安全教育培训及企业负责人安全公开课等，将安全纳入各级成员的培训内容，提升员工的安全意识和素质。

开展春、秋检预试工作，完成3座35 kV变电站、8条35 kV线路及27条10 kV线路预试检修工作。贯彻落实庆祝新中国成立70周年保电工作要求，刚性执行"五个最""四个零"工作要求，成立保电领导小组，制定"1+9"保电工作方案，安排巡视280余人次，补充及更换标识牌1500余块，清除处理线下、配电台区周围柴草10余处，砍伐线下树200余棵，确保了11座35 kV变电站、21条输电线路、69条配电线路安全可靠供电。

▶ 4月16日，春检预试现场（李文静 摄）

开展春、秋季安全大检查工作，结合春、秋检预试内容，共发现各类问题 30 个，其中 12 项已解决，其余列入大修技改计划。

【经营管理】

狠抓基础管理，全力提升指标管控和经营水平。开展同期线损治理工作，深入挖掘指标提升空间，整改线损指标影响因素；规范营销运检两侧系统流程，提升系统数据质量；普查中低压配电设备，台区线损合格率 89.74%。全面开展反窃电专项活动，查处违章用电、窃电客户 30 户，追补电量 0.88×10^4 kW·h，追补电费及违约使用电费 47.55 万元。规范业扩报装管理，组织专人对各营业厅业扩报装工作进行现场检查，对水利用电的业扩报装资料要求进行明确，对电采暖、光伏等业扩流程进行梳理，强调流程时限管控，规范各营业厅的业扩流程。业扩报装容量 12.7×10^4 kV·A，同比增长 24.09%；接电容量 9.9×10^4 kV·A，同比增长 69.69%。按期投运县行政审批中心和万豪酒店充电桩，解决电动汽车出行难题。

推动"五小"供电所建设，选定双山子、八道河供电所创建星级所。强化基层供电所营销指标管控，开展短板指标分析，分享优势指标管理经验，提升供电所专业管理水平。

【优质服务和品牌建设】

组织开展漠视侵害客户利益问题专项整治工作，重点对供电服务、配电设施运维、供电质量、信息公开宣传等方面进行排查，通过建立问题清单逐项整改落实，排查抄表收费不规范、故障抢修不及时等方面的问题。持续巩固精准扶贫成效，制定《青龙满族自治县 2018—2020 年电力设施脱贫工程巩固提升方案》。

推进 95598 业务集约化管理，服务效率有效提升。精简办电手续，压减办电环节。推进"互联网＋新模式"，完成全县智能电表覆盖；远程费控用户达到 20.2 万户，占总户数的 99.25%，大大降低了人工催费成本，提升电费回收率。优化结算服务，消纳光伏电站上网电量 2024.68×10^4 kW·h，结算上网电费 753.18 万元，发放国家补贴 634 万元。

强化品牌建设宣传开展迎峰度夏战高温、全力对抗台风"利奇马"、国庆保电我在岗、助力打赢蓝天保卫战等专题宣传策划，累计从 17 个职能部门及基层单位征集各类稿件 423 篇，向各级媒体、网站刊登稿件 348 篇，助力国网青龙县供电公司企业文化建设，提升国网青龙县供电公司品牌形象。

【党的建设和精神文明建设】

严格实施"三会一课"质量提升工程，以标准化建设引导提升党内政治生活的规范性、严肃性。在全体党员中开展"不忘初心、牢记使命"主题教育，制订党委理论学习中心组年度学习计划，并组织集中学习 23 次，形成心得体会 6 篇、深入基层宣讲 11 次。组织全体职工下载使用中宣部"学习强国"平台，形成"微党课"成果 2 项。

常态开展作风建设监督检查，分阶段滚动修订八项规定指导书 2 次，对 21 名部门负责人、供电所所长开展约谈。全面开展"守正创新 清风同行"主题活动，讲授廉政党课 4 次，并赴冀东南堡监狱开展警示教育，全面提升党员干部法纪意识。

建设"一家四中心"，举办第三届职工文化成果展示暨先进职工颁奖典礼、"我和祖国共奋进"S365 职工健步行、"三八妇女节"手工艺品制作、习近平新时代中国特色社会主义思想诵读、"歌唱祖国"微视频制作等活动。提升群团凝聚力，积极参与公司体育节赛事、读书分享会、劳模事迹分享会，有序开展职工小家帮扶，推动"五小"供电所建设，做好会员节日慰问、专项慰问和困难职工帮扶，形成同心同向的"先锋"局面。获得国网秦皇岛供电公司先进集体、工人先锋号，党委荣获冀北公司电网先锋党支部，团委获得冀北公司"五四红旗团支部"，1 人荣获冀北公司"最美国网人"称号。

▶ 5月24日，职工健步行活动（李文静　摄）

（尹佳伟）

（七）国网昌黎县供电公司

【概况】

国网冀北电力有限公司昌黎县供电分公司（简称"国网昌黎县供电公司"）是国网冀北电力有限公司大型县级供电企业，担负着昌黎县16个乡镇及黄金海岸开发区446个行政村的49万农村人口及19.8万电力客户的供电任务，电网覆盖面积为1212 km²。下设7个职能部门，2个业务支撑和实施机构。截至2019年年底，拥有职工347人，人才当量密度1.1431。

昌黎电网属于典型的受端电网，目前向昌黎地区供电的220 kV变电站3座；110 kV变电站8座，主变压器16台，主变容量800 MV·A；35 kV变电站12座，主变压器24台，主变容量440 MV·A；35 kV线路28条，总长269 km；10 kV线路73条，总长1579.34 km；运行配电变压器1079台，容量136.34 MV·A。

【人员情况】

严格按照国家电网要求规范干部选拔任用操作流程，对任职资格严格把关，纪实材料准备齐全。建立以德为先、任人唯贤的选拔任用体系，对勇于担当、主动作为、认真负责的干部积极举荐，切实增强选拔任用的统筹性、教育培养的针对性、考核管理的严格性，合理调配人力资源，年度内干部调整2批次共计8人。

【电网建设】

对接县发展规划，配合公司完成2020年市场分析和负荷预测，合理评估县域35 kV和10 kV电网项目投资成效，优化项目储备和建设时序。落实工程建设属地化管理责任，配合完成110 kV两山增容项目的可研批复。完成黄金海岸220 kV输变电工程土地收储工作。累计投资11 018万元，开展配网基建项目159项、技改项目2项，新建开闭所工程5个，满足昌黎工业园、空港工业园、西部工业园新增负荷需求。增容配变215台，有效缩短供电半径，提升供电质量。投运施新、施荒、施茹三条35 kV线路，解决新集、荒佃庄、茹荷3座变电站的单电源问题，有效提高转供能力和线路安全水平。

【安全生产】

落实公司《安全生产工作意见》，严格执行19项重点任务及安全生产"七项行动"。顺利通过冀北公司安全性评价查评验收。开展春、秋检预试，整改各类缺陷和隐患116处。推进领导干部作业现场当"安全员"，开展现场检查181次，纠正违章53次。联合有关部门清理输电线下隐患，累计清理线下树7000余棵。成功应对暑期大负荷及台风"利奇马"造成的大风暴雨极端恶劣天气考验，确保县域电网安全稳定运行，实现县域电网安全运行11 114天。圆满完成新中国成立70周年、暑期旅游密集区等18次重点保供电任务。

【经营管理】

推进电费回收"日清月结"，加强费控停复

电管理，推广远程费控 22.93 万户，高压覆盖率 98.82%，低压覆盖率 99.89%。开展反违约及窃电检查，重点对高损台区用电大户、长期零度户进行全面筛查，累计检查低压用户 13 611 户，高压用户 1460 户，查处违约用电及窃电 83 户，追补电量 25.3×10⁴ kW·h，违约电费 140 余万元。辖区内线损达标台区数量占比 94.08%，较年初提升 7.04 个百分点，指标完成情况位列公司第一。完成电能替代项目 7 项，替代电量 1.19×10⁸ kW·h。

【优质服务和品牌建设】

优化营商环境，精简业扩流程，实现高压业扩平均接电时长 33.5 天，同比缩短 75%，业扩时限达标率 100%。深入开展漠视群众利益问题专项整治，针对国家电网明察暗访结果举一反三，分解整改，完成投诉工单缩减 20% 的目标任务。持续深化"互联网+"服务，针对"电 e 宝"等线上缴费方式加大宣传力度，智能缴费用户占比 90% 以上，位列公司第一。开展重要客户专项用电检查，累计开展高危用户检查 24 次，及时将检查结果书面告知用户并督促整改。积极服务电动汽车发展，新建充电桩 16 处，满足当前辖区内电动汽车的用电需求。制定"五彩昌电"企业文化建设实施方案，以"三好"品牌创建为抓手，完成党建标杆、企业文化建设项目、文明单位的申报，圆满完成卓越绩效自评价工作，顺利通过中国水利电力质量管理协会验收。正确把握舆论导向，实现主流媒体全覆盖。

【党的建设和精神文明建设】

推进"不忘初心、牢记使命"主题教育，开展领导班子调研 20 余次，积极向政府、电力用户、服务对象征求意见建议。高质量召开对照党章党规找差距专题会议、民主生活会，梳理 4 个方面 9 项问题，制定针对性整改措施并督办销号，主题教育开展成效得到冀北公司和公司两级督导组高度评价。落实"两个责任"和"一岗双责"，深化约谈机制，对 23 个部门、单位负责人进行约谈，准确掌握党风廉政实情，形成齐抓共管格局。开展"抓整改、除积弊、转作风、为人民"专项行动，针对形式主义、官僚主义进行集中整治。深化"暖心工程"，新建职工活动中心，举办第二届职工劳动技能竞赛，开展"青春光明行"志愿活动，不断深化企业和谐氛围。各项工作得到冀北公司和公司党委充分肯定。先后获得中国水利电力质量管理协会"2019 年电力行业卓越绩效评价标杆 AAA 企业"、冀北公司"先进基层党委"、公司先进集体荣誉称号，营销部计量班获"全国质量信得过班组"、冀北公司"工人先锋号"称号，泥井镇供电所获评"中国金牌最美供电所""电网先锋党支部"。1 名同志获国家电网保电先进个人，2 名同志获团省委"冀青之星"，1 名同志获冀北公司青年风采大赛银奖，1 名同志在公司"日新月高"技术比武活动中获得一等奖。两项青年创新创效成果获公司二等奖。

（朱帅）

（八）国网卢龙县供电公司

【概况】

国网冀北电力有限公司卢龙县供电分公司（简称"国网卢龙县供电公司"），现负责为全县 12 个乡镇管区 548 个行政村的 19.34 万高低压客户供电，供电面积 961 km²。国网卢龙县供电公司领导班子 6 人，职能部门 7 个，业务支撑机构 2 个，供电所 7 个，班组 12 个，全民职工 247 人，农电用工 381 人。县域内存在 220 kV 变电站 2 座/720 MV·A、110 kV 变电站 8 座/726 MV·A、35 kV 变电站 11 座/342 MV·A、10 kV 配电变压器 1575 台/251.06 MV·A。35 kV 线路 22 条/205.8 km，10 kV 配电线路 90 条/1232.53 km。

截至 2019 年年末，国网卢龙县供电公司累计完成售电量 8.87×10^8 kW·h，同比下降 23.52%；售电均价完成 607.87 元/（MW·h），同比提高 14.21 元/（MW·h）；售电收入完成 53 943.21 万元；综合线损率完成 4.26%，同比降低 0.44 个百分点；资产总额完成 1.50 亿元；固定资产投资完成 7974.07 万元；纳税 766.83 万元。

【人员情况】

按照冀北公司相关要求，国网卢龙县供电公司根据实际业务需要，下发了《国网卢龙县供电公司关于调整部分机构设置的通知》，将安全监察质量部（保卫部）更名为安全监察部（保卫部），相应职责及安全监督岗位进行调整；下发《国网卢龙县供电公司关于进一步完善党建工作机构设置实施方案的通知》，撤销党建工作部，新设党委党建部和党委宣传部，与工会、团委、纪委办公室合署为党委党建部（党委宣传部、工会、纪委办公室、团委），相应职责及编制进行调整。

组织完成 2019 年度初级、中级、高级专业技术资格申报，初级 5 人全部通过评审获得相应资格，中级、高级 21 人全部通过冀北公司复审。中级及以上职称占管理和技术人员比例达到 83%。组织 19 名职工参加技能鉴定工作，提升职工技能水平。选派 3 名员工参加张家口冬奥会帮扶工作，加强学习交流，促进人才成长。

【电网建设】

围绕"沿海强县、美丽卢龙"发展战略，研究电力需求变化，滚动修编"十三五"配电网规划。扎实开展遗留工程清零行动，建设速度大幅提升。加快重点工程建设，印陈线路改造工程、佰能林昌线路工程顺利竣工投产，刘柳线路新建工程主体完成。按时完成"煤改电"工程，新建 10 kV 线路 3.1 km，0.4 kV 线路 39.6 km，新增配变容量 1.08×10^4 kV·A，为 2773 户居民冬季采暖提供可靠电力保障。提升配网精益管理水平，进一步加强配网工程运维管控，推行"三部两代"现场管控机制，在冀北公司专项检查中荣获好评。

▶ 开展设备带电检测（徐莹 摄）

【安全生产】

完善安全责任体系，重点强化问题整改，顺利通过冀北公司安全性评价复查评，安全管理水平全面提升。深化风险预警管控和隐患排查治理双重机制，修订 102 个岗位安全责任清单，重新签订《安全生产承诺书》648 份。联合电力治安警务室清理树障 1.8 万余棵。有序开展春、秋检预试工作，排查隐患缺陷 86 处，整改完成率 100%。强化作业现场管控，对煤改电等 129 个施工现场进行全覆盖监督检查，发现制止违章 49 起，处罚 35 人次，共计 2.34 万元，安全管控震慑力进一步彰显，员工安全意识进一步提高。成功应对台风"利奇马"，圆满完成两会、国庆等 7 项重大保电工作。

▶ 安全日宣传发放安全手册（徐莹 摄）

【经营管理】

贯彻降低企业用能成本部署，完成一般工商业两次降价调整。规范用电市场秩序，大力开展窃电、违约用电专项检查，挽回经济损失 140.08 万元。积极配合政府开展"散乱污""粉浆水"治理工作，执法 37 次，断电 242 户，自主巡查 2 万余户。深化法制企业建设，全面推进巡察反馈问题整改，规范执行"三重一大"决策制度。积极落实冀北公司电费回收"日清日结"工作方案，保证电费回收工作的可控在控。强化指标管控，深入开展指标诊断分析，扎实抓好整改措施落实，在冀北公司县级供电企业综合评价中取得第 5 名的优异成绩。

【优质服务和品牌建设】

深入落实《秦皇岛市企业获得电力提质增效专项行动方案》，大力开展业扩报装专项治理，落实冀北公司"5+服务"新举措，压减办电环节，简化办电手续，业扩报装服务规范率 99.97%。认真开展漠视侵害群众利益专项整治工作，完成营商环境、农村营销服务、电网运行维护、电网投资管理 4 个方面的自查工作，整改问题 30 项，进一步强化营销服务管理，提升供电服务能力。组织开展服务规范、技能培训，有效规避投诉风险，服务类投诉同比下降 40%。深挖电能替代市场潜力，完成替代项目 4 个，替代电量 0.92×10^8 kW·h。

【党的建设和精神文明建设】

扎实开展"不忘初心、牢记使命"主题教育，组织中心组集中学习 17 次，领导班子、支部书记讲党课 27 人次，坚持边学边查边改，保证主题教育成果落到实处。夯实党建工作基础，推进支部标准化建设，严格落实"三会一课"制度，坚持党务公开。狠抓党风廉政建设，严格落实《中央八项规定实施细则》，全面落实从严治党要求，坚持将党风廉政建设与分管工作同计划、同部署、同落实。配合开展精准扶贫工作，对 175 户贫困户进行精准帮扶，圆满完成各级脱贫指导组的检查验收。

▶ 参观冀东抗战纪念馆（徐莹 摄）

郭海旺等 4 名同志受到冀北公司表彰，卢龙镇供电所、用电检查班等 5 个集体及王志峰等 10 名同志受到公司表彰。

（郭海旺 徐莹）

（九）国网秦皇岛市抚宁区供电公司

【概况】

国网冀北电力有限公司秦皇岛市抚宁区供电分公司（简称"国网秦皇岛市抚宁区供电公司"）隶属国网冀北电力有限公司秦皇岛供电公司，设有 7 个职能部室、2 个业务支撑机构和 8 个供电所，供电面积 1580 km²，供电人口 53.54 万人，服务客户 22.07 万户。现拥有 35 kV 公用线路 21 条，总长 196.88 km，变电站 12 座，变压器 25 台，总容量 358.75 MV·A；公用 10 kV 线路条数 85 条，总长 1254.12 km，公用配电变压器 2052 台，总容量 260.79 MV·A。

2019 年国网秦皇岛市抚宁区供电公司完成售电量 17.07×10^8 kW·h，同比增长 2.40%；售电收入 9.48 亿元，同比下降 0.37%；售电单价 555.36 元 /（MW·h），同比降低 15.46 元 /（MW·h）；综合线损率 3.48%，同比下降 1.49 个百分点；电费回收率 100%；供电可靠率 99.83%，电压合格率 99.91%。在冀北公司 43 个县公司中综合评价排名第 16 名。

【人员情况】

2019 年，提任中层干部 1 人，岗位调整 11 人，干部队伍素质和结构进一步优化。开展各类培训 5 项 1010 人次，本科学历、中级职称以上及高级技师同比增长 17%、25%、5%；组织青年技能比武，举办青年员工座谈，引导青年职工创新创效，2 名员工获省青年创业创新大赛银奖。

【电网建设】

加强规划和前期工作。主动对接抚宁区功能定位调整和城市规划布局，滚动修编 2019—2025 年配网规划，提出新规划项目 104 项。全力开展基建工程清零。35 kV 台营站即将竣工投产，35 kV 城东站基础开工。有序推进农网工程。集中开展了户均容量提升、线路新建、改造等 81 项工程，新增变压器 82 台，容量 21 100 kV·A，新增高低压架空线路 92.6 km，电缆 9.6 km。主动服务"煤改电"部署。完成 13 个村 2492 户居民"煤改电"电网配套工程，为居民冬季采暖提供可靠电力保障。圆满完成了 220 kV 黄金海岸输配电工程属地协调任务。

【安全生产】

夯实安全管理基础。滚动修编全员安全责任清单，完善安全责任体系。开展供电所安全管理提升专项行动，强化停电计划管理、电网安全运行、隐患排查治理、作业风险管控、基建施工安全管理。强化现场安全管控，推进领导干部现场当"安全员"，"四不两直"督查 178 人次，覆盖作业现场 65 个，各类现场平稳有序。开展安全专项行动 3 项，整改隐患 88 项。坚持推进安全教育培训，开展专题宣传活动，有力营造安全文化氛围。

▶ 7 月 15 日，供电所现场抢险（孙阳 摄）

加强运维精细化管理。扎实推进配网检修、抢修标准化作业，建立缺陷隐患管理台账，动态销号管理，继续推广状态评价和带电检测，利用掌上 APP 规范工作流程和工作行为。精心组织春、秋季检修预试，扎实开展电缆线路廊道治理、架空线路走廊清理、"低电压""重过载"台区综合治理专题工作，有效缓解"低电压"、频繁停电等问题，供电质量类属实投诉工单同比下降 56.71%。强化应急管理和运行方式管控。成功应对恶劣天气、新能源大规模接入、"煤改电"后负荷激增等严峻考验，圆满完成暑期供电和庆祝新中国成立 70 周年保电任务。

【经营管理】

积极增供扩销。实行业扩结存跟踪督办，拓展电能替代领域，增加容量 7.16×10^4 kV·A，替代电量 10 522×10^4 kW·h。深化堵漏增收。开展同期线损治理，10 kV 分线和分台区线损合格率分别达 88.5%、96.5%。重点做好政策性关停企业电费回收风险预判，梳理"一户一策"高风险客户，落实电费"日清日结"机制，电费回收率 100%。规范营销基础管理。强化计量装置管控，加强用户基础数据营配调协同治理。强化县公司综合性评价指标管控，推进全能型、星级供电所建设，发挥典型引领作用，强化制度流程管控，全面提升基础管理水平，杜庄供电所通过国家电网五星级供电所验收。

【优质服务和品牌建设】

建立政企客户用电需求清单，配套改造电网，压减客户办电环节、时间、费用。推广台区经理上门服务，深化"互联网+"营销服务模式，线上缴费率84.60%，高低压新装业务线上办理率100%。开展漠视群众利益专项整治行动及供电服务工单和投诉专项整治，奖惩92人次、2.58万元，投诉及工单数量同比下降64.57%、25.16%，客户诉求一次性解决率100%，业务处理满意率99.63%。推广农村光伏发电及电采暖综合能源项目，配合政府对违法占地和违法建筑进行联合执法。落实反窃电查违要求，查处窃电9户，追缴电费及违约金73.72万元；查处违约用电30户，追缴电费及违约金6.64万元。完成线上稽查成效56.20万元。

▶ 6月5日，为贫困老人检查家里用电线路
（孙阳 摄）

【党的建设和精神文明建设】

严格落实管党治党责任。开展"不忘初心、牢记使命"主题教育，强化基层组织建设，有序推进支部换届选举工作，积极推进离退休党员组织关系转至所在社区，党建工作体制机制持续完善。持续深入开展"党建+"和"三亮三比"活动，组织庆祝新中国成立70周年红歌、诗歌朗诵展演等系列宣传活动，围绕"旗帜领航 正心明道"

党建品牌、"党建+"活动和中心工作，加强宣传引导，强化阵地建设。常态化开展党风廉政建设。落实中央八项规定精神，坚持廉政提醒和明察暗访，深入开展巡察整改"回头看"活动。持续加强职工队伍建设。组织开展各类培训，引导青年职工创新创效，发挥工会桥梁纽带作用，建成职工诉求服务中心，加强职工文化建设，落实领导包案制和供电所长属地负责制，确保国网秦皇岛市抚宁区供电公司和谐稳定局面。2019年，3人获冀北公司先进个人，1人荣获冀北公司青年员工岗位技能竞赛技术能手称号，1人当选冀北公司青年岗位能手、秦皇岛市"能工巧匠"、秦皇岛市劳动模范，1个供电所被评为冀北公司工人先锋号，团支部被冀北公司授予"五四红旗团支部"荣誉称号。

▶ 6月19日，共产党员服务队开展优质服务
（孙阳 摄）

（孙阳）

（十）路灯管理处

【概况】

路灯管理处成立于1987年1月1日，是公司下属的经济独立的代管单位。在人事、设备、安全、党务等方面，均由公司统一管理，执行公

司的各项管理制度；在行业上接受秦皇岛市城市管理综合执法局的业务指导，单位性质为政府全额拨款事业单位，实行企业化管理。路灯管理处设有独立财务，经济上进行独立核算，路灯电费、路灯运维经费，由秦皇岛市财政在年度城市维护费中列支。

受政府委托，路灯管理处负责对海港区、北戴河区、山海关区等3个区域内由政府出资建设、通过验收并完成移交手续的现有照明设施进行运行、维护和管理。另外，路灯管理处还肩负着保证北戴河中直疗养院重要客户暑期照明安全的政治任务。截至2019年年底，路灯管理处管辖范围内的功能照明路灯25 849基、51 935盏，景观照明灯具10.9万盏，箱式变电站（变台）307台、控制箱319个（其中景观灯控制箱143个），0.4 kV配电室17座、10 kV配电室3座。拥有较为先进的城市照明集中控制系统，其中，功能照明三遥终端408台，微电脑控制仪44台，节电器166台，单灯控制器13 722台，路灯防盗终端166台，景观照明控制终端87台，楼体景观控制终端160台，基本实现了对全市辖区内照明设施的统一控制、监管，照明管理水平位于河北省先进行列，被授予2019年度河北省照明行业先进单位称号，北戴河路灯管理所被评为北戴河区年度旅游旺季工作先进集体。

【人员情况】

截至2019年年底，路灯管理处在职职工57人，职工平均年龄50.4岁。下设6个职能部门（综合办公室、财务科、安保科、行政科、照明管理中心、项目管理中心），2个区级路灯管理所（北戴河路灯管理所、山海关路灯管理所），1个集体企业——秦皇岛路灯工程公司及其下属的5个子公司（秦皇岛欣德城市照明有限责任公司、秦皇岛路安汽车租赁有限公司、秦皇岛誉维商贸有限公司、秦皇岛市海港区南山职业技能培训学校、秦皇岛电力生活服务公司光明酒店）。

2019年，路灯管理处根据生产经营需要开展安全知识、法律法规、专业技术等方面的教育培训，组织开展技术比武、岗位竞聘等活动，鼓励职工参加技能评定。进一步完善职工绩效考核管理制度，发挥薪酬激励效应，兑现绩效考核结果，激发职工主动性和创造性。

▶ 8月30日，职工技能比武现场（杨璐 摄）

【路灯建设】

2019年，路灯管理处下属秦皇岛欣德城市照明有限责任公司共实施路灯安装改造工程项目41项，其中竣工工程34项，在建工程7项，新装路灯箱式变电站11台、组立灯杆1219基，组装灯具2408盏，敷设电缆79 250 m，工程质量和照明效果得到了建设方和社会各界的一致好评。实施多项民生扶贫工程，为下枣园村、前擦岭村、郑庄村等无灯村落无偿安装路灯165基，维修路灯80盏，帮助解决上述村庄长期以来无路灯的难题，满足人民美好生活需要，彰显"人民电业为人民"的企业宗旨。

【安全生产】

全年多次组织《安规》等安全规章制度、法律法规的培训及考试、组织开展安全生产事故案例、工作票管理规范等内容的专项培训，确保培训考试覆盖率、合格率100%。开展现场安全教育、安全警示教育、隐患排查治理、应急预案演练、"党建＋"安全文化建设、专项检查等系列活动，进一步提高安全意识、规范安全行为、构筑安全稳定的发展环境。

开展安全责任清单专项梳理，组织全员签订

了安全生产承诺书，明确从主要负责人到一线员工的安全职责，实现"一组织一清单、一岗一清单"，切实做到知责明责。开展春季安全大检查、安全生产月、"六查六防"等活动，整改各类安全问题16个。开展领导干部进现场当"安全员"专项活动，领导干部深入一线稽查各类作业现场12个，亲自部署安全工作，加强对作业现场安全生产的管控。加强消防、交通安全管理，严格落实公司网络安全相关工作，加强保密管理，逐级签订网络安全责任书、员工保密责任书，全年未发生网络安全事件及失泄密事件。

为强化设备运维管理，成立了巡视组，在原有班组巡视的基础上，增加了专职巡视人员，堵塞班组巡视中存在的有遗漏或不及时等现象，同时有效防范窃电、偷盗电缆等违法现象，提高设备完好率。按计划完成春检预试任务，清扫试验路灯箱式变电站59台次，消除缺陷30项。重点加强对老旧重载设备的运维检修，逐台明确设备运行状况，设置设备台账，对于老化严重的设备及时制订改造计划并提出改造申请。加强对北戴河中直疗养院等重要客户设备的检查和治理，及时消除安全隐患，为暑期设备安全稳定运行奠定了基础。

▶ 路灯管理处院内绘制的安全生产"十不干"漫画（杨璐 摄）

【经营管理】

2019年，在政府经费紧张、大幅压减各项经费的情况下，路灯管理处通过精确的数据测算、合理的经费方案和反复沟通，确保路灯运维经费有增无减并定期足额给付。面对激烈地市场竞争环境，在紧盯政府工程项目的同时，主动争取用户工程项目，全年累计承揽路灯工程20项，项目总造价2813.56万元，同比增长461%。承揽工程范围也有所拓展，首次承揽了配电工程项目2项，为下属公司输变电资质增项工作打下基础。参与主导"2018年海港区老旧小区改善提升路灯工程"的运作与推进，标志着路灯管理处在老旧小区改造这一市场领域取得了突破性进展。

集体企业通过多种经营模式，实现效益的稳步提升。秦皇岛欣德城市照明有限责任公司完成安全生产许可证延期工作，并新增办理安防资质证书。秦皇岛路安汽车租赁有限公司经营范围进一步扩大，增加次租和培训用车等业务。秦皇岛誉维商贸有限公司拓宽经营渠道，增加了照明灯杆、灯具，照明控制设备，电线电缆，电器设备等营业项目，并新增办理印刷许可证。

【优质服务和品牌建设】

全年共维修功能照明灯具10 713盏、景观照明灯具18 907盏；补换灯具350套；抢修电缆故障113处，更换损坏电缆15 404 m。全市亮灯率保证在99%以上，设备完好率98%以上。合理安排运行方式，在满足道路照明需求的情况下，根据四季变化、节假日等重要时期不同照明需求，调整运行模式，实现设备运行和节能环保两兼顾。完成全国两会、北戴河暑期、国庆70周年庆典等重大活动和重要节假日时期的保照明工作。为庆祝新中国成立70周年，配合政府部门在全市路灯设施上悬挂国旗，并针对秦皇岛市海风较强的气候特点，自行研发制作了旋转式旗杆，有效解决了国旗在风中容易缠绕灯杆的现象，营造出红旗招展、喜庆祥和的节日氛围，节日期间美化亮化效果得到了政府部门和社会各界的一致好评。

落实《城市照明设施运行维护检修与优质服务规程》，持续提升服务质量和群众满意度。

2019 年，路灯管理处共接到报修电话 723 个，其中市长热线 140 个、群众报修电话 583 次，受理市长热线转办单 928 个（其中有效转办单 258 个），全部在承诺时间内予以解决并做出回复，报修办结率 100%，热线回复率 100%。

▶ 为庆祝新中国成立 70 周年，悬挂国旗施工现场
（马冲　摄）

【党的建设和精神文明建设】

2019 年，路灯管理处党支部组织党员深入学习习近平新时代中国特色社会主义思想和党的十九大精神，落实"不忘初心、牢记使命"主题教育，全年共组织集中学习 17 次、专题研讨 6 次，开展党课教育 4 次。持续落实支部标准化建设，规范完成支部换届选举、发展党员等党内组织管理工作。围绕中心工作，开展"党建+"系列活动，创新党建工作模式。开展参观李大钊纪念馆、专题党课、集体学习研讨、岗位实践等党日活动，营造了争当先锋、干事创业的良好氛围。

▶ 庆"七一"，组织党员参观李大钊纪念馆
（周斌　摄）

开展"三项制度"改革实施方案、劳动合同管理办法宣贯培训，组织员工签订了《岗位协议书》，引导和促进广大员工进一步转变思想、认清形势，强化契约化理念，紧密配合公司的改革工作部署，有序推进改革工作落实落地。开展形式主义、官僚主义问题排查工作，履行查纠形式主义、官僚主义的主体责任，对照形式主义、官僚主义 96 种具体表现形式，逐项开展自查自纠，排查出突出问题 4 项，并制定了整改措施全面整改。为庆祝新中国成立 70 周年，组织拍摄了微视频《心声》，传播路灯人爱国敬业的正能量，得到了市电视台的高度关注，在秦皇岛市电视台各频道滚动播出，彰显了良好的企业文化形象。弘扬劳模精神和工匠精神，组织员工收听收看先进事迹报告会，弘扬劳模精神、工匠精神，引导广大员工学习先进、宣传先进，发挥先进典型引领作用，凝聚干事创业力量。

▶ 庆祝新中国成立 70 周年录制微视频《心声》
（周斌　摄）

（丁晓秋　杨璐）

（十一）秦皇岛福电实业集团有限公司

【概况】

秦皇岛福电实业集团有限公司（简称"福电

集团")是公司所属集体企业，成立于 2001 年，注册资金 8100 万元，企业性质为有限责任（法人独资）。主营业务包括送变电工程施工，电力设备检修、调试、电力供应、电气设备租赁等。拥有输变电专业承包一级、电力总承包三级资质。2015 年取得承装类一级、承修类一级、承试类一级电力设施许可证。福电集团本部设有综合管理部、党委党建部（纪委办公室）、人力资源部、财务资产部、安全监察部、工程管理部、经营管理部、投资事业部 8 个管理部室。下辖福电变电安装分公司、福电配电安装分公司、福电通讯自动化分公司、福电线路安装分公司、福电建筑安装分公司、福电电力运维服务分公司 6 个分公司，山海关、北戴河、北戴河新区、青龙、昌黎、抚宁、卢龙 7 个电力工程处。福电集团作为秦皇岛集体企业经营管理平台，管理福电电力工程设计有限公司、秦皇岛大秦电力房地产开发有限公司、秦皇岛北山华实有限公司 3 个子公司。2019 年，福电集团以"做强做优"集体企业为目标，持续改进绩效考核体系，以 55 项指标为全年工作引领，夯实本质安全，推进工程建设，深化规范管理，努力打造坚强团队，较好完成了全年目标任务。实现收入 116 988 万元，利润 352 万元，资产负债率 75.05%。实施主网、配网、用户、大修技改、巡护类工程 832 项，完工 651 项，实现连续安全生产 3390 天。党建和党风廉政建设达到上级考核要求，职工队伍和谐稳定。

【人员情况】

集体企业在册员工共计 498 人，其中主业支援集体职工 244 人，占总人数的 49%；集体职工 103 人，占总人数的 20.7%；地方全民职工 99 人，占总人数的 19.9%；集体企业聘用职工 52 人，占总人数的 10.4%。

【工程建设】

基建施工助力电网建设。落实里程碑竣工计划，逐级分解进度目标，有效沟通处理问题，优质高效完成基建工程 4 项。京能热电 220 kV 送出线路、戴河—黄金海岸 220 kV 线路新建项目如期竣工，安全跨越铁路 9 处、高速 9 处、国省道 11 处、110 kV 和 220 kV 线路 15 处，施工组织有序，安全保障到位，资源调配高效，为完善电网结构、提升供电可靠性再立新功。"三供一业""煤改电"项目推进迅速。完成"三供一业"项目 77 项，完工率 93%，完成"煤改电"项目 47 项，完成率 100%。妥善处理了线路走廊复杂、商住用户混杂、施工受阻严重等难点问题，彰显了"人民电业为人民"的良好企业形象。遗留工程销号成果显著。以"清零"为目标，梳理任务清单，明确主体责任，优质高效完成遗留工程 138 项，完成率 94.5%。抢修预试服务电网稳定运行。完成应急抢修任务 319 次，北戴河中直疗养院等用户预试 38 户，9 条 500 kV 输电线路巡护及临时保电任务 8 项。圆满完成新中国成立 70 周年、十九届四中全会等重要活动、会议保电，充分发挥了集体企业坚强"第二梯队"的保障作用。

【安全生产】

贯彻安全"十二字方针"一条主线。坚守安全红线，签订安全生产责任状，宣贯"安全责任清单"，安全生产责任制逐级落实。坚持预防为主，完善输变电工程施工三级及以上风险作业防控体系，调整安全绩效指标，严格检查与考核，发挥安全奖惩激励约束作用。开展综合治理，加大安全文明设施投入力度，闭环整改发现问题，重点提高工程处安全管理能力。严抓现场、班组长两个重点。以"集体企业安全年"活动为载体，现场人员安全责任清单随身佩戴，典型事故案例纳入交底，安全措施落实情况及时上传管理系统，"两票"填写规范性、风险点分析和安全交底针对性进一步提高，现场管理持续规范。针对班组长等现场"关键人"，开展培训 2 期，累计参培 393 人次，课程内容包括实名制管理、典型事故案例、"两票"规范、作业层班组建设、核心分包商管理等方面，班组长等"关键人"履责意识、工作能力得到有效提升，实现连续安全生产 3390 天。

【开源增收】

抓牢主营业务市场。召开投标规范管理培训会，按照评标专家指导意见，明确管理要求，完善投标文件，提高标书质量。全年参加冀北公司电网工程及服务招标 8 个批次，参与秦皇岛地区 98 项工程投标、中标 91 项，中标率 93%，中标金额 12 482 万元。参与冀北公司框架协议招标 2 批次，中标率 100%，估算金额 53 738 万元。安全工器具试验室筹建取得阶段进展。开展项目实施调研，从资质认证时间节点倒排工作计划，制定了认证工作方案。试验室运行体系文件、程序文件、试验规程已通过网上文审，现场评审工作完毕，具备了承试条件。现已与内外部单位达成检测技术服务意向，为拓展新业务市场做好了充分准备。设计公司完成业务合并，"七个年建设"助推设计、监理业务融合，管理机制持续健全，经营工作规范有序，设计项目获得 2019 年配网"十六佳"优质工程等多个奖项，单位荣获河北省诚信企业称号。秦皇岛北山华实有限公司推进高压防窃电计量装置租赁、代运代维、清洁能源服务、无人机巡检、充电桩运维等新业务，扎实走好企业转型发展每一步。秦皇岛大秦电力房地产开发有限公司"子改分"工作有序推进，项目尾盘销售、遗留问题处置持续进行。秦皇岛市开轩供电服务有限公司着力提升队伍素质，维护队伍稳定，依法合规完成业务委托，收入同比增长 3.98%。

【规范管理】

绩效管理体系持续改进。推进安全管理两个重点、经营管理风险防控、施工管理质量进度重点工作，修订了绩效指标体系，下发《2019 年度绩效考核指标体系及评价细则》，通过季度考核、持续纠偏，规范管理能力持续提升。采购管理更加规范。下发《公开招标采购活动管理办法（试行）》，邀请招标采购纳入绩效指标考核，招标采购管理更加规范。完成 2020 年劳务分包框架、协议库存、机械租赁框架采购测算，为生产经营

活动顺利开展提供保障。电商平台全面运行。落实冀北公司电商化采购要求，完成国网电商平台采购 1.1 亿元，达到考核指标要求。完成三级物资类专区上架，采购效率、物资质量得到有效保障。引入"红圈"系统助推质量进度管理。系统上传数据涵盖现场安全检查和交底、质量验收及评定、施工进度计划等重要信息，使用范围覆盖全部生产施工单位，搭建了现场安全、质量、进度信息平台，成为实时纠偏的有效工具，信息技术与安全生产深度融合迈出了坚实的一步。依法治企持续深入。发布制度汇编，涵盖各专业管理制度 61 项，制度体系日益健全。"三会一层""重大事项决策"体系规范运行，监事会发布《监事会工作规则》，下达《监事会工作通知书》8 份，有效促进了管理提升。完成税率调整过度企业所得税汇算清缴，税务政策有效落实，财税风险有效防范。清理陈欠款 4234.6 余万元，德龙项目欠款全部收回，企业权益依法保障。

【党的建设】

"不忘初心、牢记使命"主题教育扎实开展。分层面制订学习计划，紧密结合中心组理论学习、"三会一课"等组织生活，开展党委中心组集体学习 13 次，专题研讨 8 次，领导干部讲党课 59 次，各级党组织集中学习 228 次，实现党员干部及党员学习覆盖率 100%，学习质量效果有效保障，政治理论水平全面提升。组织建设水平稳步提升。制定《2019 年党建重点工作推进计划》，工作方向明确、重点突出、责任明晰。规范支部设置，落实基层组织选举制度，基层支部换届应换必换率 100%，党员发展、党费收缴及党建专项费用预算管理依法合规，党建标准化建设进一步夯实。结合巡视检查"回头看"，开展党建专题督导 4 项，对发现的问题完成整改落实。通过量化考核，组织生活会、民主评议党员、"三会一课"等党建基础工作高质量完成，党建信息化系统应用实现常态化。党建品牌凝心聚力。发布"正心明道、福电铁军"党建品牌，全面启动品牌创建活动。

各基层支部结合安全生产核心工作，开展"党员工号""岗位先锋""党建＋""党员服务队""七个年建设"等活动，品牌创建意识充分统一，品牌创建有效助力安全生产攻坚克难。

【队伍和文化建设】

建功立业助推队伍素质提升。福电变电安装分公司"变电二次专业培训面板"成果课题获得河北省质量管理小组活动成果一等奖、冀北公司2019年度优秀质量管理（QC）小组成果三等奖。创新项目"架构组立装置"获得国家实用新型专利。根据实际需求，有针对性地开展培训工作，全年职能部室开展专业培训7次，基层单位开展培训33次，累计培训1254人次，实现跨单位培训7次。41人取得系统内及社会专业技术资格证书，137人通过特殊工种取证，41人完成电工进网许可证换证，队伍素质提升工作稳步开展。工会"建家"活动效果显著。探索"互联网＋"智慧工会建设，建立"福电之家"微信公众号，及时深度宣传报道文体比赛斩获佳绩、现场慰问、新中国成立70周年系列活动，将新兴技术与工会管理深度融合，为创建和谐劳动关系搭建新型平台。

（李鑫）

八、公司荣誉
及先进典型

（一）公司荣誉

全国"安康杯"竞赛安全文化宣传工作先进单位

《中国电业》读刊用刊评刊活动标兵

国家电网红旗党委

国家电网五四红旗团委

国家电网人力资源工作先进集体

国家电网后勤工作先进集体

国家电网庆祝新中国成立 70 周年活动保电先进集体

国家电网供电服务指挥中心（配网调控中心）建设优秀单位

河北省职工道德建设先进单位

河北省五四红旗团委标兵

河北省 AAA 级劳动关系和谐企业

河北省省级节水型单位

冀北公司办公室工作先进单位

冀北公司发展工作先进单位

冀北公司财务工作先进单位

冀北公司经济法律工作先进单位

冀北公司后勤工作先进单位

冀北公司工会工作先进单位

冀北公司调控运行工作先进单位

冀北公司运营监测（控）工作先进单位

冀北公司企协工作先进单位

冀北公司后勤工作先进单位

冀北公司变电精益化管理先进单位

冀北公司输电专业精益化管理红旗单位

冀北公司配电专业精益化管理先进单位

秦皇岛市宣传思想文化工作先进集体

秦皇岛市宣传文化系统（政研会）先进集体

秦皇岛市十佳直属团委

秦皇岛市志愿服务先进工作单位

秦皇岛市交通安全先进单位

秦皇岛市反恐工作先进单位

秦皇岛市节约用水先进单位

公司其他荣誉

序号	题名	受奖名称	颁奖单位	文号	颁发日期
1	构建轻量级模型工具，助力提升配电网精益化管理水平	国网冀北电力有限公司秦皇岛供电公司	国网冀北电力有限公司	冀北电企协〔2019〕138号	2019-03-27
2	在线供电所监测助力全能型乡镇供电所发展	国网冀北电力有限公司秦皇岛供电公司	国网冀北电力有限公司	冀北电企协〔2019〕138号	2019-03-27
3	创新人力资源管理体系研究推进三项制度改革落地	国网冀北电力有限公司秦皇岛供电公司	国网冀北电力有限公司	冀北电企协〔2019〕138号	2019-03-27
4	大数据助力配电网供电质量监测分析体系构建与实践	国网冀北电力有限公司秦皇岛供电公司	国网冀北电力有限公司	冀北电企协〔2019〕138号	2019-03-27
5	基于人力资源生态的岗位精益化管理体系创新构建与实施	国网冀北电力有限公司秦皇岛供电公司	国网冀北电力有限公司	冀北电企协〔2019〕227号	2019-05-16
6	基于末端业务融合的台区同期线损管理新模式研究	国网冀北电力有限公司秦皇岛供电公司	国网冀北电力有限公司	冀北电企协〔2019〕227号	2019-05-16
7	推行精益化过程管控，提升技改检修储备项目技经管理水平	国网冀北电力有限公司秦皇岛供电公司	国网冀北电力有限公司	冀北电企协〔2019〕227号	2019-05-16
8	深化"三项制度"改革高效完成"停薪留保"人员复工	国网冀北电力有限公司秦皇岛供电公司	国网冀北电力有限公司	冀北电企协〔2019〕227号	2019-05-16
9	运用智慧型管理理念，构建综合能源服务新业态	国网冀北电力有限公司秦皇岛供电公司	国网冀北电力有限公司	冀北电企协〔2019〕227号	2019-05-16
10	电力企业基于泛在电力物联网背景下的电网管理探索与实践	国网冀北电力有限公司秦皇岛供电公司	国网冀北电力有限公司	冀北电企协〔2019〕227号	2019-05-16
11	基于"两维三位"的管理机关绩效考核	国网冀北电力有限公司秦皇岛供电公司	国网冀北电力有限公司	冀北电企协〔2019〕227号	2019-05-16
12	实践卓越绩效，争创省质量奖促公司"四个卓越"的实现	国网冀北电力有限公司秦皇岛供电公司	中国水利电力质量管理协会	水利电力质〔2019〕9号	2019-03-23
13	大数据助力配电网供电质量监测分析体系构建与实践	国网冀北电力有限公司秦皇岛供电公司	中国水利电力质量管理协会	水利电力质〔2019〕9号	2019-03-23

（二）集体荣誉

第五届中国金牌最美供电所
国网昌黎县供电公司泥井镇供电所
电力行业卓越绩效评价标杆 AAA 企业
国网昌黎县供电公司
全国质量信得过班组
国网昌黎县供电公司营销部计量班
全国青年文明号
海港区客户服务分中心

国家电网电网先锋党支部
变电运维室第二党支部
河北省先进集体
变电运维室海滨变电站
河北省青年文明号
变电检修室
河北省青年安全生产示范岗
变电检修室
河北省内部审计先进集体
审计部
河北省五一巾帼标兵岗
海港区客户服务分中心营业二班
河北省模范职工小家
北戴河客户服务分中心
河北省照明行业年度先进单位
路灯管理处

冀北公司先进基层党委
国网昌黎县供电公司党委
冀北公司电网先锋党支部
电力调度控制中心党支部
变电运维室第二党支部
营销部党总支

北戴河客户服务分中心党支部
供电服务指挥中心党支部
国网昌黎县供电公司泥井镇供电所党支部
国网秦皇岛市抚宁区供电公司杜庄乡供电所党支部
福电线路安装分公司党支部
冀北公司标准化建设示范党支部
变电运维室第二党支部
电力调度控制中心党支部
供电服务指挥中心党支部
冀北公司十佳共产党员服务队
国网冀北电力（北戴河）共产党员服务队
国网冀北电力（心窗）共产党员服务队
冀北公司工人先锋号
电力调度控制中心自动化运维班
秦皇岛抚宁区供电分公司杜庄乡供电所
福电变电安装分公司试验一班
冀北公司模范职工之家
党委党建部（党委宣传部、工会、团委）
冀北公司五四红旗团支部
国网秦皇岛市抚宁区供电公司团支部
国网青龙县供电公司团支部
冀北公司庆祝新中国成立 70 周年活动保电先进集体
电力调度控制中心
输电运检室
信息通信分公司
冀北公司安全生产工作先进集体
输电运检室运维一班
海港区客户服务分中心配电检修三班
国网青龙县供电公司运维检修部输电运检班
冀北公司调控运行工作先进集体
电力调度控制中心地区监控班
国网昌黎县供电公司电力调度控制分中心
国网卢龙县供电公司电力调度控制分中心
冀北公司变电精益化管理红旗变电站
220 kV 碣石变电站

冀北公司输电专业电力设施保护精益化管理先进班组

输电运检室输电运维二班

国网昌黎县供电分公司输电运检班

冀北公司输电专业精益化管理先进集体

输电运检室

冀北公司输电专业精益化管理先进班组

输电运检室输电检修二班

电缆运检室电缆运检二班

冀北公司配电专业精益化管理先进集体

国网秦皇岛市抚宁区供电公司

供电服务指挥中心

国网昌黎县供电公司

冀北公司配电专业精益化管理先进班组

配电运检室配电自动化班

海港区客户服务分中心配电运维一班

国网秦皇岛市抚宁区供电公司配电运检班

冀北公司营销（农电）工作先进集体

营销部计量室检验检测一班

国网秦皇岛市抚宁区供电公司杜庄乡供电所

秦皇岛市优秀志愿服务组织

国网秦皇岛供电公司红马甲

秦皇岛市青年安全生产示范岗

信息通信分公司

秦皇岛市五四红旗团支部

国网昌黎县供电公司团支部

北戴河客户服务分中心团支部

秦皇岛市先进职工之家

党委党建部（党委宣传部、工会、团委）

秦皇岛市先进工会小家

变电检修室

输电运检室

综合服务中心

国网秦皇岛市抚宁区供电公司

福电集团

秦皇岛市交通安全先进单位

国网秦皇岛市抚宁区供电公司

国网卢龙县供电公司

（三）个人荣誉

全国"安康杯"竞赛安全文化宣传工作先进个人

邢海波

全国电力行业设备运检大工匠

高会民

大国工匠

高会民

中电传媒优秀通讯员

李榕榕

国家电网优秀共产党员

郭宏伟

国家电网劳动模范

高轶鹏

国网工匠

高会民

国家电网安全生产先进个人

幺乃鹏、季宁

国家电网庆祝新中国成立70周年活动保电先进个人

陈建军、许竞、强宝稳、刘志勇

国家电网调度控制工作先进个人

马铁生

国网有为时代老人

王丽红

河北省劳动模范

郭宏伟、李木文

河北好人（月度）

田华、高会民、孙立群

河北省向上向善好青年

郭宏伟

河北省能工巧匠

罗志勇

河北省突出贡献技师

张庚喜

河北省全民国防教育先进个人

李木文

河北省暑期工作先进个人

刘迎春

河北省内部审计先进工作者

赵庆娴

河北省照明行业先进个人

李凯、晁建会

冀北公司优秀党务工作者

张婧、秦四娟、刘华德、刘雪迎、王利民、王巍、
刘一衡、郑存强、周慧

冀北公司优秀共产党员

陈之良、董强民、郭宏伟、王亚强、赵鹏、史文全、
林紫阳、刘洋、郭海旺、赵远

冀北公司最美国网人

高会民、田华

感动冀北电力年度十大人物

孙立群

冀北公司劳动模范

高轶鹏

冀北公司电力工匠

郭宏伟

冀北公司先进工作者

宋雷鸣、李昌原、刘建宁、张陆军、王楠、刘继东、
郭海旺、王恺、赵远、李树宏

冀北公司优秀班组长

王玉玺、李剑波、李鲲

冀北公司杰出青年岗位能手

刘建军

冀北公司青年岗位能手

王川、王恺、李昌原、杨磊、钟正阳

冀北公司优秀共青团员

陈媛、王轩

冀北公司优秀共青团干部

林帅、邢畅

冀北公司办公室工作先进个人

孙德轩

冀北公司发展工作先进个人

袁阳、高小刚、张奇、李伟

冀北公司财务工作先进个人

齐才、张瑶

冀北公司安全生产工作先进个人

许竞、郭万祝、孙德彬、侯世昌、孙辉、周崑、
于晓明、曹谦

冀北公司庆祝新中国成立70周年活动保电先进
个人

张昊、田鹏、刘秀军、冯印富、刘长春、徐江、
景长勇、曾建、辛忠、陈海涛

冀北公司营销（农电）工作先进个人

万芮萱、李彬、张建、卢妍、张洋、陈广春

冀北公司科技环保工作先进个人

赵铁军

冀北公司基建工作先进个人

杜金桥、许明强、马力民、齐云鹤、马玉林、
范大勇

冀北公司经济法律工作先进个人

赵晶晶

冀北公司后勤工作先进个人

董佳博、高岩

冀北公司工会工作先进个人

杨桦、刘会秋

冀北公司调控运行工作先进个人

刘长春、宋轶、张永清、崔鹏飞、刘华德、王力民、
李贵秋、袁玮光、李桂荣、党利民、曹建伟

冀北公司运营监测（控）工作先进个人

李永锋

冀北公司电力交易工作先进个人

谢欣荣

冀北公司企协工作先进个人

张琳

冀北公司变电精益化优秀专家

钱欣、孔令宇、李亚军

冀北公司变电精益化先进个人

赵春利、张志国

冀北公司输电专业电力设施保护精益化管理先进个人

袁刚、齐海山、俞宗伯、杨静学、宫龙威

冀北公司输电专业精益化管理先进个人

徐江、苏洪锋、王永春、周恩泽、孙德彬、李俊廷、景长勇、夏荣胜、姜伊

冀北公司配电专业精益化管理先进个人

秦川、赵越、张志强、王寅、宋利明、赵鹏、魏歆、马强、侯健、李洋、赵建军

秦皇岛市道德模范

刘立岭、兰红晨

秦皇岛市劳动模范

韩彦玲、田鹏、王恺、严丁、王玉玺

秦皇岛市优秀党务工作者

刘志红

秦皇岛市志愿服务先进工作者

赵欣

秦皇岛市优秀志愿者

马冲、兰红晨

秦皇岛市金牌工人

王玉玺

秦皇岛市能工巧匠

刘立刚、王恺

秦皇岛市向上向善好青年

刘建宁

秦皇岛市优秀共青团员

胡蕊

秦皇岛市优秀共青团干部

林帅、顾晨

秦皇岛市五一巾帼建功标兵

李宏川

秦皇岛市安全生产标兵

魏亮、朱云鹏

秦皇岛市交通道路模范车管干部

袁继平、陈树华、姚炳尹

九、大事记

2019 年大事记

1月

1月2日，公司职工高会民通过"全国电力行业设备运检大工匠"评审。

1月3日获悉，公司推荐的职工优秀创新成果"无人机搭载机器人带电接引装置"荣获2018年度（第十届）全国电力职工技术成果二等奖。

1月4日，公司组织领导班子成员和全体中层干部参加了秦皇岛市2018年干部宪法法律知识考试。

1月4日，公司召开2019年安全生产委员会第一次会议，迅速贯彻落实国家电网和冀北公司2019年安委会第一次会议精神。

1月7日，冀北公司发来贺信，祝贺公司2018年电费"结零"。

1月7日，刘守刚代表公司领取河北省政府质量奖。

1月8日，河北抚宁抽水蓄能电站开工。

1月9日，公司总经理朱晓岭到福电集团参加座谈会，公司办公室负责人陪同参加。

1月10日，国网河南省电力公司后勤工作专家组来公司学习交流"两供一业"分离移交经验。

1月14日，开发区客户服务分中心在《关于河北省第二届园林博览会获奖项目、先进集体和先进个人的通报》中获省级表彰。

1月14日，公司3名员工荣获第六届秦皇岛市"金牌工人""能工巧匠"称号。

1月14日，国家电网黑龙江设备管理部副主任景伟带领调研组一行，来公司调研交流。

1月16日，公司获评河北省职工道德建设先进单位。

1月16日，公司"全能型"供电所营配业务实现深度融合，标志着冀北公司在公司试点的移

动作业终端末端融合完成首次测试。

1月17日，公司职工高会民喜获"国网工匠"荣誉称号。

1月18日，海滨变电站被国家电网评为企业文化建设示范点。

1月18日，冀北公司党委副书记、副总经理鞠冠章莅临公司调研慰问。

1月21日，公司党委中心组开展民主生活会前专题学习。

1月22日，公司开展基层党组织书记抓党建工作述职评议。

1月28日获悉，变电运维室变电运维一班荣获冀北公司五星级班组称号，220 kV港东变电站荣获冀北公司五星级班变电站称号。

1月29日，公司召开第二届职工代表大会第三次会议暨2019年工作会议。

1月29日，公司举办"拥抱新时代"2018年职工文化成果展示暨"电力老黄牛"颁奖晚会，冀北公司总经理、党委副书记郑林出席颁奖礼。

1月29日，公司喜获"国家电网公司物资管理先进集体"荣誉称号。

1月29日，变电检修室的检修二班和二次运检四班同时荣获"国家电网先进班组"荣誉称号。

1月30日，秦皇岛市委书记孟祥伟看望慰问公司干部员工。

1月30日至2月1日，公司领导班子成员分别到离退休老干部家中开展春节慰问。

1月30日，公司领导春节前慰问一线员工。

1月30日，冀北公司总经理、党委副书记郑林参加并指导公司领导班子民主生活会。

2月

2月1日，公司机关举办迎新春联欢会。

2月2日，冀北公司设备部督导公司春节保电措施。

2月4日，公司总经理朱晓岭、副总经理张长久在公司应急指挥中心带班值守，公司全力保

障春节可靠供电。

2月13日获悉，公司工会被评为河北省总工会财务工作先进单位。

2月19—20日，公司圆满完成"2019中国·山海关古城年博会——年俗灯会"保电任务。

2月20日，公司收听收看冀北公司2019年党风廉政建设和反腐败工作会议。

2月22日，公司举办"旗帜领航 正心明道—青心践行"道德讲堂暨"学黎明精神，做时代新人"主题活动启动仪式。

2月22日，公司召开配网遗留工程清零行动启动会暨2019年配网工程推进会。

2月28日，公司召开2019年安全生产工作会暨春检预试动员会。

3月

3月1日，公司"构建'三好'宣教体系弘扬企业精神"项目获评国家电网精神文明创新奖（2015—2017年度）提名奖，"深化'点亮京畿'卓越实践，弘扬'人民电业为人民'企业宗旨"项目获评国家电网2018年度企业文化建设优秀案例。

3月1日，公司收听收看冀北公司2019年党建暨宣传工作电视电话会议。

3月7日，公司后勤工作荣获国家电网和冀北公司多项荣誉。

3月7日，公司召开2019年党建、党风廉政建设暨宣传工作会。

3月7日，福电集团获得秦皇岛市建筑业诚信企业、先进企业和优秀企业管理者荣誉。

3月7日，公司召开2019年线损和服务工作座谈会。

3月11日，国家电网报报道《刘建宁：创新路上没有"差不多"》。

3月11日，公司获评国家电网人力资源工作先进集体。

3月15日获悉，公司被评为秦皇岛市"2018

年度节约用水先进单位"。

3月15日，公司圆满完成全国两会保电任务。

3月20日获悉，福电集团被秦皇岛市公安交管系统评为"2018年度市级交通安全先进单位"。

3月21日，公司召开"泛在电力物联网"专题培训会。

3月21日，冀北公司电力交易中心副主任邢劲带领专家组到公司调研虚拟电厂示范项目建设工作。

3月22日获悉，公司变电运维六班（戴河）荣获"全国电力行业设备运维优秀班组"称号。

3月22日，工信部产业政策司巡视员辛仁周到秦皇岛电力博物馆对国家工业遗产项目工业文化建设进行实地考察。

3月25日获悉，公司推荐的职工优秀创新成果荣获全国能源化学地质系统优秀职工技术创新成果二等奖。

3月25日，公司收听收看国家电网有限公司安全生产紧急电视电话会议。

3月25日，中国电力科学院副院长王继业带领中国电力科学院专家组一行到公司调研泛在电力物联网建设工作。

3月26日，中国质量报报道《修质量内功锻金字招牌》。

3月26日，公司收听收看冀北公司2019年人力资源工作电视电话会议。

3月27日，公司组织收听收看冀北公司迅速落实国家电网安全生产各项部署的紧急会议。

3月28日，冀北公司副总经理宋天民到公司调研指导泛在电力物联网建设。

3月31日，首届中国工业品牌微电影大赛颁奖典礼在山东泰安举行，公司王胜利编导的《凝固的记忆》荣获最佳编导奖。

4月

4月1日，公司与中国铁塔股份有限公司秦皇岛市分公司签署战略合作协议。

4月1日，公司召开4月月度工作电视电话会议。

4月1—2日，公司团委积极响应团中央号召，组织开展"青春心向党　建功新时代"特别主题团日活动。

4月10—11日，冀北公司总经理郭炬到公司开展工作调研。

4月11—12日，冀北公司工会副主席郑超达、张立弟及部门全体工作人员到公司调研关心关爱职工三件实事工作开展情况。

4月14日获悉，公司海阳路供电营业厅被河北省工会授予"河北省五一巾帼标兵岗"荣誉称号。

4月16日，冀北公司检查组一行3人，到公司物资部柳村仓库、卢龙县供电公司物资供应中心仓库，开展仓库安全管理情况检查。

4月19日，公司组织收听收看冀北公司2019年第二季度工作会议。

4月22日，公司新闻作品获英大传媒优秀电视作品奖。

4月25日获悉，公司青年员工郭宏伟同志在2019年河北省"向上向善好青年"推选活动中，获得"爱岗敬业好青年"荣誉称号。

4月26日，公司收听收看冀北公司泛在电力物联网专题讲座。

4月26—28日，公司高质量完成第二届"一带一路"国际合作高峰论坛和2019年中国北京世界园艺博览会3次特级时段供电保障工作。

4月27日凌晨2点48分，公司在第二届"一带一路"国际合作高峰论坛保电期间顺利完成多条线路跨铁路夜间撤网施工。

4月27日凌晨，公司首次完成4条220 kV线路同时跨越铁路施工。

4月28日，在秦皇岛市庆祝"五一"国际劳动节暨劳动竞赛推进大会上，公司1个先进集体、5个先进个人受表彰。

5月

5月4日，秦皇岛市长张瑞书带领市发改委、市城管执法局、市生态环境局、市供电公司等单位负责同志，到京能秦皇岛热电公司进行现场办公，就加快推进京能热电项目建设进行再协调、再调度。市领导李国勇、孙国胜一同参加。公司党委书记、副总经理刘守刚作电网建设情况汇报。

5月12日，公司圆满完成秦皇岛国际马拉松赛保电任务。

5月13日，公司举办"畅想泛在物联　智绘三型两网"纪念五四运动100周年暨青年创新创意大赛。

5月14—15日，冀北公司副总经理、党委委员张晓华到公司督查春季安全大检查工作。

5月15日，公司举办"家国·楷模"主题文化分享会暨首届文体艺术节启动仪式。

5月15—17日，公司质量管理获市级"大满贯"。

5月18日，电网头条报道《世界博物馆日关注公司电力博物馆》。

5月20日，秦皇岛市副市长孙国胜到京能热电及配套工程现场调研。

5月22日1时40分，公司圆满完成4条220 kV线路同时跨高铁施工。

5月22日，公司收听收看刘琦同志先进事迹报告会。

5月23日，孙国胜副市长组织政府相关单位和部门召开站东、金梦海湾、河东寨3项工程调度协调会，分别按工程子项部署相关工作。公司总经理、党委副书记朱晓岭，党委委员、副总经理赵雪松出席会议。

5月24日获悉，公司被河北省水利厅授予"省级节水型单位"。

6月

6月2日，河北省文明办副主任张勇参观电力博物馆。

6月3日，公司召开2019年第二次安委会（扩大会议）、6月工作会暨暑期保电动员会。

6月4日，公司组织收听收看国家电网有限公司"不忘初心、牢记使命"主题教育动员大会。

6月4日，公司收听收看冀北公司迎峰度夏电视电话会议。

6月10日获悉，公司经济技术研究所自主研发的"配电网工程投资规划与可研估算分析软件"成功获得国家版权局颁发的计算机软件著作权登记证书，在冀北公司配电网技经管理领域实现了历史性突破。

6月17日，冀北公司首个源网荷储主动智能配电网示范工程——秦皇岛开发区10 kV宁海大道开闭所顺利投运。

6月18—20日，在冀北公司2019年配电自动化专业竞赛中，公司8名参赛选手凭借优秀的业务素质和专业的技能水平，获得团体第二名。

6月24日，公司党委理论学习中心组开展第四次集中学习，深入学习领会"不忘初心、牢记使命"主题教育内容。公司党委书记、副总经理刘守刚主持会议。

6月25日获悉，公司海港区客户服务分中心获评"全国青年文明号"，是冀北公司第二个获得该称号的青年集体。

6月25日，秦皇岛市副市长孙国胜到北戴河客户服务分中心，就暑期保供电情况进行调研，现场听取意见建议，积极协调解决电力企业在运营建设和供电服务过程中存在的问题和困难。公司副经理张长久陪同调研。

6月26—27日，冀北公司董事长、党委书记田博赴公司开展"不忘初心、牢记使命"主题教育调研。

6月27日，公司与中国人民银行秦皇岛市中心支行签订电力用户征信管理合作协议。

6月27日，公司多项QC成果在河北省获奖。

6月28日，公司"两先两优"表彰暨纪念新中国成立70周年爱党爱国系列活动启动仪式在南山培训学校隆重召开。公司领导班子成员出席

会议，公司党委书记、副总经理刘守刚为活动仪式致辞。

7月

7月1日，公司收听收看冀北公司"不忘初心、牢记使命"主题教育专题党课暨"七一"表彰电视电话会。

7月4日，冀北公司党委副书记、总经理郭炬赴基层党建工作联系点——秦皇岛供电公司开展"不忘初心、牢记使命"主题教育调研。

7月9日，"最美国网人"巡回宣讲走进秦皇岛。

7月11日，公司举行旅游旺季保供电反事故演练，提升应对大面积停电事件的快速响应能力和应急管理水平。7月13日，中央电视台新闻频道新闻直播间对此次演练进行了报道。

7月12日，秦皇岛市市长张瑞书带领市发改委、市旅游文广局、市水务局、市公安局负责同志到抚宁区实地调研，要求加快抚宁抽水蓄能电站项目建设，确保项目早竣工、早投产、早达效。

7月15日，公司收听收看冀北公司提前完成农电改造推进电视电话会议。

7月19日，公司收听收看冀北公司2019年年中工作电视电话会议。

7月22日，公司召开党委会，认真贯彻落实冀北公司年中工作会议精神。

7月22日，冀北公司隔离开关带电作业实训基地在公司建成。

7月24日，冀北公司工会2019年"送文化到基层"慰问活动"我和祖国共奋进""守正创新·追梦冀北"走进卢龙县供电公司。

7月24日，冀北公司财务资产部党支部与国网卢龙县供电公司开展主题党日活动。

7月25日晚9点整，冀北公司首个移动储能项目圆满完成功能和场景应用测试。

7月30日，寇伟赴冀北公司检查迎峰度夏安全生产工作。

7月31日下午1点40分，秦皇岛地区负荷达到249.9万kW，创历史新高，同比增长2.2%。

8月

8月5日，公司召开2019年年中工作会议。

8月12日，公司全力抗击"利奇马"台风。

8月12日，秦皇岛市市长张瑞书到北戴河客户服务分中心调研迎峰度夏保供电工作。

8月12日，秦皇岛市副市长孙国胜到公司电力调度控制中心检查电力供应保障及抗击台风"利奇马"工作应对情况。

8月12日，公司召开领导干部调整宣布大会。陈建军同志任秦皇岛供电公司总经理、党委副书记，邱俊新同志任秦皇岛供电公司副总经理、党委委员，朱晓岭同志不再担任秦皇岛供电公司总经理、党委副书记职务。

8月13日，公司总经理陈建军在公司本部与秦皇岛市发改委主任张士兆会谈，就推进河北省第二批煤改电项目建设进行磋商。

8月20日，公司总经理陈建军在公司本部会见山海关区常务副区长刘尤优一行，双方就电网建设、清洁取暖改造等工作进行会谈。

8月20—23日，在2019年全国电力行业质量信得过班组建设活动典型经验展示及交流会上，公司经济技术研究所技术室、电力调度控制中心自动化运维班、变电检修室二次运检二班的典型经验分别荣获二等成果。

8月21日，秦皇岛市常务副市长李国勇到公司调研指导工作，听取公司2019年电力保障和迎峰度夏情况的介绍。

8月26日，公司党委理论学习中心组成员围绕党史、新中国史专题开展第六次集中学习。

9月

9月2日，国家电网报报道《提升党建工作价值 推动企业高质量发展》。

9月6日，公司组织开展4家县公司和福电

集团、路灯管理处党政负责人党风廉政建设约谈工作。

9月10日，河北省企业家协会秘书长刘建军到访秦皇岛福电电力工程设计有限公司，为该公司颁发"河北省企业家协会理事单位"荣誉铭牌，同时宣布该公司经理傅鸿儒同志被评为2018年度"河北省企业家协会先进工作者"。

9月10日，国网浙江省电力有限公司党建部副主任、团委书记一行8人到公司电力博物馆学习调研。

9月11日，海港区客户服务分中心获评"全国青年文明号"。

9月16日，公司召开第三次安委会暨9月工作会议。

9月16日，公司收听收看国家电网、冀北公司庆祝新中国成立70周年活动安全保电优质服务电视电话会议。

9月18日，公司"不忘初心、牢记使命"主题教育读书班开班，公司党委理论学习中心组（扩大）进行集中学习。

9月18日，由冀北公司副总师张大鹏率队的"不忘初心、牢记使命"主题教育冀北第一巡回指导组莅临公司，对公司"不忘初心、牢记使命"主题教育进行督查指导。

9月18日21时21分，公司两项重点基建工程——220 kV仙螺岛输变电工程和京秦热电项目送出线路工程投产。

9月19日，公司组织收听收看冀北公司加强线损管控、推进"网上电网"系统建设工作电视电话会。

9月20日，冀北公司党委副书记、副总经理鞠冠章到公司调研，并检查"不忘初心、牢记使命"主题教育开展情况。

9月24日，冀北公司庆祝新中国成立70周年离退休文艺演出暨国网冀北电力卓越夕阳艺术团成立大会在公司工会职工活动中心举行。

9月25日，由河北省企业家协会联合河北省政府有关部门等单位组织的"河北省诚信企业"评选结果揭晓,秦皇岛福电电力工程设计有限公司荣获2019年"河北省诚信企业"荣誉称号。

9月26日,冀北公司副总经理、党委委员宋天民莅临公司调研指导工作。

9月29日,公司联合冀北公司经济技术研究院研发的"智能配电网多场景下移动储能关键技术、设备及应用"成果通过中国电机工程学会技术鉴定。

9月30日,公司领导慰问离退休职工。

9月30日,冀北公司副总经理、党委成员葛俊,冀北公司互联网部主任闫忠平莅临公司检查指导庆祝新中国成立70周年特级时段保电工作,代表冀北公司党委慰问公司保电员工。

10月

10月8日,公司系统认真落实国家电网、冀北公司和秦皇岛市委、市政府的各项部署,刚性执行"五个最"工作要求,强化全网全员、全过程、全方位保障,实现了"四个零"保电目标,圆满完成庆祝新中国成立70周年保电任务。

10月9日,河北抚宁抽水蓄能有限公司领导到访公司。

10月17—18日,冀北公司基建安全质量"转作风、强管理、抓落实"专项活动座谈会暨四季度基建工程推进会在秦皇岛召开。

10月19日,第八届中国(河北)青年创业创新大赛暨第六届"创青春"中国青年创新创业大赛(河北赛区)决赛圆满落幕,公司的3个青年创新项目获1个银奖、2个优秀奖。

10月22日,公司总经理陈建军会见到访的中国联合网络通信有限公司秦皇岛市分公司总经理丁鹏程,双方就进一步加强合作、推进5G网络建设进行了交流。

10月22日,秦皇岛市委常委、政法委书记闫五一到河东寨110 kV变电站新建工程现场办公,了解工程进度,协调解决工程建设中遇到的

难题,要求按部就班做好各项工作,确保工程按期完工。

10月23日,冀北公司第七届职工文化体育艺术节文艺演出暨闭幕式在秦皇岛举行。

10月24日,冀北公司副总经理、党委委员、工会主席孙兴泉到抚宁区供电公司调研。

10月24日,公司获评2019年度中国电力传媒集团《中国电业》读刊用刊评刊活动标兵单位。

10月28日,公司组织收听收看冀北公司2019年第四季度工作会议。

10月28日获悉,公司经济技术研究所(设计公司)匠心QC小组的原创作品《一个QC小组的成长 一群电力人的耕耘》荣获2019年电力行业QC小组故事演讲比赛二等奖。

10月31日,随着海港区杨庄村台区新建工程主变接火完毕,秦皇岛市2019年冬季清洁取暖"光热+"煤改电用户配套工程总体竣工。

11月

11月5日,秦皇岛市人大常委会副主任、市总工会主席徐宪民到公司进行工会工作调研。

11月6日,公司2019年第一期中层管理人员能力提升培训班上公司总经理、党委副书记陈建军以《不忘初心 牢记使命》为题,讲了一节生动的专题党课。

11月7日,河北省能源局电力处处长张会娟一行到公司开展专项整治漠视侵害群众利益问题检查督导工作。

11月11日,公司召开2019年第四季度工作会议。

11月11—12日,国家电网检查组一行对公司"煤改电"清洁取暖供电保障和优质服务工作进行督导检查。

11月12日,变电检修室荣获河北省"青年文明号"称号。

11月13日,公司党委召开对照党章党规找差距专题会议,公司党委班子成员、"不忘初心、

牢记使命"主题教育办公室成员参加会议。

11月13日，秦皇岛电力博物馆获得"电力科普教育基地"命名。

11月20日，公司收听收看国家电网巡视整改阶段工作总结暨"抓整改、除积弊、转作风、为人民"工作推进会。

11月25日，公司召开党委理论学习中心组专题学习会议，集中学习十九届四中全会精神。

11月26日，公司收听收看国家电网学习贯彻党的十九届四中全会精神宣讲报告会。

11月27日，秦皇岛主要媒体报道公司员工海中救人、见义勇为先进事迹。

11月28日，公司泥井镇供电所获评"中国金牌最美供电所"。

11月28日，由国家电网党组巡视组副组长姚新国带队的国家电网巡回指导组深入公司，就"不忘初心、牢记使命"主题教育开展情况进行调研指导。

11月29—30日，公司荣获冀北公司第四届健康美食厨艺竞赛团体金奖。

12月

12月5日，公司在冀北公司网络安全竞赛中获佳绩。

12月10日，秦皇岛市委常委、政法委书记闫五一到河东寨110 kV变电站新建工程检查指导。

12月12日，公司组织开展"一把手"讲安全课活动。

12月16日，公司召开2019年第四次安委会。

12月16日，秦皇岛市人大常委会调研组到公司开展立法调研。

12月17日获悉，公司"两供一业"管理创新成果获省级一等奖。

12月17日，公司召开领导干部调整宣布大会。刘少宇同志任公司党委书记、副总经理，张长久同志任公司二级职员，不再担任副总经理、党委委员职务，许竞同志任公司总工程师，刘守刚同志不再担任公司党委书记、副总经理职务，另有任用。

12月30日，公司党委理论中心组（扩大）围绕"习近平总书记重要讲话精神与党内重要法律法规"主题开展2019年12月专题集中学习。

12月31日获悉，国网昌黎县供电公司荣获"全国质量信得过班组"称号。

十、重要文献

（一）公司领导重要讲话

总经理、党委副书记朱晓岭在公司二届三次职工代表大会暨 2019 年工作会议上的报告
（2019 年 1 月 29 日）

一、2018 年工作回顾

面对复杂的经济形势和繁重的改革发展任务，公司坚持以习近平新时代中国特色社会主义思想为指导，全面贯彻国家电网、冀北公司各项决策部署，认真落实公司二届二次职代会暨 2018 年工作会议精神，大力实施新时代发展战略，推动"四个工程"建设，各项工作取得显著成效。发展总投入 11.71 亿元，其中电网投资 8.1 亿元；售电量 136.6 亿 kW·h，同比增长 5.03%；线损率 5.51%；全员劳动生产率 28.56 万元/人，同业对标综合排名第三，其中管理排名第二、业绩排名第三。企业负责人业绩考核位列 B 段。荣获河北省政府质量奖。

打造本质安全提质工程，安全生产取得新成绩。安全基础不断夯实。深化本质安全建设，制定《安全生产工作意见》。开展春季安全大检查、"六查六防"和秋冬季安全督查等专项活动，排查整改隐患 629 项。推进安全生产问题清单梳理，制定整改措施 120 项。下发《安全工作奖惩实施方案》《生产现场到岗到位工作实施方案》，全员签订安全生产承诺书。管理人员累计到岗到位 4013 人次，稽查现场 375 个，奖惩 9107 人次。联合政府消除输电线下隐患，2 位副市长现场办公解决历史遗留问题，清理线下树 531 处（13.8 万棵）、违建 48 处。促成《秦皇岛市电力设施保护实施条例》列入地方立法审议议程。实现连续安全生产 5002 天。运维水平不断提升。统筹安排设备检修预试，完成主网检修 742 项、配农网

检修 662 项、带电检测 5565 台次，消除缺陷 446 项。完成跨京哈铁路线路改造、崔各庄 GIS 改造等 82 项大修技改工程。配合市政建设，完成宁海大道、机场连接线等 4 项线路迁改工程。试点建设应用变电运检全流程移动管理系统，并通过国家电网验收。应急能力不断增强。联合市政府举行大面积停电暨"旅游旺季"保电应急演练，副市长孙国胜任总指挥，政府多个部门参加，国家电网各省公司在线观摩。加强 9 条 500 kV 重要输电通道巡视，成功应对六级及以上风险 164 次，圆满完成北戴河暑期、秦皇岛国际马拉松赛等 43 项重大保电任务。

打造电网建设提速工程，电网发展实现新突破。主网工程实现清零。全面完成年初制定的"0237"工程建设目标。实现遗留工程清零；黄金海岸等 2 项 220 kV 工程及新区等 3 项 110 kV 工程顺利开工；河南、肖营子二期等 7 项工程顺利投产，新增变电容量 40 万 kV·A、线路 177.17 km。青龙王厂、佰能林昌等 9 项 35 kV 工程有序推进。积极申请城区稀缺站址和廊道资源，高效完成站东、金梦海湾等项目可研批复工作，建成后海港区中心城区电源布点将实现重大突破。现代配网初见成效。累计开展工程 232 项，新增 10 kV 线路 618 km、配变 189 台，配网联络率、户均配变容量分别提升至 50%、1.92 kV·A。获评国家电网百佳工程 1 项、冀北公司优质工程 2 项。创新配网规划模式，完成城市核心区"网格化"规划设计，储备配网项目 502 项。打造北戴河一流现代化配电网先行区，建成配电自动化站室 40 座、智能化电缆通道 3.8 km、智能开关站 2 座，自动化覆盖率提升至 78%，依托配电自动化、业务资源管控、电缆信息化系统，组建北戴河运检业务管控中心，实现设备状态、巡检业务全流程在线监测。中央部署全面落地。参与编制《分布式新能源并网服务手册》，完成凯润风电等 6 个新能源项目并网，容量 24.75 万 kW。积极配合地区"煤改电"工作，协助政府优化改造户分布，完成昌

黎等 3 个"光伏 +"示范项目配套，推进山海关古城电采暖改造。全力支持政府扶贫工作，提前完成陈杖子 2 个集中式扶贫光伏电站并网，完成 82 个村网改造及 59 个贫困村"引水上山"需求，实现出头石村脱贫摘帽，得到市委表扬。

打造精益运营提效工程，经营管理彰显新成效。经营绩效全面提升。强化同期线损管理，开展"百日攻坚"行动，治理异常线路 484 条、台区 5637 个，10 kV 及台区同期线损合格率分别提升至 84.64%、96.94%。开展打击窃电专项行动，追补电量 406 万 kW·h、违约电费 1066 万元，促成政府下发打击窃电专项行动通知及管理办法。滚动修编"一户一策"方案 95 户，远程费控占比达 99.61%，实现电费回收双结零。开展电能替代 476 项，完成替代电量 11.69 亿 kW·h。推动冀北首个综合能源服务项目落地，实现收入 3000 万元。开展内部审计 10 项，发现问题 125 个，促进增收节支 174 万元。挖掘运营数据价值，发布风险预警 123 项，形成管理建议成果 24 项。营商环境不断改善。全面简化办事流程，故障修复时长压降 23.62%，业扩报装办电时长减少 10 天，增售电量 1640 万 kW·h。有效提升服务效率，实现 95598 全业务集约化管理，线上办电率达 99.9%，全年投诉总量同比降低 11.4%。创建供电所五星级 1 个、四星级 4 个、无人营业厅 3 个，实现冀北首家营业厅远程视频服务，客户满意率达 97.49%。开展带电作业 2859 次，减少停电 26.18 万时户。各项改革纵深推进。积极推进增量配网建设，合理界定增量配网营业区域。完成集体企业瘦身健体任务，实现吸收合并 2 户、清算关闭 1 户。签订供电分离移交协议 32 家，完成改造 14 家、2.02 万户；21 项"两供一业"分离移交工程全部通过竣工验收。制定《"三项制度"改革方案》，营造改革氛围。按照冀北公司要求，调整安监、运检、物资机构，成立项目管理中心；深化供电服务指挥中心建设，被评为国家电网十家优秀单位之一；组建海港区供电服务机构，运行效率有效提高。

打造员工能力提升工程，队伍素质迈上新台阶。党的建设全面深化。深入学习习近平新时代中国特色社会主义思想和党的十九大精神，两级中心组集体学习 36 次、研讨 24 次，党员干部学习贯彻党的十九大精神答题覆盖率达 100%。实施"旗帜领航·三年登高"计划，创新"党建 +"模式，发布"旗帜领航　正心明道"党建品牌，形成"四型"党建新格局。开展党建工作对标，完成 40 个基层党组织书记抓党建工作述职评议。深化"一支部一个品牌"建设，海滨站党支部获评国家电网党建工作示范点。廉政建设不断加强。圆满完成国家电网巡视配合工作，18 个问题全部按期整改到位。制定公司巡察方案，组建 2 个巡察组开展内部巡察工作，反馈问题 287 个，实现 33 家二级单位巡察全覆盖。强化"两个责任"落实，签订责任书 35 份。深化约谈工作，公司层面累计约谈 52 人，县公司、集体企业约谈 188 人。加强重点领域、关键环节廉政风险管控，完成协同监督项目 17 项，整改问题 38 个。队伍建设持续提升。举办"最美青春"分享会、"两先两优"表彰会，评选年度"电力老黄牛"，开展"书记谈文化""领导干部上讲台"，不断深化企业和谐氛围。加强意识形态管理，正确把握舆论导向，中央电视台发稿 30 篇，1 件作品入选庆祝改革开放 40 周年大型展览。深化"乐业工程"，完善职工活动中心、职工餐厅建设，切实改善职工工作生活环境。公司先后被评为全国十佳最美基层工会、文化新闻宣传先进单位、国家电网离退休工作先进单位，南山电厂入选《国家工业遗产名单》，通过标准化良好行为企业 AAAA 认证。员工培养持续强化。开展各类培训 122 项、1.47 万人次，本科学历、中级职称以上及高级技师同比增长分别为 7.8%、11%、1.03%；对外人员输送 8 人、挂岗锻炼 34 人、冬奥帮扶 2 人、西部帮扶 2 人，完成 9 名职员聘任，实现人才多元化成长。普调考竞赛获冀北公司团体及专业一等奖

2 项，5 人获个人表彰。公司职工先后荣获国家电网青创赛金奖 1 项，国家电网科技进步奖 1 项，省级及以上管理创新成果 9 项，冀北公司科技进步奖 9 项、创新成果 5 个、典型经验 12 篇，37 项 QC 成果获河北省质量管理奖，26 人分获全国及河北省劳动奖章，以及模范及能工巧匠称号，高会民获得"国网工匠""全国电力行业设备运检大工匠"称号。获评河北省工人先锋号 2 个。

回首 2018 年，饱含汗水、充满艰辛，是公司爬坡过坎、砥砺前行的一年，也是建功立业、彰显价值的一年。我们肩负了北戴河暑期保电的责任与考验，主动担当、恪尽职守，用实际行动兑现了政治供电万无一失的庄严承诺，向冀北公司交上了一份满意答卷。我们顶住了基建工程建设周期紧、施工强度高、属地协调任务重、安全风险压力大等重大考验，齐心协力、日夜奋战，用实际行动完成了建设坚强智能电网的目标任务，再现了"铁军精神"。我们冲破了供服模式改革、管理思想转变、专业协同壁垒等管理障碍，用坚定的决心和实际行动深化改革创新，攻坚克难，众志成城，为企业新时代发展注入了强大活力。各项工作得到了国家电网、冀北公司及市委、市政府领导的高度肯定，体现了新时代新担当。

各位代表、同志们，这些成绩的取得，得益于冀北公司党委的坚强领导，得益于全体干部职工的辛勤劳动，得益于广大离退休老同志和家属的关心支持。在此，我代表公司领导班子，向受到表彰的先进单位、集体和个人表示热烈祝贺！向全体干部职工、离退休老同志和家属表示衷心感谢和诚挚慰问！

二、守正创新，笃志行远，争创一流能源互联网企业建设排头兵

2019 年是新中国成立 70 周年和决胜全面建成小康社会的关键一年，未来三年是党和国家事业发展至关重要的三年，也是公司持续快速发展转型突破期的三年，我们既面临顺势而为、奋发赶超的新机遇，也面临不进则退、慢进亦退的新挑战。紧抓新机遇、应对新挑战、实现新发展，首先要做到"四个准确把握"，在深刻认识内外部新形势和各项重点工作新情况的基础上，实现创新突破、加快发展。

一是准确把握一流能源互联网企业的战略目标。党的十九大描绘了实现"两个一百年"奋斗目标的宏伟蓝图，明确提出要"做强做优做大国有资本""培育具有全球竞争力的世界一流企业"目标要求。国家电网两会，立足党的十九大精神和习近平新时代中国特色社会主义思想，以改革开放再出发的精神，创造性地提出了建设一流能源互联网企业战略目标，要打造枢纽型、平台型、共享型"三型企业"，要建设运营好坚强智能电网、泛在电力物联网"两张网"，要瞄准"世界一流"这一奋斗标杆；系统阐明了"一个引领、三个变革"的战略路径，要强化党建引领，发挥独特优势，实施质量变革，实现高质量发展，实施效率变革，健全现代企业制度，实施动力变革，培育持久动能；科学定位了未来三年建设世界一流能源互联网企业的战略突破期，要实现"三个领军""三个领先""三个典范"，到 2021 年建党一百周年时，初步建成具有全球竞争力的世界一流能源互联网企业；明确指出了打造与世界一流能源互联网企业相适应的干部职工队伍的重要意义，要做到政治过硬、本领高强、担当作为。冀北公司两会，瞄准新时代新战略，全面分析发展机遇及发展潜力，提出了要深刻领会"三型两网、世界一流"战略新内涵的时代性、革命性、创造性；谋划了用三年时间，在能源互联网发展、经营管理、优质服务、创新发展、队伍建设等方面初步建成一流能源互联网企业的战略目标；明确了"四个坚定不移"，推进新时代发展战略，全力确保"三型两网"战略目标、"一个引领、三个变革"战略路径，党的国家重大战略部署、新时期好干部标准落实落地。

二是准确把握公司转型突破期的建设任务。冀北公司三年目标的制定为我们明确了发展路

径，要求我们必须跟上节奏、赶上节拍，朝着目标方向不断前行，在建设"三型两网、世界一流"上有所作为。到 2021 年，坚强智能电网方面，加快建成区域西南环网，完善北部双环网，重点优化海港区、北戴河新区 110 kV 电源布点，形成"三点三线四环"结构。做好海港区主城区及北戴河区 10 kV 目标网架搭建和自动化能力提升，实现 A、B 类区域智能终端覆盖率达 100%，地区整体户均配变容量达到 2.2 kV·A / 户。泛在电力物联网方面，精准对接客户多样化、个性化用能需求，推进基础建设，深化大数据、自动控制和人工智能等新技术应用，形成一批具有影响力的原创性成果，技术创新与商业模式创新能力保持同级别城市领先水平。三型企业方面，基于能源互联网的功能特点，坚持开放共享、一切从客户需求出发理念，重塑发展理念、管理模式、业务流程，初步打造高效运转的开放合作共享企业平台。营商环境方面，立足渠道多样化、响应实时化、服务智能化，逐步建成服务更好、竞争力更强的现代化服务体系，城网、农网供电可靠性分别达 99.971%、99.877%，供电服务平均水平大幅提升，客户满意率达到 98%。经营管理方面，立足安全稳定、创新引领、管理精益，促进企业治理结构更加完善，资产总额及营业收入全面提升，综合指标及绩效考核进入冀北公司前列。队伍建设方面，干部、人才结构明显优化，干事创新活力有效激发，全员劳动生产率达到 30.13 万元 / 人，人才当量密度达到 1.1994 以上。

三是准确把握跨越发展存在的各种差距。面对新形势、新任务和新要求，我们要认真审视公司的功能和定位，充分认识公司发展面临的各项差距。本质安全存在差距，安全责任不实，安全意识不强，安全管控风险仍然巨大；电容电流过大，电缆通道超容，大面积停电风险依然存在；设备隐患较多，消防设施不完善，运检手段落后，设备管理形势日趋严峻。智能电网存在差距，城区主网架结构及主配网衔接程度需进一步加强，

城市中心区高负荷时段供电能力略显不足，110 kV 变电站双电源同站情况占比达 39%，高峰时段主变 N−1 过载变电站 19 座，可靠供电仍存在风险隐患。区域配网电缆通道信息化、设备自动化覆盖率较低，在线监测管控能力有待提升。泛在电力物联网存在差距，公司对泛在电力物联网没有系统思考，尚未形成具体建设方案，现代信息技术、先进通信技术应用仍在探索阶段，实现设备状态全面感知、迅速反应市场需求、全面提升客户满意度等方面还有很长的路要走。人力资源存在差距，在控总量、调结构、提质降本大环境下，总量超员与结构性缺员现象持续存在，各项工作对高素质人才需求愈加迫切。公司"三项制度"改革尚在起步阶段，各级人员适应改革的意识、推进改革的力度亟待提升。创先争优存在差距，公司整体缺乏创造性开展工作的意识与魄力，不断创新和永争第一的精神有待提高，缺少积极进取的活力及参与管理、投身实践的动力。

四是准确把握新时代发展的自身优势。机遇与挑战并存，困难与希望同在，公司虽然存在一些差距，但在持续发展中也拥有诸多优势。政策优势方面，秦皇岛市已全面启动"沿海强市、美丽港城和国际化城市"发展战略，市委、市政府全力支持公司发展，先后出台了反窃电治理、线下树整治、冬季供暖改革等利好政策，为公司发展奠定良好外部环境。区位优势方面，北戴河保电是国家交给我们的政治使命，不仅对网架合理性、电网可靠性、设备智能性提出更高要求，也为建设创新型、示范型电网创造了促成条件。改革优势方面，随着电力体制、三项制度、上级公司"放管服"等改革深入推进，促使大家以改革的办法和市场的机制解决问题，为公司在管理上建立体系、技术上标新立异提供了内生动力。队伍优势方面，一年来，公司在众志成城搞建设、精益求精抓管理的过程中，打造了一支讲政治、顾大局、能担当的干部队伍，一支能吃苦、肯钻研、懂技术的员工队伍，为公司持续发展提供了人才

支撑。文化优势方面，随着"旗帜领航·三年登高"行动计划全面实施，公司"党建+"系列活动的深入开展，党的建设引领企业文化、组织建设作用充分发挥，广大员工对新时代文化价值认知认同，为企业发展提供了和谐环境保障。

目标已经明确，形势更加紧迫，在升级跨越的三年时间里，公司将坚持以习近平新时代中国特色社会主义思想为指导，聚焦"三型两网、世界一流"目标要求，沿着"一个引领、三个变革"战略路径，充分发挥自身优势特点，在"四个工程"基础上，开启一流能源互联网企业建设新征程，全力争创"五个排头兵"，为服务北戴河暑期政治保电、服务人民美好供电需求、服务地方经济高速发展贡献力量。

（一）坚持以新时期党建夯实思想根基，争做党建引领排头兵

要坚持党的领导、加强党的建设，用习近平新时代中国特色社会主义思想武装头脑，把党管干部、党管人才的要求落到实处，引导激励广大党员干部担当作为，凝聚干事创业的强大合力，做到"三个坚决"，实现强"根"筑"魂"。

坚决加强党的政治建设。要深入学习贯彻习近平新时代中国特色社会主义思想，牢树"四个意识"，坚定"四个自信"，坚决做到"两个维护"，落实两个"一以贯之"要求，推进党的领导与公司治理紧密融合、党建工作与生产经营紧密融合，真正把党建优势转化为创新优势、竞争优势和发展优势。坚决贯彻中央决策部署。始终将服务地方经济社会发展大局、服务民生改善、确保电力可靠供应作为根本政治担当，落实全面深化改革、服务清洁能源发展、脱贫攻坚等党和国家工作大局，不讲条件、不打折扣、不搞变通，充分发挥国有企业"六个力量"重要作用。坚决落实管党治党责任。把抓好党建作为各项工作的重中之重，逐级压紧压实党建责任，解决好各种形式的党建工作弱化、虚化、边缘化问题，做到真管真严、长管长严。严守"六项纪律"，落实中央八项规定精神，防止"四风"问题反弹，不断增强广大党员干部拒腐防变能力，努力营造风清气正的政治生态。

（二）坚持以高质量建设实现两网并进，争做质量变革排头兵

随着一流现代化配电网建设不断深入，秦皇岛电网已逐步进入智能化、自动化提升的新阶段。公司要将建设运营好"两网"作为核心要务，以打造"三个先行区"为引领，敢于打破常规、善于攻坚突破，着力推动区域"两网"建设实现安全、智能、精益发展。

注重标准化建设，打造差异型网架先行区。以"供电分区+区域特点"为依据，区别对待高可靠保障区、中心建成区、负荷新增区、县城区网架规划，重点提升中压线路供电能力，同步扩展自动化主站智能化应用功能，确保"相同类型区域可复制、相近类型区域可拓展、不同类型区域可衔接"，实现配网网架深度延伸和全面升级。注重智能化管控，打造泛在电力物联网先行区。准确把握泛在电力物联网实质，分析信息通信技术现状及差异，补齐短板，整合资源。实现多个系统及基础数据资源高度集成，强化运检、营销业务资源管控系统应用维护及功能深化。充分应用移动互联、人工智能等现代信息技术和先进通信技术，实现电力系统各个环节互通互联、人机交互，逐步打造状态全面感知、信息高速处理、应用便捷灵活的泛在电力物联网。注重精益化运维，打造主动型服务先行区。结合营配调贯通成果，运用"大云物移智"等领先技术实现配网运行监测、配网故障、设备异常等业务在线监控。基于配网大数据资产价值，构建电网故障一键研判模型，准确定位故障原因，判断停电区域，分析停电范围，提升配网异常智能研判、主动预警及抢修指挥决策能力。

（三）坚持以市场化改革推进经营转型，争做效率变革排头兵

围绕以客户为中心理念，以互联网新技术应

用为手段，牢牢把握公司的产业属性、网络属性和服务属性及枢纽型、平台型、共享型的基本特征，改造传统营销服务模式，推动核心资源、流程重组、管理机制再造，逐步建设"三型企业"，提升服务客户效率。

打造枢纽型企业。充分发挥公司在秦皇岛地区经济建设、能源供给、服务客户的枢纽作用，在电网功能形态、全业务数据中心、人工智能平台、移动应用等方面扩大领先优势，全力促进清洁能源发展，保障电力安全可靠供应，带动区域产业共同发展。打造平台型企业。逐步建设信息交互、供需对接、资源配置和价值创造平台，完善采集系统主站功能，实现对客户负荷的实时采集，完成"信息孤岛"向"平台融合"转变，为业扩报装、远程费控推广、同期线损治理、反窃电管理等专业提供数据支撑。打造共享型企业。要通过加大资本、技术、市场开放力度，主动满足多能互补、双向互动和综合利用需求，增强综合能源服务、电能替代、电动汽车等市场竞争力，推进增量配网试点建设，逐步打造能源互联网生态圈，开创共商共建共享共赢新格局。

（四）坚持以创新型发展优化管理模式，争做动力变革排头兵

唯有改革才能适应形势，唯有创新才能激发活力。当前，新产业、新技术、新业态风起云涌，如火如荼。我们要围绕增强活力、优化布局、提质增效定位，用好"三个驱动"，加强创新统筹联动，推进全员、全方位创新，激发"双创"潜能，为公司和电网发展提供动力。

用好科技创新驱动。抓住科技创新这个"牛鼻子"，既要"攀高峰"，瞄准国家级、国家电网级高端平台，加快形成具有区域特色的创新成果；又要"接地气"，倡导首创精神和工匠精神，引导广大职工立足岗位创新创效，解决电网建设、一线生产、经营管理实际问题。不断提高创新成果"含金量"，注重实用性、可操作性，加强成果转化应用。用好管理创新驱动。树立"改变现

状就是创新"的理念，用创新的思维提高工作标准、破解管理难题。坚持问题导向，围绕一流现代化配电网、现代服务体系、三项制度改革等公司面临的热点难点问题，勇于实施管理创新、机制创新、模式创新，着力提升各专业管理效率。用好信息数据驱动。紧抓现代企业管理数字化特征，持续开展大数据分析研究与应用落地，加强数据应用平台、分析平台建设，用数据驱动管理变革。以运营监控平台为主要应用载体，探索构建数据全生命周期管理体系，建立统一、规范、闭环的运监机制。

（五）坚持以担当作为导向激发人才活力，争做队伍建设排头兵

广大职工干部能不能履职尽责、保持什么样的状态，直接决定了企业发展的质量、速度和效益。当前，在公司升级发展的关键阶段，我们要着力提升"三个能力"，全力打造一支担当作为、奋勇争先的干部员工队伍，为公司和电网科学持续发展提供人力保障。

提升干部带动能力。全体干部要做到政治过硬，自觉树牢"四个意识"，坚定"四个自信"，坚决做到"两个维护"，党委要发挥好把方向、管大局、保落实的领导作用，坚持议大事、抓重点，加强集体领导、推进科学决策。中层干部要在其位，谋其政，不断掌握新知识、熟悉新领域、开拓新视野，把更多的时间和精力放在解决突出问题、紧扣关键环节上，引导广大党员在确保安全稳定、实现高效发展中担关键任务、做突出贡献，敢于站出来、冲上去，发挥好"一带二、一带三"先锋模范作用。提升履职担当能力。中层干部要加强思想理论、专业技术、管理制度学习，切实解决"本领恐慌"问题。全面落实"三项制度"改革要求，健全岗位选聘机制，把干部干了什么事、干了多少事、干的事组织和群众认不认可作为选拔干部的根本依据。中层干部要善于担当作为，敢于较真碰硬，攻最大的难题，啃最硬的骨头。广大员工要聚焦生产建设主战场、为民服务第一

线、急难险重最前沿，开展创先争优，保障任务落实。全面执行"三个区分开来"，为踏实做事、不谋私利的干部员工提供容错纠错保障。提升干部防范和抵御重大风险能力，做到未雨绸缪，果断决策。提升队伍战斗能力。深化激励约束机制，加大绩效薪酬联动，落实绩效工资与绩效分级匹配要求，让最有发言权的基层管理者既有绩效分级权，又有绩效工资分配权，有效解决干与不干一个样、干好干坏一个样等问题。从制度上督促广大职工立足岗位勤学习、多思考，掌握真本事、练就硬功夫，力争把每项工作做到最好，在本职岗位创造业绩，争做专业领军人才和技术能手。

三、2019年重点工作

面对新形势，2019年公司工作总的要求是：以习近平新时代中国特色社会主义思想为指导，全面贯彻冀北公司二届三次职代会及2019年工作会议部署，深化"四个工程"建设，践行新时代发展战略，紧密围绕一流能源互联网企业建设，瞄准"五个排头兵"目标，以确保安全稳定为前提，以客户为中心，深化改革、锐意创新、精益管理，实现安全、质量、效率、效益新提升。

主要发展和经营目标：发展总投入12.7亿元，其中电网基建投资10.45亿元。110 kV及以上线路开工59.35 km、投产185.5 km；变电开工40万 kV·A、投产46万 kV·A；售电量138亿 kW·h；线损率5.51%。重点抓好以下8个方面的工作。

（一）本质安全水平见实效

一是夯实安全生产责任。落实《公司2019年安全生产工作意见》，完成19项重点任务，确保"七个不发生、三个确保"的安全目标，推进本质安全建设。夯实全员安全意识，严格执行安全生产责任清单，深入开展安全巡查，逐级压紧压实安全责任。开展各级领导班子安全述职、管理人员安全履职评价、基层人员安全等级评定，评价结果与干部考核、薪酬调整、评先评优挂钩。完善《安全工作奖惩实施方案》，确保发挥实际

作用。发生性质严重、影响恶劣的责任事故，涉事单位主要负责人立即停职配合调查，后续该离岗的离岗、该撤职的撤职。

二是强化设备运维管理。按计划开展龙家店等20座变电站、760台设备预试，完成石门站2号变改造等136项技改大修工程及3座110 kV变电站综自改造项目。加强电缆通道隐患治理，暑期前完成北戴河重要10 kV线路局放检测，消除电缆群燃风险。研究解决电容电流增大导致消弧线圈补偿不足问题，试点完成北部工业园区接地方式改造。做好老旧重载设备差异化运维，逐台明确设备改造策略。完成反措整改44条年度计划任务。合理安排电网运行方式，做好迎峰度夏、度冬准备。修订完善各级各类应急预案和现场处置方案，开展县级大面积停电演练，加强重要输电通道运维及线下廊道治理，做好全国两会、北戴河暑期、国庆70周年庆典等重大活动保电工作。

三是加强现场安全管控。强化"不按标准化作业就是违章"的理念，加大反违章力度，全力防范人身伤害事故。加强安全稽查队建设，充分发挥安全激励作用。落实作业方案审核把关和到岗到位要求，做好安全风险、设备状态、班组承载力分析。贯彻基建12项配套政策，依托工程现场安全监督管控系统，确保"三跨"施工、铁塔组立、高空作业等现场安全管控到位。强化"两票""十不干"全过程执行，做好问题整改和动态管理，抓好供电所作业、城乡配网建设、故障抢修、业扩报装等小型分散作业现场。加强集体企业能力建设，强化安全"同质化"管理，坚决杜绝超承载能力承揽工程。

四是加强网络信息安全、消防及交通管理。强化全员信息安全意识，提升网络安全防护技术应用，常态开展网络安全隐患排查，加强业务数据保护，严格落实内外网隔离防护措施，坚决防止发生失泄密事件。加强变电站、配网站室、电缆沟道消防隐患排查及治理，确保不发生因火灾

引发大面积停电事件。开展消防应急演练。加强交通管理，确保不发生责任事件。

（二）两网规划建设见实效

一是做好电网规划前期。深度对接城市发展规划和重点项目需求，超前启动"十四五"电网规划，完善主网架结构，明晰电网发展方向。差异化开展配电网网架规划工作，4月底前完成全部区县配电网规划滚动修编，为项目储备提供依据。针对电网运行风险和薄弱环节，加快推进陈肖平线路、南戴河3号变扩建、国能秸秆电厂配套、两山输变电4个项目前期工作，确保年内全部完成核准。统筹考虑电网消纳能力和间隔资源，积极服务风电等新能源项目并网，稳步推进青龙龙源、国电投等项目接入审查和配套设计工作。

二是加快推进重点工程。确保完成"1161"基建项目建设任务，9月底前实现1个220 kV黄金海岸输变电工程和1个220 kV京能热电送出工程投产，年内开展站东、董庄等6项110 kV输变电工程，投产1项110 kV线路配套工程。加快农网工程建设，年内实现罗杖子、城东等10项35 kV农网基建工程投产。确保黄金海岸输变电工程荣获国家电网优质工程银奖。有序推进京秦高速、新102国道等市政建设工程涉电迁改工作，积极配合中法产业园、佳龙集团等招商引资项目涉电迁改工作。

三是深化一流现代化配网。依托海港区"网格化"规划成果，加强A、B类地区网架类项目储备。按计划完成489项工程建设，全面开展配网遗留工程清零行动，确保年内不产生新的遗留工程。深化"两系统一平台"，开展PMS 2.0唯一源端数据治理，确保6月通过国家电网配网自动化实用化验收。按照"一线一案"原则，推进自动化终端部署，实现自动化覆盖率达100%，重点线路实现馈线自动化。吸取国家电网10个世界一流城市配电网28个先行区建设经验，完善一流现代化配电网建设方案，深化北戴河先行区建设，部署新型智能配变终端，推广智能电表

先进技术，试点应用智能巡检机器人，完成三座核心配电室智能化改造及全部电缆标识安装，建成北戴河电网全景监控中心。

四是建设泛在电力物联网。完善地区通信解决方案，开展信息专网、配电通信网、北斗应用等领域研究，强化源网荷储优势资源，全面支撑泛在电力物联网建设。做好数据处理和TMS系统应用，建立全业务统一数据管理模式。加强信息传输能力建设，开展IMS行政交换网改造、通信电源改造等工程，加速推进10 G光传输网络业务迁移。推广移动作业终端业务融合成果应用，逐步实现数据驱动业务、业务随需定制，有效提升服务客户能力。试点开展北戴河地区上行信道光纤接入方式改造，打造"站—线—变—户"状态全面感知的北戴河泛在电力物联网示范区。

（三）营商环境优化见实效

一是强化营销基础建设。深化海阳路营业厅带动作用，完成北戴河B级厅"三型一化"转型，逐步开展无人厅远程交互服务。推进城区低压网格综合化服务，8月底前完成海港区、北戴河区试点建设。深化用电信息采集应用，完善采集系统主站建设，实现对客户负荷的实时采集，为专业管理提供数据支撑。

二是持续提升服务效率。优化营销组织机构及管理流程，完善业扩管理机制，整合前端对接客户职能，推行供服指全流程监督，确保高低压项目平均接电时长分别小于65天、6天。提升客户诉求响应速度，推行台区经理制、低压网格客户经理制，实现5项复杂业务一次完毕、16项简单业务在线办理，100 kW及以下低压项目施行低压接入，投资到客户红线。实施网格量化考核，年内实现营销全业务综合监控、综合评价体系网格全覆盖，确保投诉、工单总量年内同比分别压降20%、5%。加快"网上国网"上线运行，推广移动作业终端APP应用末端融合成果，实现交费、办电、能源服务、增值服务等业务一网通办、一站式服务。

三是服务清洁能源发展。实施差异化并网计划，6月底前完成抚宁顺能20 MW光伏项目并网。对接华能石门等8个风电场接入项目，年内实现华能石门、新天刘台、滦河口风电项目并网发电。推广网约车专用充电站及客户侧智慧能源服务系统，年内完成8个充电桩建设，实现城乡充电服务网络全覆盖。推进青龙31个村12 MW扶贫光伏电站项目建设，做好出头石村三年扶贫巩固提升工作。

（四）经营绩效提升见实效

一是加强经营计划管控。强化综合计划和全面预算可研编制、过程监控、统计分析、结果评价，提升储备项目质量和投资精准性。开展"二十四节气"关键主题常态监测分析，深化工具平台建设和闭环协同管控。建立专业遗留问题挂账机制，建档编号、跟踪督导，确保整改一项、销号一项。深化经济活动分析，加大电网投资进度管控，确保可控费用完成率、工程项目转资等重点指标达到100%。制定企业负责人业绩考核指标提升方案，突出重点指标、核心业务管控，力争进入A段。

二是积极推动降本增效。深入开展港口岸电、煤改电、综合能源服务项目，年内完成替代电量12亿 kW·h。树立长期过紧日子思想，压降非生产性支出，严控成本性支出。以"线损攻坚战"为主线，落实台区经理制，运用常态工具监测成果，强化关键指标节点管控，确保年内台区及10 kV分线线损合格率分别提升至97%、85%。推行电费"日清日结"模式，优化电费结算策略，"以催代停"。持续加大窃电及违约用电打击力度，规范失信联合惩戒，6月底前将窃电、违约用电、拖欠电费客户纳入征信系统。

三是优化县公司及供电所管理。加强市、县两级联动及各职能部门对县公司的对接管理，优化县级供电企业负责人业绩考核体系。确保年内各县公司综合评价指标实现排名提升。加强乡镇供电所建设，做好综合监控平台系统应用，按照星级建设标准，推进"全能型"供电所两年提升

行动计划，年内建成供电所五星级1个、四星级4个，实现四星及以上供电所达16个。

四是深化依法从严治企。持续落实审计监督全覆盖要求，统筹安排年度4项离任审计、1项关键岗位审计及集体企业、"三供一业"等4项专项审计。落实《数字化审计三年工作规划》，持续加大营销、工程、财务领域在线审计力度。贯彻法治建设第一责任人职责，强化重大决策合法性审核。严格案件管理，编制《典型诉讼案件选编》，确保完成被诉案件压降考核指标。全力做好《秦皇岛市电力设施保护实施条例》立法，积极开展社会意见征求及条例修改工作。

（五）改革工作落地见实效

一是推动电力体制改革和国企改革。以更加开放合作的思想，积极配合政府推进增量配电改革试点项目建设工作，本着避免重复建设与提高系统效率原则，统筹考虑试点区域以及周边地区整体电网规划，做好试点区域并网管理及互联互通，力促增量配电改革取得实效。落实国资委有关要求，稳妥推进退休职工社会化管理。规范做好"三供一业"分离移交收尾工作，确保3月底前完成所有工程施工改造、竣工结算。

二是积极推动内部改革。持续优化内部组织体系，完善管控模式和业务流程，充分调动各管理层级的积极性和主动性。推进"三项制度"改革，健全优化岗位选聘、柔性用工、激励约束三项机制，推动人员能上能下、员工能进能出、收入能增能减，持续激发员工内生动力。推进多维精益管理体系变革，统筹安排业财衔接事项，按照4个核心管理维度，实现输配电成本自动归集及反应平稳过渡。统筹做好上级公司"放管服"承接准备，研究制定对下"放管服"方案，转变机关工作作风，提升对基层单位服务意识。

三是深化集体企业改革。按照"第二梯队"定位深化集体企业改革，完善管理体系及管理流程，研究适合集体企业发展的人财物管理模式。做强四类核心业务，增强发展后劲，研究非核心

业务发展方向。以服务的心态主动出击，增强用户市场竞争主动权，拓展配网用户市场。

（六）科技创新突破见实效

一是加大重点领域科技攻关。遵照"研创示编"四融合模式，配合冀北公司完成虚拟电厂资源优化配置、运行控制技术研究，确保示范点建设落地。实施冀北公司年度科技项目，深入开展"光伏＋电采暖"模式下农村配电网电压风险评估研究。组建一流现代化配电网研究团队，深入探索电网结构、自动化水平、信息传输等领域，做好北斗卫星系统等科技项目推广应用，提升对电网运行机制把握和驾驭能力。组建 1～2 支柔性化科技项目攻关团队，着力解决泛在电力物联网建设及生产经营过程中存在的实际问题。

二是提升创新发展能力。加强管理创新，优化组织体系，捋顺业务流程，深化技术创新基础性、前瞻性研究，年内实现省级及以上管理创新成果 10 项、科技创新成果 3 项、申请专利 21 项目标。做好经验总结提炼，开展新一轮卓越绩效自评价工作，争取更多成果入选国家电网、冀北公司典型经验库。加大对优秀技术创新成果研发帮扶力度，助力公司创新创效活动有序开展，不断完善管理创新人才库、专家库和成果库，推进科技、管理成果转化效率。

（七）全面从严治党见实效

一是落实管党治党责任。始终坚持把政治建设摆在首位，严肃党内政治生活，树牢"四个意识"，坚定"四个自信"，做到"两个维护"。深化"不忘初心、牢记使命"主题学习实践活动，持续提升广大党员党性修养、政治品德。按照冀北公司绩效考核评价办法，建立党建责任"三单联动"机制、落实党建工作年度报告制度，严格党建工作绩效综合考评，打造党建标准化"四式"管理模式。结合"党建＋"系列活动，完善"旗帜领航　正心明道"品牌建设。推进"旗帜领航·三年登高"创先争优年任务，拓展量化计划管理，总结三年登高经验成果，持续改进提升。

二是深化党风廉政建设。加强"两个责任""一岗双责"落实情况考核，强化考评结果应用，完善约谈工作机制，推行纪委书记定期报告制度，增强党风廉政建设责任制约束力。做好巡察"后半篇文章"，加强对基层单位特别是县公司、集体企业巡察整改成效的监督检查，确保问题整改到位，为冀北公司对县公司"提级"巡察做好准备。总结协同监督项目管理成果，强化专业管理廉政风险防控。深入贯彻中央八项规定精神，坚决防范隐形变异"四风"问题。

三是营造和谐稳定氛围。将企业文化纳入党支部标准化建设，开展政治文化实践主题活动，年内创建 16 个企业文化"百千万"示范点，探索专项文化融入机制，促进"旗帜领航·文化登高"落地。抓好意识形态和精神文明建设，加强舆情监测、信息预警、新闻应急、舆情应对，掌握舆论导向主动权。充分利用南山工业遗产，做好博物馆功能拓展及完善工作。做好配网运维检修楼建设及河北省公司电力培训中心接收改造工作。不断深化基层单位职工活动中心、书屋、食堂建设，营造乐业"家"氛围。强化民主管理，畅通职工建言献策渠道。持续开展青年创新创效活动，激励青年立足岗位建功立业。落实离退休老同志两项待遇。加强后勤管理，提升服务保障水平。做好统战、保密管理及信访维稳工作，确保企业和谐稳定。

（八）员工队伍建设见实效

一是加强干部队伍建设。树立重担当、重实干、重实绩的鲜明用人导向，着力选拔优秀年轻干部，发挥各年龄段干部作用。落实"旗帜领航·组织登高"工程计划，推进"管理登高"工作。完善"1＋N"干部管理制度体系，科学开展干部交流，常态实施干部轮训，加强日常管理和综合考核，打造与新时代发展战略相适应的高素质干部队伍。着力破除唯票、唯分、唯排名、唯年龄等"四唯"现象，优化干部晋升通道，引导干部在基层一线、艰苦岗位和急难险重任务中锻炼成才，形成更加合理的配置和梯队结构。严格执行领导干部谈心谈话、个人重大事项请示报告、外出管理等制度。

二是激发职工内生动力。创新实施"1+4"市县员工成长引领机制，与创新工作室、电力工匠、老黄牛、专家群体齐培共建，以安全夯基、文化引领、生产育人、营销服务四大板块精准培养，加快形成各领域能够一锤定音的核心队伍。实施培训"月清月结"，加强过程管控，提升兼职教师素质及课程设计精准度，按期完成各类培训 266 期，实现覆盖率 90% 以上。提前策划劳动竞赛夺旗方案，同步开展内部竞赛评比，加大年度专项重点工作、突出贡献人员奖励力度，确保年度竞赛调考保二争一。加强供电服务职工能力建设，加大薪酬激励力度，促进队伍稳定发展。加大一线班组资源投入力度，搭建创新工作室、创新人才交流平台，激发职工建功立业热情。

各位代表、同志们，新时代呼唤新作为，新使命要有新担当。让我们以习近平新时代中国特色社会主义思想为指导，贯彻落实国家电网党组和冀北公司党委各项决策部署，围绕"三型两网、世界一流"战略目标，坚持守正创新、笃志行远，全力争创一流能源互联网企业建设排头兵。

总经理、党委副书记陈建军在公司2019年四季度工作会上的讲话要点
（2019 年 11 月 11 日）

公司上下要对照年初职代会、年中工作会制定的目标和决策部署，逐一检查落实进度，找差距、定措施、补短板，着力实现"六个确保"，推动全年工作圆满收官。

一是确保主题教育取得成效。紧紧围绕"十二字"总要求，对照"五句话"目标，结合调研、征求意见建议、边学边查边改过程中发现的问题，高质量开好对照党章党规找差距专题会议、专题民主生活会和组织生活会，查摆不足、剖析根源，

使主题教育焕发出的政治热情转化为做好工作的强大动力，使职工群众切实感受到主题教育带来的新变化。公司巡回指导组要科学指导，务求实效，确保主题教育不空、不虚、不偏。要运用好"三会一课"、主题党日等载体，做到学做结合、查改贯通，推动主题教育走深走实。

二是确保安全稳定良好形势。要做好秋检预试及迎峰度冬工作。按计划开展 156 项预试及 220 kV 官姚线首检等 23 项大修计改任务。加强 500 kV 线路（9 条）及跨越高铁线路（45 条）巡护，加强舞动高发线路（6 条）覆冰舞动观测及电缆沟道情况检查。落实煤改电台区（113 个），10 kV 线路（34 条）供电保障。提前做好极端天气预警和防范及度冬方式安排。要强化现场安全管控。执行作业现场"十不干"及管理人员到岗到位要求，充分依托专业督查组，深入督查 18 个基层包联责任单位及工作现场。落实 400 余个预试作业现场风险预控措施，特别要加强故障抢修、装表接电等小型分散作业及交叉作业现场风险管控。

三是确保电网遗留工程清零。主网工程方面，从目前来看，年底前需竣工的项目有新区、黄金海岸 2 项工程，金梦海湾、杨庄 2 项工程面临开工难题，施工任务依然十分繁重。配网工程方面，要加快配网工程建设进度，目前配网在建工程仍有 352 项，且均需年底前竣工投运，难度依然较大。农网工程方面，6 项 35 kV 工程年度建设任务已完成 4 项，要确保其余 2 项年内实现投产。35 kV 农网遗留工程仍有 2 项，年内清零目标仍比较困难。

四是确保精益运营管控到位。要聚焦经营管理。落实电能替代提质增效两年行动计划，完成年度 12.6 亿 kW·h 替代任务。刚性落实"一户一策"措施，巩固"日清日结""以催代停"模式，加大反窃查违工作力度，确保完成 1330 万元年度目标，实现经营成果颗粒归仓。强化同期线损管控，年内 10 kV 分线及分台区线损合格率分别提

升至90%、95%。要聚焦指标管控。巩固优势指标，提升弱势指标，力争企业负责人业绩考核、同业对标进入冀北公司前列，4个县公司全部进入县级供电企业综合评价中上等水平（前三季度抚宁3名、卢龙22名、昌黎27名、青龙31名）。

五是确保优质服务有效提升。加强营商环境建设。深入贯彻国务院10月22日最新发布的《优化营商环境条例》要求，扎实推进国家电网两年行动计划，加大"三零""三省"办电服务推广力度，持续压降办电时限，降低接电成本，确保年内办电时间压减至40个工作日以内。加强营销行风建设。严格履行党风廉政建设"一岗双责"，结合冀北公司漠视侵害客户利益问题专项整治工作，重点检查"三指定"、"靠电吃电"、巧立名目、"吃拿卡要"等问题，扎实推进"三不腐"，实现问题整改落实落地。

六是确保干部队伍建设。加强干部作风建设。要弘扬艰苦奋斗优良传统，牢固树立"重实干、求实效、提效率、树形象"的鲜明导向。各级党员干部要做好本职工作，着力提升落实要求的执行力和履职干事的责任心，倾心为职工做实事。要发挥干事创业的韧劲，提升攻克难关的意识和应对突发事件的能力，在急难险重任务面前主动担当作为。加强党风廉政建设。严格贯彻中央八项规定精神，严防隐形变异"四风"问题，持之以恒正风肃纪。开展全员党风廉政教育，提升员工廉洁自律意识，确保年底这段时间不发生廉政事件。

此外，要认真研究和谋划2020年工作，查找差距不足，听取意见建议，特别是对2020年改革发展面临的风险挑战要有充足的思想准备，超前谋划应对措施，为年底召开务虚会做好准备。对已明确的重点工作、重点任务，要早安排、早部署、早启动。

同志们，让我们以习近平新时代中国特色社会主义思想为指导，在冀北公司党委的坚强领导下，进一步坚定信心、振奋精神，确保圆满完成全年各项目标任务，为加快建设"三型两网"一流能源互联网做出新的更大贡献。

党委书记、副总经理刘守刚在公司2019年党建、党风廉政建设暨宣传工作会议上的报告
（2019年3月7日）

一、2018年公司党的建设工作成效显著

2018年，公司党委认真学习贯彻党的十九大精神和党的十九届三中全会、全国国有企业党的建设工作会议精神，坚决落实国家电网党组、冀北公司党委决策部署，坚定不移地坚持党的领导、加强党的建设，紧密围绕"四个优势"战略路径，打造"旗帜领航　正心明道"党建品牌，结合生产经营实际创造性地开展"党建+"系列主题活动，全面完成各项目标任务，党的组织力、凝聚力和价值创造力全面提升，有效推动了公司和电网的持续发展。

年内，公司继续保持全国文明单位称号，连续四年获评冀北公司先进基层党委，荣获全国电力行业"十佳最美基层工会"、秦皇岛市红旗党委、秦皇岛市党建工作示范点等荣誉称号，1个项目获得国家电网青创赛金奖。

（一）领航定位型党建展现新格局

坚持思想领航，以上率下深入学习宣传贯彻习近平新时代中国特色社会主义思想和党的十九大精神。两级中心组集体学习36次，开展集中研讨24次，党员干部十九大精神知识答题覆盖率达到100%。坚持政治领航，健全党建工作领导机制，所有二级单位实行党政交叉任职。严格落实季度书记例会和年度述职制度，层层压实党建责任。坚持队伍领航，将"党建+"与基层联系点制度有机结合，加强对基层党建工作的联系督导。坚持"领导干部上讲台"，安全、廉政"两必讲"，处级干部授课23人次，科级干部授课287人次，"头雁"作用有效发挥。

（二）价值创造型党建助推新变革

紧密围绕"旗帜领航·三年登高"计划，全面巩固"基础建设年"工作成果，深入推进"对标管理年"各项任务，系统开展"旗帜领航 正心明道"品牌创建。依托"五化"模式规范共产党员服务队建设，相关事迹入选全国改革开放40周年纪念展。落实"旗帜领航·文化登高"行动计划，策划"文化+"系列主题传播，以规范、人文"双+"模式推动企业文化"百千万"工程持续深入，"四比四要"文化成果得到国家电网主要领导肯定。深化党建信息化综合管理系统和党建云平台应用，建立"秦电党员第二课堂"微信平台，推送信息110期，发放学习书籍15 000余册，"指尖上的党建阵地"日益深入人心。加强统战工作领导，落实统战方针政策，团结发挥统战人士聪明才智，形成了强大发展合力。

（三）卓越示范型党建体现新带动

围绕标准建设抓示范。规范各级党委、总支、支部设置，基层党组织换届应换必换率100%，党务工作人员配备齐全，党费收缴、使用、管理依法合规。深入开展基层党组织标准化建设，建优用好活动阵地，严肃党内政治生活，"三本六盒一证"全面启用，"一室一栏一群"完成建设，"三会一课"等7项组织生活制度落实落地。围绕典型选树抓示范。结合"党建+"系列活动设置党员安全生产示范岗300个、营业厅党员示范岗20个，领导班子成员带头走进基层党建联系点65次、重要项目工程现场102次、检修消缺作业现场76次，带动了党建工作和业务工作的深度融合，一批重点难点问题得到有效解决。

（四）专业管理型党建取得新成效

建立"政工联络员、政工人才库、政工专家组"三级专业人才梯队，提升党建专业队伍能力素质。印发公司《2018年党员教育培训工作计划》，开展党员干部三年滚动轮训和发展对象、积极分子培训，从严把好党员"入口关"。充分发挥党校功能平台作用，聚焦党建与业务工作深度融合等

课题，促进党建管理水平和价值创造能力持续提升。严格党员民主评议制度，评选"两先两优"，党员争当履责模范氛围浓厚。

（五）党风廉政建设筑牢新防线

认真贯彻落实党风廉政建设部署要求，逐级、分类签订"党风廉政建设责任书"，层层压紧、压实"两个责任"。主动到黑龙江省电力公司学习巡视迎检经验，抽调精干力量专题"备战"迎检，巡视结果受到国家电网巡视组肯定。强化举一反三，立足前置整改、即知即改，创建"三库三单两背书"督导机制，全面完成国家电网巡视整改落实。扎实开展内部巡察，年内实现33家二级单位全覆盖，累计谈话411人次，问卷调查800人次，党纪党规考试837人次，调阅资料16 059份，反馈、整改问题287个。加强经常性纪律教育，充分运用监督执纪"四种形态"，对苗头性问题及时提醒谈话、咬耳扯袖，公司层面约谈20个单位部门共计52人次。

（六）员工队伍建设实现新发展

坚持党管干部原则，严格落实"旗帜领航·组织登高"计划，进一步精简组织机构、优化组织模式、严肃选拔任用。坚持严管厚爱两手抓，注重在艰苦岗位、复杂环境中锻炼和识别干部，严格任前廉政谈话、因私证件备案审批、离任交接和考核评价，实现全方位选拔任用、约束监督。建立多岗位锻炼交流常态机制，对外人员输送8人、挂岗锻炼34人、冬奥帮扶2人、西部帮扶2人，完成9名职员聘任，实现人才多元化成长。公司职工先后荣获国家电网科技进步奖1项，省级及以上管理创新成果9项。26人分获全国及河北省劳动奖章，以及模范和能工巧匠称号，高会民获得"国网工匠""全国电力行业设备运检大工匠"称号。获评河北省工人先锋号2个。

（七）群团工作彰显新活力

坚持典型育人，组织红色故事汇暨"两先两优"表彰会，举办"电力老黄牛"颁奖典礼、电网工程先进事迹报告会，统筹做好传统媒体、新

媒体宣传发动,典型引领作用有效发挥。成立"秦电创客联盟",建成职工创新创效孵化基地,多项成果在各级评选中先后获奖。强化日常民主管理,厂务公开发布重要事项59项。持续开展"送温暖"系统工程,对14个困难职工小家、12个基层活动室进行帮扶建设,切实为基层职工办好事,解难事。完成各级团组织换届选举,实施团青对标考核。深化青年岗位建功,深入开展"青年大学习""青春光明行"等系列行动,团市委授予"希望工程·小喇叭故事汇"公益项目突出贡献奖。依托协会作用发挥,开展文体活动,11个文体协会普遍活跃,在各级各类比赛中取得突出成绩。

(八)品牌建设获得新突破

落实意识形态责任制,成立各级党委意识形态工作组织机构,制定任务清单、责任清单,纳入党建和企业负责人绩效考核。坚持舆情防控"前置化""内置化",健全完善沟通联络机制、新闻定期发布制度,对高考、全国两会、"两节"和旅游旺季保供电工作提前进行舆情风险分析研判,主动发声、降低风险。深入解读全面深化改革、积极释放红利的新进展、新成果,充分表达公司共享发展的积极态度、积极贡献、积极行动。聚焦改革开放40周年、建党97周年、"党建+"系列活动等重点,主动谋划、积极传播,全年对外刊发稿件453篇,内部刊登稿件3090篇。公司所辖"开滦矿务局秦皇岛电厂"(南山电厂)成功入选第二批国家工业遗产名单。

成绩的取得,离不开冀北公司党委的坚强领导、关心支持,离不开公司各级党组织和广大党员干部职工的努力拼搏、奋力攻坚。在此,我代表公司党委,向大家表示衷心的感谢和诚挚的问候!

肯定成绩的同时,我们也必须清醒地认识到,对照"三型两网、世界一流"的目标要求,对照公司、电网发展需要和职工群众期待,公司党的建设工作还存在一定差距和不足。一是思想政治

方面,各单位抓党建不平衡不充分的问题比较突出,部分党员干部"一岗双责"意识不强。有的党支部基础管理存在薄弱环节,工作活力亟待增强,党建引领力和价值创造力亟待提高。二是精神状态方面,部分干部担当精神、斗争精神不足,推进措施不具体、责任传导不到位。部分党员干部履职担当能力与新时代要求不匹配,需要加紧培养紧缺人才和复合型人才。三是作风建设方面,干部队伍作风和能力素质有待进一步提高。重形式轻内容、重过程轻结果、重数量轻质量的现象依然存在,"头雁"作用发挥不明显。四是党风廉政建设方面,重点环节、关键领域"出血点""发热点"依然存在,巡视巡察问题整改缺少举一反三,甚至屡查屡犯、前查后犯。基层一线员工管理监督较为薄弱,"两个责任"落实存在弱化现象。五是宣传工作方面,意识形态责任制落实机制有待完善,在宣传品牌创建、新媒体领域拓展上还有欠缺,吸引力、感染力还有不足。当前,公司正处于滚石上山、爬坡过坎的关键时期,我们要坚决防止松口气、歇歇脚的思想,始终保持奔跑状态,始终坚持抓常抓细抓长,补短板、强弱项,全面提升党建组织力、凝聚力和价值创造力。

二、正心明道、守正创新,动员激励各级党组织和广大党员干部职工担当作为、建功立业

2019年是中华人民共和国成立70周年,是全面建成小康社会、实现第一个百年奋斗目标的关键之年,是公司守正创新、笃志行远,争创一流能源互联网企业建设排头兵的起航之年。国家电网、冀北公司领导在党建、党风廉政建设和宣传工作会议上着力强调,站在新时代新起点,各级党组织和广大党员要以更加奋发有为的精神状态,更加艰苦细致的扎实作风,推进党建管理全面升级。

抓好党建是最大的政绩。落实《中共中央关于加强党的政治建设的意见》,必须坚持旗帜鲜明讲政治、服务"三型两网"建设不偏离,把坚持党的领导、加强党的建设体现在"不忘初心、

牢记使命"的坚定信念上，体现在正心明道、守正创新的具体行动中，体现在建设一流能源互联网企业的矢志追求里。必须牢固树立"四个意识"、坚定"四个自信"、践行"两个维护"，充分发挥党的创造力、凝聚力、战斗力，着力推动党的建设与改革发展同向聚合、相融并进，促进全体干部职工在理想信念、价值理念、道德观念上紧紧团结在一起，成为党和国家最可信赖的"六个力量"，为服务党和国家事业全局做出更大贡献。

（一）坚持强根固魂抓党建，牢牢把握公司改革发展的正确政治方向

"两个维护"是我们党最重要的政治纪律和政治规矩。全体干部职工要树牢"四个意识"、坚定"四个自信"，保持定力、主动对表，坚决同破坏政治纪律和政治规矩的行为做斗争，发自内心地维护习近平总书记党中央的核心、全党的核心地位，维护党中央权威和集中统一领导。强根固魂是国有企业的独特优势和光荣传统。要将履行好"三大责任"，发挥好"六个力量"，作为践行"两个维护"的实践举措和根本动力，围绕"三型两网、世界一流"战略目标和"一个引领，三个变革"战略路径，正确认识、准确把握新战略的时代内涵、改革内涵、创新内涵，创造性地推动建设"三型两网"一流能源互联网企业战略部署落实落地。注重基层基础是抓好政治工作的根基和保障。发挥好党的核心引领作用，必须坚持党建和生产经营"一盘棋""两手抓"，突出实践实干实效，突出效率效益效能，健全落实层层传导、覆盖支部的管党治党责任体系，切实把党建责任传导到"神经末梢"，落实到"基层细胞"，形成与公司管控方式相匹配的党建组织体系、工作体系、标准体系、制度体系，使党的建设工作更好地增强政治性、体现时代性、把握规律性、富于创造性。

（二）坚持守正创新抓宣传，牢牢把握公司改革发展的正确舆论导向

坚持党的领导是宣传工作的根本遵循。贯彻落实习近平总书记在全国宣传思想工作会议上提出的"九个坚持"，必须清醒认识政治在宣传工作中的统领作用，以党的旗帜为旗帜，以党的方向为方向，让党的意志、主张贯穿始终。必须坚持党性原则、把握舆论导向，加强意识形态领域风险分析研判，巩固壮大主流思想舆论，让主旋律更加响亮，正能量更加强劲。融入中心、服务大局是宣传工作的根本定位。要坚持讲深度、讲情怀、讲品牌、讲方式，围绕公司在争创一流能源互联网企业建设排头兵伟大征程中的工作成效，进一步深入挖掘、精准策划，积极记录公司打造"三型两网"企业的全新理念和社会意义，抒写公司践行"人民电业为人民"宗旨的辛劳汗水和付出贡献，切实发挥好宣传工作的引领作用和使命价值，努力推动"三型两网"一流能源互联网企业建设不断前进。"要在守正、贵在创新、重在实践"是宣传工作的根本要求。要时刻牢记"以人民为中心"的宗旨，注重挖掘贴近基层、走进一线的品质故事、典型人物，让宣传作品有态度、有角度、有温度，增强员工荣誉感、归属感、获得感。要主动适应融媒体时代的基本特点和传播特性，构建具有多样传播形态、多元传播渠道，覆盖更加广泛，传播更加快捷的全方位立体化传播平台，引导舆论、赢得主动。

（三）坚持履职担当抓队伍，牢牢把握公司改革发展的正确价值取向

敢于担当作为，既是政治品格，也是职责所在。党政主要负责人是各个单位、各项工作的第一责任人，必须旗帜鲜明地站在工作第一线，坚持"两个一以贯之"，围绕服务生产经营不偏离，把生产经营工作的难点作为党建工作的重点，推动党的领导与公司治理紧密融合，在层层示范、层层带动中，身体力行贯彻好"四个鲜明导向"。严肃执纪问责，既是铁的纪律，也是铁的要求。开创管党治党、全面从严治党新局面，必须以党章为根本遵循，以党的政治建设为统领，全面深化"两个责任"落实，持续强化巡视巡察，一体

推进"三不腐"机制建设，始终以铁的纪律管党治党，在落实"五个必须"、严防"七个有之"的基础上，重点解决不担当、不作为问题。强化队伍建设，既是公司发展需要，也是党的建设需要。坚持党管人才原则，落实新时代党的组织路线和干部担当作为、促进干事创业 18 项措施，持续加强队伍作风建设，畅通人才发展通道，着力打造适应新时代发展战略的高素质专业化干部队伍。坚持把纪律和规矩挺在前面，严格党员教育管理，让党员平常时刻看得出来、关键时刻站得出来、危急时刻豁得出来，时时刻刻体现党的先进性和纯洁性。

（四）坚持正心明道抓作风，牢牢把握公司改革发展的正确工作志向

落实"正心明道"，必须不忘初心、坚守正道。要把"人民电业为人民"的企业宗旨作为"正心"和"明道"的出发点与落脚点，从最基本、最基础的工作生活出发，传承和发扬好公司在实践发展中积累下来的宝贵文化基因和精神财富，围绕本质安全、电网建设、优质服务、改革创新等，创造性地开展好各项工作，推动新时代发展战略落地生根。落实"正心明道"，必须坚持脚踏实地、实事求是。要把"正心明道"党建品牌创建作为推动公司发展的有效载体和思想实践，以"三深化、三提升"为突破口，把解决"有没有""做没做"的思想，转化为"好不好""优不优"的思辨，进一步提高谋划工作的质量、推进工作落实的质量、解决实际问题的质量，着力推进党建工作和生产经营的同向汇聚、相融并进，以一流的党建工作引领保障一流的企业建设。落实"正心明道"，必须坚持持之以恒、久久为功。创建党建品牌绝不是一朝一夕的事，更不可能一蹴而就。我们不仅要有"一年干成几件事"的决心和勇气，深入贯彻好公司党委下发的 2019 年推进计划，解决好党建与生产经营紧密结合的问题；更要有"几年干成一件事"的恒心和毅力，坚持谋长远、求长效，不搞盲目前进、不做表面文章，

切实做到在分析问题、解决问题中"正心"，在创新思路、抓好落实中"明道"。

三、2019 年公司党的建设重点任务

2019 年，公司党的建设基本思路是：以习近平新时代中国特色社会主义思想为指导，全面贯彻党中央和上级党委各项要求，坚持正心明道、守正创新工作主基调，强化党建引领，扎实推进党的建设"旗帜领航·三年登高"计划创先争优年各项工作，系统抓好"旗帜领航　正心明道"党建品牌创建，进一步巩固广大干部职工团结奋斗的思想基础，切实提升党建专业化水平和基层组织力、价值创造力，为争创一流能源互联网企业建设排头兵提供坚强保证。

重点做好以下 6 个方面的工作。

（一）提升政治领导力，筑牢共同奋斗的思想根基

严肃党内政治生活。严格落实《中共中央关于加强党的政治建设的意见》，按照统一部署推进"两学一做"学习教育常态化制度化，开展"不忘初心、牢记使命"主题教育活动。落实"三会一课"质量提升工程要求，编制 7 项组织生活制度流程图、制定标准化作业指导书，以标准化建设引导提升党内政治生活的规范性、严肃性。用好中宣部"学习强国"平台，建优公司党校，开展"微学习""微党课""微宣讲"活动，提升教育培训实效。将"守正创新、担当作为、奋勇争先、创造一流"主题党日活动与公司实际和"旗帜领航　正心明道"品牌建设相结合，激励全体干部职工岗位建功、奋发进取。

强化意识形态领域建设。细化风险、任务、责任清单，严格监督检查，层层抓好意识形态工作责任制，特别是党组织书记第一责任的严格落实，将其纳入巡察范围和绩效考核。建立重大风险分析研判机制，强化底线思维和风险防范，专题研究、部署和推动意识形态工作。始终以"零容忍"态度与错误思潮言论进行坚决斗争，露头就打、见苗就掐，严防攻击渗透和谣言等有害信息。

（二）提升基层组织力，突出抓好基层基础基本功

健全党建工作责任体系。落实基层党建工作联系点制度，完善各级党建工作责任清单，建立党委统一领导、覆盖基层党支部和党员的"一体尽责"责任落实体系。围绕安全生产、优质服务、基层基础系统深化"党建＋"专题活动，试行"党建督查单"制度，重点在查找隐患、纠正问题、解决短板、创新提升上发挥实际作用。完善党建工作绩效考核评价，突出党建绩效考核结果应用，实行评先评优、标杆选树党建工作"一票否决制"。把课题研究和工作实践作为提高党建组织力和价值创造力的重要途径，激励各级党组织围绕"三型两网"和"一个引领、三个变革"创新实践、争创标杆。

建设坚强基层党组织。树立重心下沉、力量下沉、管理下沉、服务下沉的鲜明导向，弘扬"支部建在连上"的优良传统，建好用好班组站所、工程一线、保电现场党组织。推进量化计划管理，试点党建重点任务看板，面向基层党员建立年度党建工作、业务工作双报告制度，充分发挥组织优势，推动党建、业务工作的同步向前。持续抓好电网先锋党支部和党员责任区、示范岗创建，深化共产党员服务队建设，持续提升工作标准和建设质量。强化党建信息系统应用，健全党建工作标准和流程体系，创新监督检查形式，从制度管理、流程设置的源头上减少重复工作，减轻基层负担。

（三）提升队伍战斗力，打造担当作为的人才队伍

营造干部干事创业氛围。树立事业为上、以事择人、担当作为的鲜明导向，坚持把选好人、用对人作为最有效、最直接的激励，下大力气破除"四唯"现象。贯彻落实国家电网有限公司《强化领导人员担当作为　推进能上能下实施细则（试行）》，经常性、近距离考察识别干部的政治忠诚、政治定力、政治担当、政治能力、政治

自律。加大年轻干部培养力度，建立数量充足、质量过硬、充满活力的年轻干部"储备库"。坚持严管厚爱相结合，落实"三个区分开来"要求，完善容错纠错机制，为敢担当善作为的干部鼓劲撑腰。

激发员工发展内生动力。优化用好职员职级序列管理，畅通各类人才发展通道。全面落实"三项制度"改革要求，完善考核约束激励机制，发挥引导鞭策作用。拓展职工心理诉求中心建设，加强政治激励、工作支持、心理疏导、人文关怀，关注关爱"苦脏险累"。现场一线员工，注重解决实际困难，把工作做到职工心坎上。

优化政工队伍建设。坚持把政治过硬和忠诚可靠作为根本要求，培养锻炼"三懂三过硬"政工队伍。大力实施支部书记头雁培育工程，深化"双培养一输送"，敢于把"好苗子"放在党务岗位上历练培养，实现党员发展、党员素质的同步提升。试行重点项目合力攻关机制和党建、业务双督导，把"党员平常时刻看得出来、关键时刻站得出来、危急时刻豁得出来"的要求落实到具体实践中。充实党校教育力量和相关资源，增加互动教学、实战教学，试行"送课上门"，抓好全体党员三年轮训收官任务。开展"脚力、眼力、脑力、笔力"教育实践和专题培训，持续提升宣传策划能力、舆论引导能力、工作组织能力、复杂局面应对能力，打造一支"提笔能写、对筒能讲、举机能拍"的全媒体专业队伍。

（四）提升价值创造力，树立正心明道的品牌形象

深化"旗帜领航　正心明道"品牌创建。坚持从实际出发，瞄准年度民主生活会排查发现的思想政治、精神状态、作风建设三方面问题，下大力气着力解决。坚持目标导向、靶向发力，开展党建自定义主题督查专项行动，面向安全违章、服务行为、管理短板开展组织督查。坚持"理论＋实践""专业＋一线"，深入开展支部联创，实践专业、党建"双轮驱动"，打造"平台型、共

享型"党建新格局。持续完善"红马甲"共产党员服务队品牌建设，结合智能配电网、供电服务指挥中心建设和网格化运维，强化平台应用和信息共享，探索构建基于分布式架构的"枢纽型、平台型、共享型"精品共产党员服务队。

强化党的建设宣传。坚持党对宣传工作的全面领导，严守党的纪律、体现党的意志、宣传党的主张，推动宣传工作高质量发展。坚持移动优先策略和一体化发展方向，围绕互动式、服务性、体验式新要求，积极探索多样化、定制式宣传新形式。结合公司重点工作和重大事项，对全年宣传工作进行总体策划、统筹推进。围绕新时代改革"再出发"，结合电力博物馆改造，精心组织"新中国成立70周年"系列庆祝活动及重大主题宣传，组织开展"国家电网公众开放日"活动，多维展示公司和电网发展的艰难历程和辉煌成就。围绕"旗帜领航　正心明道"党建品牌和"党建＋"具体实践，深化"三型两网"宣传，全面阐释新时代战略目标和战略路径，统一守正创新、拼搏攻坚的思想基础。深化向"改革先锋""时代楷模"张黎明等重大典型学习活动，完善"电力老黄牛""感动秦电""电力工匠"多维培育选树机制，积极争取"冀北楷模"和更高层次荣誉奖项提名，推出一批立得住、叫得响的先进典型，营造学习楷模、争当先进的良好氛围。

（五）提升作风保障力，营造风清气正的良好生态

狠抓正风肃纪。严格落实中央八项规定精神，坚决贯彻"五个决不允许"要求，集中整治形式主义、官僚主义。扎实开展纠正"四风"和作风纪律专项治理，清理有名无实的"痕迹管理"、整治敷衍塞责的工作作风、根治应景造势的现象。严肃请示报告制度执行，严厉打击迟报、瞒报、漏报现象。落实"四不两直"要求，紧盯重要时间节点，加大监督检查力度，坚决遏制"节日腐败"。

严格执纪监督。对照党风廉政建设责任清单，抓好"两个责任"落实，强化考评结果应用，一体推进"不敢腐、不能腐、不想腐"建设。主动适应纪检监察体制改革，强化各类案件查办，积极配合上级纪委、监委开展工作。紧盯"三公"消费、工程分包、废旧物资、选人用人等重点领域、重大风险，强化权力运行监督制约，保持"无禁区、全覆盖、零容忍"的高压态势。健全完善协同监督机制，加强问题警示教育，注重抓早抓小抓常态，坚决把问题处理在萌芽状态。

深化巡察问题整改。各级党组织负责人要坚持标准不降、措施不减，亲自部署、亲自落实"回头看"要求，坚决防止问题累查累犯、"死灰复燃"。要坚持举一反三、源头治理，再次剖析问题产生原因，切实堵塞漏洞、制定规矩、形成制度，切实做到标本兼治、根治。要主动对照巡视巡察发现典型问题，前置整改、未巡先改、即知即改，提前做好迎接冀北公司"提级巡察"相关准备。

（六）提升群团向心力，营造和谐向上的企业氛围

以党内政治文化引领企业文化建设。落实各级党委抓企业文化工作的领导责任，深入推进"旗帜领航·文化登高"行动。落实"百千万"工程要求，加强企业文化建设项目化管控，推进法治、安全、廉洁、服务等专项文化建设，争创国家电网、冀北公司文化示范项目。广泛开展社会主义核心价值观教育，完善文明单位创建常态化管理机制，深化群众性精神文明创建和志愿服务活动，全面提升企业文明素质和职工文明水平。

持续关心关爱职工。落实冀北公司党委《关于关心关爱职工为职工办实事的意见》19条重点工作内容，扎实解决好职工群众最关心、最直接、最现实的利益问题，让职工看得见变化、感受到温度。畅通职工岗位流动渠道，推行终身职业技能培训，广泛开展劳动技能竞赛、职工创新创效、岗位练兵、师带徒等活动，促进职工成长发展。开展"正心明道"大讨论、"我为'三型两网'献一计"等主题活动，引导职工积极参与公司管

理。落实统战工作要求，开展"旗帜领航程 共筑同心圆"活动，引导和带领统战人士积极投身推动公司新时代战略体系实施的新征程，为推动公司高质量发展贡献聪明才智。

激发青年热情活力。开展"不忘跟党初心、牢记青春使命""纪念五四运动 100 周年"等主题活动，引导青年听党话、跟党走。落实"学黎明精神，做时代新人"要求，围绕工作主题和具体实际，逐月落实 12 项行动计划。开展"青年职工中长期培养规划"项目研究，深化"号手队岗""青春光明行"活动，扎实推进"深根"工程。聚焦泛在电力物联网建设，强化青年创新创效，确保在冀北公司青创赛取得较好成绩。

站在新的历史起点，让我们以习近平新时代中国特色社会主义思想为指导，在冀北公司党委的坚强领导下，进一步正心明道、守正创新，全力投身争创一流能源互联网企业建设排头兵的伟大征程，为决胜全面建成小康社会、建设社会主义现代化强国做出新的更大贡献！

党委书记、副总经理刘守刚在公司2019 年年中工作会议上的报告
（2019 年 8 月 5 日）

一、上半年工作回顾

2019 年以来，公司上下坚持以习近平新时代中国特色社会主义思想为指导，贯彻冀北公司党委各项决策部署，大力实施新时代发展战略，务实进取，奋勇争先，各项工作取得可喜进展，实现时间过半、任务完成过半。1—6 月，完成固定资产投资 2.09 亿元，其中，电网投资 1.45 亿元；售电量 66.02 亿 kW·h，同比降低 4.33%；线损率 1.61%，同比降低 2.53 个百分点。

安全生产保持平稳。制定《安全生产工作意见》，明确 19 项重点任务及安全生产"七项行动"，修订《安全工作奖惩实施方案》，压实各级安全生产责任。开展"专题安全日""安全生产万里行"

等专题活动，落实国家电网加强集体企业施工能力建设 6 条措施和集体企业安全年活动 30 条重点措施，推进领导干部在作业现场当"安全员"，管理人员累计到岗到位 2489 人次，稽查现场 136 个，发现违章 59 起，奖惩 4676 人次。创新基建现场安全管控，"北斗系统应用黄金海岸变电站'智慧天眼'安防措施"获冀北公司青创赛二等奖。高质量完成春检预试任务 186 项，开展带电检测 6416 台次，大修技改工程 45 项，消除设备缺陷 152 项。开展老旧设备差异化运维及低电压治理，研究解决电缆沟道群燃及电容电流过大问题，完成北戴河地区 20 km 电缆沟防火防爆治理，进一步提升设备可靠性。固化"政企联合、警企联动"机制，清理树障 2.2 万棵、杂物 591 处，制止违章作业 10 项、危险行为 339 次，有效保障输电通道安全。促成《秦皇岛市电力设施保护条例》专家论证会，推进立法进程。修订应急预案，建立应急装备库，累计发布气象预警 41 次，开展迎峰度夏等专项演习 5 次。高质量应对"国家专项网络攻防演习"，圆满完成全国两会、秦皇岛国际马拉松赛等重大保电活动，实现连续安全生产 5219 天。

电网发展持续加快。完成负荷需求预测和"十三五"电网规划滚动修编，优化项目储备和建设时序。制定"1161"基建工程年度建设任务，努力提高市委、市政府关注度，举全公司之力提前完成 220 kV 黄金海岸、京能热电 2 项工程主要建设任务，河东寨等 3 项工程进场开工，新区变电站取得"四证"办理历史性突破，站东等 4 项工程提前半年取得初设批复。大力推进 35 kV 农网工程建设，青龙王厂等 4 项工程顺利投产，抚宁城东等 6 项工程有序推进。制定配网工程年度清零计划，完成遗留工程 100 项，完工率 67%。累计开展配网工程 267 项，各批次工程按里程碑计划顺利推进，北戴河 10 kV 草场等 6 项迎峰度夏工程提前投产。深化配网标准化建设，昌黎、山海关代表公司通过冀北配网督查。卢龙

佰能林昌生物质发电新能源项目顺利并网，凯润风电等6项工程接入系统审查，102国道市区绕城通道等5项迁改工程完成前期踏勘及设计。

泛在电力物联网建设加快推进。编制《2019年泛在电力物联网建设方案》，聚焦"四个重点"，细化技术、应用、生态"三个体系"50项建设任务，奠定"三年攻坚"战略突破期良好开局。积极推进"网上电网"建设，推动电网规划建设全过程信息融合共享。搭建配电智能物联网，推进北戴河能源互联网综合示范试点项目，建设智能配电室3座、改造10 kV线路6条、打造示范台区4个，安装智能配变终端200台，完成北斗系统与配电自动化系统主站互联互通和应急通信，实现对北戴河地区电网设备、通道、资源全面监视。更换智能电表1.8万块，实现台区全部光纤接入，台区精益管理水平有效提升。深化供电服务指挥平台运营，实现配电自动化系统、供服指系统和新型客户服务互动平台数据共享，打造全网首家15项亮点功能应用。积极培育新兴业态，冀北公司首个源网荷储主动智能配电网示范工程——宁海大道开闭所工程顺利投运，北戴河、开发区移动储能二期项目建设施工，蒲河轮换式集中储能三期项目启动招标。

营商环境不断优化。主动对接市发改委，收集重点项目217项，精准服务用户需求。推行"1+N"团队联合办电服务，提前完成茂业城市综合体等项目接电。精简办电手续，压减办电环节，促请政府出台《双创双服及民心工程专项实施方案》，高、低压接电时长分别压减至60.84天和7.28天，业扩提速分别为15%和13%，增售电量854.64万kW·h，上半年，累计完成接电容量67.9万kV·A，同比上升31.11%。开展带电作业1629次，减少停电17.03万时户。加强营业厅智能化转型和供电所规范化管理，完成北戴河营业厅"三型一化"和综合能源展示区建设，选定杜庄等10个供电所创建星级所。深化"互联网+营销服务"模式，线上缴费率达到75.82%。

完善供电服务考核机制，奖惩910人次、12.59万元。落实"投诉说清楚"制度，投诉及工单数量同比分别下降46.45%、5.37%。持续巩固精准扶贫成效，实现建档立卡贫困户年人均纯收入稳定超过6000元。

经营绩效成效显著。打响提质增效攻坚战，多措并举增供扩销、降本增效。强化同期线损管理，10 kV分线及分台区线损合格率分别达84.03%、94.47%。与中国人民银行秦皇岛市中心支行签订电力用户征信管理合作协议，成为冀北首家市级区域开展电力征信联合惩戒单位。开展反窃电专项治理行动，累计查处窃电509户，追缴电费及违约使用电费469.12万元。研发运营监测分析模型2项，深化营销稽查和量价费损专题监测，追补稽查成效47.99万元。落实电费回收"日清日结"方案，梳理"一户一策"高风险客户93户，实现电费回收100%。制定六大领域电能替代专项行动方案，打造阿那亚社区全电食堂，推进秦皇岛港高压岸电建设，累计推广电能替代项目329个，增售电量7.39亿kW·h。加快推进充电基础设施规划运营，累计充电量101.66万kW·h，充电电费174.23万元。成立违规经营投资责任追究工作领导小组，开展内部审计项目3项，发现问题57个，提出审计意见建议68条，内控管理不断完善。全面启动合规管理体系建设，印发工作方案，更好适应日趋严格的外部监管环境。公司1项成果获国家电网科技进步二等奖、国家版权局计算机软件著作权，25项QC成果获秦皇岛市质量管理奖。

改革工作落地见效。深化多维精益管理体系变革，加强资金集中管理，清理在建工程24项、1.41亿元。贯彻降低企业用能成本部署，完成一般工商业两次降价调整。优化安监、运检、党建等机构职责，成立泛在电力物联网建设柔性攻关团队，完成互联网办公室等"三型两网"有关机构调整。制定《"三项制度"改革2019年实施方案》，推进岗位任职资格体系试点建设，全员宣贯新版

《劳动合同管理办法》，深入开展基层人力资源调研，积极营造改革氛围。持续开展集体企业"瘦身健体"，完成秦皇岛福电电力工程设计有限公司、福安咨询公司编制调整和人员配置，深入推进大秦电力房地产开发有限公司处置。完善集体企业法人结构治理，全面开展"三会一层"建设，规范股东会、董事会、监事会、高级管理层运作。开展集体企业资金、车辆管理和关联交易"回头看"，完成全部问题整改。推进"三供一业"工程进度，代管工程完工超过80%。

党的建设全面加强。坚持"理论＋实践""专业＋一线"，实施"正心明道"7项行动计划，党员重点项目攻关立项4项，下达党建督查单2份，开展支部联创23次，现场解决实际问题15个，有效推动党建与业务工作"泛在物联"。彻底清理党内规范性文件，基层党组织制度化规范化建设持续深化。圆满完成冀北公司巡视巡察问题整改"回头看"迎检。持之以恒落实中央八项规定精神。深化协同监督项目制管理，确定协同监督项目11个。深入开展形式主义、官僚主义集中整治，排查突出问题12项，制定整改措施20条。准确运用"四种形态"，对会议纪律作风问题进行约谈提醒。强化全员能力提升，实施培训67项、3365人次，完成专业技术资格认定及初审268人、供电服务员工技能等级认证189人，公司人才当量密度达到1.202。深化内部人才挖潜，跨单位竞聘、援藏和冬奥帮扶共16人，接收四川公司实践锻炼2人。成功举办"两先两优"表彰大会暨纪念新中国成立70周年爱党爱国系列活动启动仪式，创新开展"家国·楷模"劳模工匠精神主题分享活动，圆满承办冀北公司"最美国网人"先进事迹宣讲，在新华社等社会主流媒体发稿298篇。

上半年，公司上下凝心聚力、攻坚克难，在建设一流能源互联网企业的征程中涌现出大批先进集体和个人，1个集体获评河北省先进集体，8个班组获评国家电网先进班组，1个支部获评国家电网"电网先锋党支部"，3个班组获评冀北公司"工人先锋号"，海港区客户服务分中心获评"全国青年文明号"，海阳路营业厅获评河北省"五一巾帼标兵岗"。职工高会民荣获"大国工匠""国网工匠""运检大工匠"称号，8名职工分获河北省劳动模范、能工巧匠、国家电网优秀共产党员、秦皇岛市金牌工人、能工巧匠、巾帼建功标兵称号。公司先后获河北省安全知识网络竞赛优秀组织、优秀安全生产志愿服务组织、内部审计先进集体、省级节水型单位、五四红旗团委标兵、国家电网人力资源、后勤工作先进集体、供电服务指挥中心建设优秀单位、红旗团委，冀北公司工会、后勤、配电精益化管理先进集体等荣誉称号。

成绩的取得，得益于冀北公司和秦皇岛市委、市政府的坚强领导，得益于广大干部员工的担当奉献，得益于离退休老同志和员工家属的理解支持。在此，我代表公司党委，向受到表彰的先进单位、集体和个人表示热烈祝贺！向全体干部职工、离退休老同志和职工家属表示衷心感谢和诚挚慰问！

二、担当作为，服务大局，争创一流能源互联网企业建设新局面

2019年是新中国成立70周年和决胜全面建成小康社会的关键一年，也是公司持续健康发展、三年转型突破期的开局之年。寇伟董事长在国家电网年中工作会议上用"四个高度"深刻阐释了建设"三型两网"世界一流能源互联网企业的重大意义，做出了以改革创新精神推进一流能源互联网企业建设的重大部署，为我们做好新时代各项工作提供了基本遵循。田博董事长在冀北公司年中工作会议上提出了"四个担当作为"的具体要求，指明了开展"不忘初心、牢记使命"主题教育的努力方向，为我们坚守初心使命、推进新战略落实落地提供了理论依据和行动指南。

立足全局才能把握大局，顺应大势方能乘势而上，我们要清醒地认识企业内外部环境发生的深刻变化，准确把握国家对电网发展的全新战略

部署，深刻理解国家电网新时期发展战略，不断推进公司和电网发展再上新台阶。安全保电高标准提出新挑战。北戴河暑期保电是党和国家交给公司的重要使命，国家电网领导连续四年在暑期前莅临北戴河现场指导，全面提高了北戴河保电的战略意义。在新中国成立70周年之际，暑期保电时间更长、规模更大、标准更高，各方面压力激增。同时，虽然北戴河地区网架结构满足N-2要求，重要输电通道实现特巡特护专人看守，但我们仍将面临民宿区电量激增风险、暴雨等恶劣天气侵袭电网设备风险、黄金海岸等基建工程暑期施工潜在风险等外在因素。"两网"建设新任务带来新机遇。2019年是国家电网打造"三型两网"世界一流能源互联网企业的开局之年，泛在电力物联网建设全面推进，公司承担着北戴河能源互联网综合示范，以及13项统一组织类、3项专项试点类建设任务。目前示范区建设已取得阶段性成果，但各项工程均处于起步阶段，距公司2019年建设方案目标还有较大差距，现代信息技术、先进通信手段应用仍处于探索阶段，在实现设备状态全面感知、迅速响应市场需求、推进技术模式创新、培育能源新兴业态、提升企业核心竞争力等方面仍任重道远。经营管理新形势面临新要求。上半年，受首秦公司搬迁影响，公司成为冀北唯一电量负增长的地市公司，累计减少售电量2.98亿kW·h；受一般工商业平均电价下调、大用户直接交易等因素影响，公司售电均价同比降低20.96元/（MW·h），经营形势呈现电量、电价"双降"态势，影响收入3.04亿元。随着两部制电价执行政策放宽，今后公司收入将进一步受到影响。加之2019年以来"煤改电"等政策性投资及泛在电力物联网建设等专项投资刚性增长，冀北公司批准的综合计划多次压缩，公司经营形势十分严峻。改革发展新方向打造新格局。2019年以来，国家在电力体制改革、国资国企改革等方面出台一系列新政策、新要求，公司虽然在增量配电、"三项制度"、"放管服"等方面改革日益深入，但距上级要求和社会期待仍有一定差距，求稳怕乱思想依然存在，改革进度、深度压力依然巨大，亟须大家通过改革创新的方法和市场竞争的机制解决问题，在管理上建立体系、完善机制，在手段上标新立异、大胆突破。

从内外部环境来看，虽然公司当前售电市场持续低迷，管理短板有待补齐，改革创新亟须深化，但我们一定要坚信机遇与挑战并存，困难与希望同在，在经历困境的阵痛后，必将迎来更好更快的发展前景。我们要以更加饱满的热情和昂扬的斗志，结合自身实际，把握优势禀赋，立足更高起点，瞄准更高目标，着力"保安全、强电网、促发展、抓队伍"，为新战略实施筑牢"四个保障"，争创一流能源互联网企业建设新局面。

（一）推进本质安全管理不断深化，夯实"三型两网"建设安全保障

安全是一切工作的前提，必须牢固树立"发展决不能以牺牲安全为代价"的红线意识。当前，公司和电网正处于高质量精益发展和能源转型突破期，我们要不断加固思想底线，加强安全管理，加大奖惩力度，确保安全生产保持平稳态势。思想认识要上高度。要深刻认识安全生产的极端重要性，务必保持居安思危、警钟长鸣的忧患意识和如履薄冰、如临深渊的危机意识，坚持依法治安、改革强安、铁腕治安、科技兴安，坚决防范遏制各类事故，牢牢守住公司发展的"生命线"。基础管理要有强度。狠抓源头治理，加强设备选型、招标、监造、供货商评级全过程管控，实行设备质量问题全过程追责，严把采购和入网质量关。健全完善闭环管控、风险预控体系，强化安全工作事前预防、过程处置、事后分析，实现安全管理常态化。责任落实要见力度。严格对照安全生产责任清单，确保安全责任层层落实。坚持"四不放过"原则，强化制度执行，严肃查纠管理缺位、敷衍塞责、习惯性违章等行为，及时解决苗头性、倾向性、顽固性问题，实现"七个不发生、三个确保"目标。

（二）推进"两网"融合发展，奠定"三型两网"建设物质保障

打造一流能源互联网既是实现电网跨越升级、助推能源生产和消费革命的必由之路，也是公司应对风险挑战、实现基业长青的关键所在。要以"两网"融合并进为目标，以创新发展为重点，全力推进北戴河综合示范等泛在电力物联网建设任务。要更加注重协调并进。坚持规划引领，注重远近结合、适度超前、精准投资，统筹推进各级电网协调发展，加快建成网架坚强、广泛互联、高度智能、开放互动的主网网架。充分应用移动互联等现代信息技术，实现电力系统各个环节人机交互，打造状态全面感知、应用便捷灵活的泛在电力物联网。要更加注重补齐短板。立足资源优化配置，加快完善网架结构，逐步解决区域小电网、变压器重载等问题，增强电网抗风险能力。以解决区域低电压、电缆沟道超容、小电阻接地等问题为重点，有序实施农配网升级改造，补齐薄弱短板。要更加注重示范建设。高标准打造北戴河综合示范工程，超前布局智能配电网终端，建设配电物联网，实现区域内配电网设备全景视图、供电服务智能指挥，逐步打造友好互动的源网荷协调控制系统，为电网安全经济运行、提高经营绩效、改善服务质量提供数据支撑，为管理创新、业态创新和价值创造开拓一条新路。

（三）推进公司高质量发展，筑牢"三型两网"建设管理保障

管理是企业发展永恒的主题。在新时期发展战略的推动下，更需要我们以管理提升为关键，突出精准、精细、精益，实施质量变革、效率变革、动力变革，推动发展方式向质量效益型转变。要千方百计实现精益运营。转变经营理念，创新经营思维，眼睛向内，着力挖潜降本增效，视野向外，积极争取有利政策，巩固售电市场竞争优势，不断拓展业务领域。要以数字驱动量化管理，提高对生产运营情况的感知、分析和管控，实现依靠数据决策，着力提高经营管理能力。要精益求精

抓好优质服务。持续优化营商环境，构建业扩快速响应机制，推广办电业务一站式服务，确保"获得电力"指标处于领先。突出居民客户标准化服务，优化线上线下服务渠道，依托"网上国网"平台，提供可靠便捷、智慧温馨的服务。要坚定不移推进改革落地。落实冀北公司改革部署要求，着力解决公司市场竞争响应滞后、经营机制活力不足、企业管理效率低下等难点问题。要深入推进"三项制度"改革，全面对接"放管服"各项要求，压紧压实各级管理责任，确保各项改革任务按期完成。

（四）推进"不忘初心、牢记使命"主题教育，凝聚"三型两网"建设队伍保障

牢牢把握"守初心、担使命、找差距、抓落实"十二字总要求，把学习教育、调查研究、检视问题、整改落实贯穿始终，努力实现理论学习有收获、思想政治受洗礼、干事创业敢担当、为民服务解难题、清正廉洁作表率的具体目标。要全力做到学深悟透。坚持读原著学原文悟原理，通读《中国共产党章程》《习近平关于"不忘初心、牢记使命"重要论述选编》《习近平新时代中国特色社会主义思想学习纲要》，不断加深对形成脉络、核心要义、精神实质、丰富内涵和实践要求的理解与把握，切实将学习成效转化为破解难题、推动发展的强大思想武器。要全力做好问题查摆。坚持边调研、边学习、边对照检查，在调研中深化理解和领悟，把问题查摆准、剖析细、检视透，把症结弄清、把根源找实，逐项列出问题清单，为扎实整改确立重要坐标、提供清晰指南。要全力确保取得实效。各级领导干部要当好头雁、做好表率，不断自我净化、自我完善、自我革新，把"改"字贯穿始终，能够当下改的，明确时限和措施，按期整改到位；一时解决不了的，要盯住不放，对照目标持续推进。

"忠诚、干净、担当"是习近平总书记对党员干部的明确要求，也是共产党人应有的政治品格。实现"三型两网、世界一流"能源互联网企

业战略目标，关键看各级领导干部能不能保持干事创业、敢于担当的精神品格。公司全体党员干部特别是主要负责同志要以上率下、奋发有为，勇于挑最重的担子，敢于啃最硬的骨头，做起而行之的行动者，当攻坚克难的奋斗者。要筑牢理想信念。深入学习贯彻习近平新时代中国特色社会主义思想，自觉做到思想上认同组织、政治上依靠组织、工作上服从组织、感情上信赖组织。把对党忠诚体现在贯彻落实公司党委决策部署上，体现在履职尽责做好本职工作上。要主动担当作为。积极适应新时代新要求，以全新的视野思维、理念方法服从和服务于工作大局。坚决贯彻落实国网新战略体系，积极推进北戴河综合示范等泛在电力物联网建设，加快建设具有卓越竞争力的世界一流能源互联网企业。要敢于破解难题。进入新时代，我们必须勇于直面问题，抓住事关改革发展稳定的重大问题，抓住群众普遍关心和反映强烈的突出问题，拿出"明知山有虎、偏向虎山行"的勇气，着力寻求破解之道，坚定不移地把既定目标、规划蓝图变为现实。要严守纪律规矩。增强纪律观念，搞清楚党纪国法哪些事能做，哪些事不能做，心存敬畏，手握戒尺，养成在"探照灯"下工作和生活的习惯，不钻空子，不搞变通，不打擦边球，彰显纪律"红线"、作风"高压线"、制度"雷线"威力。要提升本领素质。始终保持能力不足、"本领恐慌"的忧患意识，不断掌握新知识、熟悉新领域、开拓新视野，努力成为所在领域的行家里手，善于运用战略思维、系统思维去统筹谋划、组织协调，提高应对复杂局面、解决复杂问题的能力。

三、下半年重点工作任务

下半年工作总的要求是：以习近平新时代中国特色社会主义思想为指导，深入开展"不忘初心、牢记使命"主题教育，贯彻国家电网、冀北公司年中工作会各项决策部署，践行新时代发展战略，着力加快"两网"发展、推进业务转型、提升服务品质、深化改革创新、加强党的建设，优质高效完成全年工作任务。

（一）全力确保安全稳定局面

夯实安全管理基础。落实国家电网《安全责任清单管理办法》和《安全生产工作意见》，推进全员安全责任落实落地。开展县公司及信息通信专业安全性评价，做好冀北查评准备。严格执行《安全工作奖惩实施方案》，加大奖惩力度，宁听骂声、不听哭声。推进主变固定灭火系统投"自动"改造，围绕电缆隧道、消防安全等领域，建立安全隐患排查治理台账，严格销号管理。总结"护网2019"网络攻防演习成果，筑牢网络安全防线。加强保密管理，杜绝失泄密事件。

确保电网安全度夏。加强设备状态监测和灾害监测预警，全面排查隐患，开展重要输电通道、变电站特巡特护，落实防火防汛保障措施，确保电网安全稳定运行。科学制定有序用电方案，引导用户削峰填谷，着力减少限电时间。严格执行"双值班"和"零报告"制度，加强应急队伍、物资、车辆管理，提高风险预控及处置能力，全面做好旅游旺季、庆祝新中国成立70周年等重大活动保电工作。

加强现场安全管控。严格执行《生产作业安全管控标准化工作规范》和"两票三制"，落实"三级布控""四级管控"安全管理要求，高度重视分散作业及交叉作业现场，坚决防范各类安全事故。坚持各级人员到岗到位制度，加大安全稽查力度，实现现场全覆盖。落实基建改革12项配套措施，做实业主和施工单位"两级管控"。坚持集体企业安全"同质化"管理，提升安全管控能力。做好安全形势和承载力分析，严控超安全生产承载力情况发生。

（二）统筹推进各级电网协调发展

强化规划前期工作。超前开展"十四五"电力规划研究，进一步完善主网架结构、优化电源布点。结合政府重点区域发展和项目建设，针对性实施项目论证，年内开展110 kV抚宁北等3个项目可研设计，完成220 kV陈肖平、110 kV昌黎秸秆电厂配套等5个项目核准批复。差异开展配电网规划修编，年内完成全部区县配网"网格化"规划研究，提前开展煤改电、户均容量提升专项工程初设及物资需求预测，推进工程尽早开工。强化工程前期依法合规管理，年底前集中跑办"港城项目群"工程规划许可证等前期手续。

推动重点工程建设。全面完成"1161"基建工程年度建设任务，确保站东、金梦海湾、杨庄主变增容3项工程9月底前开工，力争黄金海岸、京能热电2项工程8月底前投产，有序推进新区、黄金海岸配套、河东寨等工程建设任务。开展标杆工地观摩交流，全力推进金梦海湾站标准工艺示范工地和新区站安全文明施工标准化工地建设。统筹做好102国道市区绕城通道等4项政府重点涉电迁改工程前期协调、技术审查和建设工作。

做好配农网改造升级。加大农网工程管控力度，实现提前一年完成新一轮农村电网改造升级任务。着力做好配网新开、遗留工程建设，加快港口集团等"三供一业"代管工程建设速度，确保年底前全部完工，年内实现全口径供电可靠率99.805%，城、农网综合电压合格率分别为99.995%和99.584%。强化标准工艺应用，做好2019年优质工程申报和2020年优质工程创建、评审谋划。

（三）加快推进泛在电力物联网建设

落实顶层规划设计。按照公司《泛在电力物联网2019年建设方案》，稳步推进各项建设任务。充分结合自身优势，聚焦4个重点，打造8个典型示范。坚持需求导向、精准投入，提升投入产出效率。深化"网上电网"应用，年内完成电网规划全业务线上作业试点建设。

推进示范工程建设。积极推进北戴河能源互联网综合示范建设，以配电侧、用户侧为重点，加快建设智慧物联体系，初步实现精准设备状态评价及趋势预判。全面总结宁海大道工程建设经验，督导二期移动储能项目如期投运，推进蒲河

轮换式集中储能快速实施。综合地区经济水平、产业发展、能源资源赋存等因素，统筹做好虚拟电厂用户侧资源选取。

深化数据治理应用。以"信息流、业务流"一体化为重点，推进多系统数据交互融合和TMS系统应用，打造以供电服务指挥中心为枢纽、营配调等专业数据贯通、业务协同的供电服务体系。推广"1+X"型移动作业终端，探索智慧识别技术在电网巡检抢修、重要保电等领域应用。完善终端数据安全防护手段，8月底前完成储能一体化模块安装。

（四）全面提升优质服务水平

强化营销基础建设。推进"全能型"供电所两年提升行动，完成改善生产经营条件提升任务，年内完成杜庄五星所、靖安等6个四星所建设。依托北戴河营业厅运营经验，推进各类营业厅服务升级转型。开展计量资产核查，规范二、三级库房及资产管理流程，保证账卡物一致和数据统一。

优化市场营商环境。深化"三零""三省""五+"服务，做实电力管家、客户经理模式，提升故障抢修、报装接电等响应速度，确保高、低压客户办电时长分别压减至50天、6天。完善投诉协同处理和闭环整改机制，常态开展明察暗访，实现投诉、工单总量分别压降20%、5%。推广移动作业，按期完成"网上国网"上线，实现"一网通办""一证办电"，全面做好"获得电力"专项监管检查准备。

促进新能源发展。实施差异化并网计划，推进凯润昌黎风电二期等5个新能源项目有序并网，加快青龙31个村14个扶贫电站配套送出工程建设协调工作。全力推进充电设施建设项目实施，确保年内投运。加快港口岸电示范工程建设，挖掘昌黎葡萄小镇等潜力项目，按期完成"煤改电"任务，实现年度替代电量突破12.6亿kW·h。

（五）持续提升经营管理

坚持提质增效。树立长期过紧日子思想，强

化预算执行过程管控，压减非生产性支出，严控成本性支出。加强营配调贯通与同期线损集中管控，规范高压用户计量采集管理，年内 10 kV 分线及分台区线损合格率分别提升至 90%、95%，全力打造一个精品线损示范县，入围国网百强。完善电力失信惩戒管控机制，将涉电失信用户纳入"信用秦皇岛"重点关注名单和黑名单。做好市场需求研究，持续跟进宏都实业等综合能源服务项目进展。固化电费"日清日结"模式，坚持"以催代停"，确保电费"颗粒归仓"。

坚持精益管理。发挥综合计划和预算统领作用，加强"三率合一"管理，强化精准投资及项目管控。推进国网商旅应用，深化多维精益化体系建设，实现业财数据全面融合。持续规范物资计划、合同管理，加大生产进度跟踪和催交催运力度，为新区、光伏扶贫和户均配变提升等重点工程提供可靠物资保障。研究新版对标策略，提升对标牵引力和推动力。深化卓越绩效县级应用，国网昌黎县供电公司争创冀北试点先进单位。

坚持依法治企。加快推动《秦皇岛市电力设施保护条例》出台，配合做好立法听证会、修改完善、组卷上报等工作，营造良好的外部法治环境。积极推进合规管理"三道防线"职责落地，完成 7 项重点任务，提升重大风险防范化解能力。加强失信风险管控，全面清查企业工商登记信息，杜绝各级单位进入失信惩戒名单。健全财务日常稽核机制，加强重点费用的管控力度，规范成本开支，防范审计风险。抓好集体企业落实改革改制暨负责人履职情况审计等 5 个内部审计项目，全面做好冀北公司对县公司管理情况、"两供一业"专项审计的迎审工作。

（六）深入实施改革创新

推进各项改革落地。持续推进"三项制度"改革，深化岗位任职资格体系试点建设，推广班组长聘任制，优化绩效考核分级和多元分配机制，激发内生动力。主动对接第一批"放管服"任务清单，做好制度上下衔接和前后过渡，加强机关

本部作风建设，提升服务意识。加快"三供一业"供电设施改造，确保 9 月底前完成资产接收。

深化集体企业改革。按照"第二梯队"定位，健全管理体系及管理流程，优化资源配置，持续巩固"瘦身健体"成果。深化作业能力建设，提升施工业务承载力，做强 4 项核心业务，拓展内外部市场，进一步增强发展后劲。加强人员队伍素质和能力建设，确保企业运营资质。

实施创新驱动发展。深化科技项目储备，加强与高校、科研机构协作沟通，培育转化高质量科技成果，年内实现省级及以上管理创新成果 8 项、科技创新成果 4 项，申请专利 14 项的目标。完成 4 个职工创新工作室建设改造，满足多元化创新需求。充分发挥公司创新创效孵化基地等平台作用，统筹做好河北省青年"双创"大赛项目申报。

（七）加强党的建设

推进"不忘初心、牢记使命"主题教育。全面做好第二批主题教育筹备组织工作，牢牢把握"十二字"总要求和"五句话"目标任务，持续深入学习习近平新时代中国特色社会主义思想，把解决问题作为衡量主题教育成效的重要标尺，在学深悟透、融会贯通上重点发力，对排查发现问题进行挂牌督办，切实做到深挖根源，一抓到底，不留死角。结合"三型两网"建设与年度重点任务，在完成"规定动作"同时，抓好"自选动作"设计实施，着力推动党建工作与改革发展同向聚合、相融并进。

加强全面从严治党。持续推进创先争优年各项工作，围绕"三深化、三提升"，加强党组织量化计划管理，健全党建工作责任体系，深入推进基层党组织标准化规范化建设。以"党建+"项目化管理和 7 项推进计划为抓手，持续强化"正心明道"党建特色品牌创建，重点培育党建专业标杆。组织开展新中国成立 70 周年系列庆祝活动，广泛开展"我和我的祖国"重大主题宣传，多维展示公司发展和时代变迁的生动实践。深化党员

"三基"教育,确保党员三年轮训计划圆满收官。加强团组织建设,落实"双推优"制度,抓好"党团衔接",发挥后备军作用。

抓好党风廉政建设。结合"不忘初心、牢记使命"主题教育活动,抓好党风廉政建设年度重点工作,一体推进不敢腐、不能腐、不想腐体制机制建设。全面做好冀北公司"提级巡察"和形式主义、官僚主义整治专项巡察准备,深化公司"323"巡视巡察经验成果运用。加强协同监督、专项监督工作,持续做好重点领域、关键环节的廉洁风险防控。加强对问题线索的管理处置力度,对腐败问题发现一起查处一起,形成有力震慑。强化党纪条规和警示教育,持续开展"守正创新 清风同行"廉洁文化主题教育活动。

(八)加强队伍建设和企业文化建设

加强干部队伍建设。落实新时期好干部标准和国有企业领导人员"二十字"要求,树立担当作为的鲜明导向,坚持事业为上、以事择人,持续提高选人用人科学水平。注重优秀青年骨干培养,引导干部员工在基层一线、艰苦岗位和急难险重任务中锻炼成才,形成更加合理的配置和梯队结构。按照"旗帜领航·组织登高"工程计划,持续健全"1+N"干部管理制度体系,推进"管理登高"。

加强职工队伍建设。落实冀北公司最新要求,完善人才培养选拔管理模式,优化职员职级聘任机制,拓宽员工职业发展通道,发挥引领带动作用。深挖内部人力资源市场,缓解组织间、专业间人员配置不均衡现状。强化一线岗位锻炼,储备优秀业务骨干,缓解基层单位结构性缺员和人才难留的问题。

加强企业文化建设。开展"盛世华诞·逐梦秦电"文化体育艺术系列活动,展示祖国和企业发展丰硕成果。深入推进企业文化示范点"百千万"工程建设,全力打造国家电网企业文化重点项目。落实意识形态工作责任制,持续强化"融媒体"生态下形势任务教育和宣传引导,

团结凝聚职工意志,营造和谐发展氛围。落实离退休老同志两项待遇。加强后勤管理,提升服务保障水平。做好统战、保密管理及信访维稳工作,确保企业和谐稳定。

同志们,下半年工作任务艰巨,责任重大。让我们在国家电网、冀北公司的坚强领导下,围绕"三型两网、世界一流"战略目标,攻坚克难,加压奋进,全力争创一流能源互联网企业建设新局面,为庆祝新中国成立70周年华诞献礼。

副总经理张长久在公司 2019 年安全生产工作会议上的报告
（2019 年 2 月 28 日）

一、公司 2018 年安全生产工作回顾

2018 年,公司上下坚决贯彻冀北公司决策部署,认真落实公司 2018 年安全生产工作意见,周密组织春(秋)季检修、基建施工、迎峰度夏(冬)等重点工作,扎实开展安全生产"六查六防"、迎峰度夏安全生产检查、秋冬季安全督查、无违章班组创建等专项活动,圆满完成北戴河暑期、秦皇岛国际马拉松赛等重大活动保电任务,确保了电网稳定运行和电力可靠供应,实现了全年安全生产既定目标,连续安全生产 5061 天。公司获评 2018 年河北省安全生产月活动先进组织单位,2018 年同业对标安全管理和配套保障管理获评冀北公司标杆,安全监察部连续两年被冀北公司评为安全管理标杆单位。输电专业获评精益化管理红旗单位,配电专业获评精益化管理先进单位,电力调度控制中心获评冀北公司调控运行先进单位,信息通信分公司获评冀北公司国家专项网络攻防演习优秀集体和信息通信工作先进单位,许竞等多名同志和班组受国家电网、冀北公司表彰。

(一)本质安全水平稳步提升

一是基础管理持续夯实。印发《2018 年安全生产工作意见》,以"春(秋)季安全大检查"

和"六查六防"等专项行动为载体,持续夯实本质安全基础,发现并整改问题629项,整改率100%。完善安全监督机构,配齐安全总监,透彻分析岗位风险,逐级制定安全责任清单,构建全员知责明责、明责履责、履责尽责的安全责任体系。强化安全教育培训,有针对性开展安规、工作票和秦皇岛市开轩供电服务有限公司供电服务职工安全教育等培训,组织开展春(秋)季和中层干部考《安规》,通过率达100%,全年累计组织相关人员参加培训、考试5000余人次。周密组织《安规》抽调考和安全法律法规调考,团体成绩位居冀北公司A段。积极沟通秦皇岛市应急管理局,70名各级单位负责人顺利通过安全培训取证考试。二是全面深化风险预警和隐患排查治理。规范电网风险发布、反馈闭环管控流程,发布并有效应对六级及以上电网风险预警164项。全面落实隐患排查治理要求,进一步夯实"全覆盖、勤排查、快治理"工作格局,强化专业协同,排查并全部整改隐患316项。高度重视消防隐患治理,督促并检查各专业完成了107座变电站(其中220 kV 16座、110 kV 45座、35 kV 46座)、部分配开箱设备及办公场所的隐患排查整改工作,整体消防管理水平和火灾防控能力有效提升。三是现场安全管控全面加强。印发《安全工作奖惩实施方案》《领导干部和管理人员生产现场到岗到位工作实施方案》,确保"十不干",到岗到位,防止人身、人为责任事故管控措施有效落实,现场安全管控得到持续加强。全年公司各类作业现场共计2363个,管理人员到岗到位3856人次,督查各类作业现场358个,发现并及时纠正整改违章143起。依托"无违章班组"创建活动,大力营造"我要安全"的安全氛围,现场安全管控和班组安全管理明显提升,12个班组91人得到表彰奖励。四是应急、保电能力显著提升。积极开展各专业、各层级无脚本应急演练,联合秦皇岛市政府组织开展2018年秦皇岛市大面积停电暨"旅游旺季"保电应急演练,国网系统全面

观摩,提升了公司影响力。严格履行央企责任,全年共计投入保电人员19 285人,各类保电车辆2030辆,发电车25辆,发电机36台,巡视线路6606条次,巡视里程达17 988 km,巡视变电站(含开闭所、配电室)404座,发现并处理隐患963项(含用户隐患缺陷),圆满完成了河北省园博会、高考等140次保电任务。及时发布天气预警信息25次,各类应急抢修工作有效实施。五是电力设施保护成效显著。积极探索构建县级供电企业警务合作新模式,国网卢龙县供电公司率先在冀北县级供电企业中创建电力警务室,得到了冀北公司充分肯定。积极沟通秦皇岛市政府,充分发挥"政企联合、警企联动"机制效能,依托市政府和市署办督查解决了龙家店汪上村(8807棵线下树)、北戴河区(11 041棵线下树、违建13处)、海港区徐庄(违建14处)等变电站周边及重要线路线下隐患,线路通道私搭乱建情况得到了有效遏制,重要输电通道安全得到了有力保障。

(二)设备运维有力保障

一是电网设备运行安全稳定。统筹安排设备检修预试,完成主配农网检修1404项、带电检测5565台次,消除缺陷446项。全面落实500 kV输电线路属地化巡视责任,严厉打击破坏电力设施行为,高质量完成500 kV输电线路属地化巡视工作,连续5年未发生跳闸事件。二是全面完成技改大修工程。顺利完成了220 kV徐李一二线、110 kV营深线跨京哈高速改造;110 kV李板、五南线跨越高铁,小营10 kV开关柜改造;崔各庄更换GIS及印庄、石门变电站更换主变等82项技改大修工程,设备健康水平得到了全面提升。配合市政建设,完成宁海大道、机场连接线等4项线路迁改工程。三是配网结构日趋完善。优化完善北戴河中压配电网结构,完成18项开关站和箱式变电站新建工程,局部重载、间隔不足、设备老旧等问题得到彻底解决。精确诊断设备运行状态,强化不停电作业支撑,完成了40座重点配电站室自动化接入和2座智能配电室建设,

新建了 3.8 km 智能化电缆通道，运检主动服务能力有效提升。扎实推进配网工程建设，4 个批次、247 项工程圆满完成建设任务，海港区市区一二线等 2 项工程获得冀北公司"优质工程"称号，昌黎县 10 kV 新金铺村网改造工程获评国家电网"配电网百佳工程"。

（三）电网保持稳定运行

一是优化电网运行方式。科学安排电网运行方式，重点做好技改大修、基建投产与检修预试等异常运行方式，全年执行停电计划工作票 1176 张、检修方式票 203 张，下达倒闸操作指令 12 006 项。二是合理防控电网风险。加强停电计划安全校核，严守先降后控原则，开展月－周－日前三级计划的风险分析与安全校核，从优化停电计划及落实风险防范措施角度做好部门间的专业联动，为电网安全运行提供了有力支撑。全年电网平稳度过五级风险 33 项、六级风险 117 项。三是稳固电网三道防线。及时排查电网三道防线设置，确保安稳控制策略执行到位。完成地区 150 座场站专项核查，共核查设备 3888 台，发现问题 485 项，整改 399 项，其余 86 项已列入 2019 年检修计划。

（四）信息网络安全进一步夯实

一是扎实布控信息网络安全措施。持续规范信息系统（设备）接入、安全运行管理，每月定期全面排查、修复在网 3749 台设备（系统）漏洞，完成 250 余台网络设备的接口安全配置，实现了对部分危险端口的屏蔽。编制泛终端设备安全配置规范，入网设备的安全管控力度进一步增强。二是通信系统安全风险得到有效防范。全面核查电网保护、安控业务通道承载能力，及时梳理单条光缆、单台设备故障可能造成的安全风险，分析并制定运行风险管控措施，保护安控业务安全运行风险得到有效降低和合理控制。全年完成核查方式 186 项，风险预控 31 次，完善预案 32 项。地区通信网发生影响业务的故障率同比下降 10%。三是通信网络规划建设扎实推进。编制完成了 2018—2022 年通信网滚动规划。进一步细化市县调一体化对通信的需求及通信方案，实现了市、县通信网对调控对象的全面覆盖。优化完善网络结构，调整业务承载方式，全年通信专业共完成计划检修 238 项，执行标准化作业巡检卡 108 份，网管通信电路数据调整 126 条，蓄电池放电试验 20 组，纤芯测试 2360 芯，发现并处理缺陷隐患 20 项。四是信息设备运行稳定性进一步提升。全面排查信息网络设备运行隐患，重点排查县公司核心机房、信息汇聚机房运行环境，共发现并治理问题 9 项。深度排查分析并治理 9 项公司核心机房应用系统、UPS 电源系统及核基础设施设备问题，信息系统运行状况得到进一步提升。试点建设应用变电运检全流程移动管理系统，并通过国家电网验收。在冀北五市率先完成 220 kV 及以上传输业务切改。以网络安全零漏洞、零入侵、零篡改的防守成绩圆满完成"国家专项网络攻防演习"保障工作，得到了国家电网、冀北公司的充分肯定。

（五）"党建＋安全"活动特色融合提升

紧密围绕公司安全生产工作，开展了"党建＋安全"作业现场随手拍、党员现场宣誓、党员安全生产示范岗、党员现场亮身份等活动，建立了"党建＋安全"活动网络平台和"党建＋安全"活动工作微信群，实现了把党性教育融入安全现场、把现场安全生产教育纳入党员学习教育的深度融合，在安全生产中彰显了党建价值，实现了党建工作助力安全生产，全年 15 个部门和单位积极参与，取得了良好的教育效果，形成了特色的党建安全文化。2018 年，生产系统党政工团工作硕果累累，其中多人荣获冀北公司"先进个人"荣誉称号，1 名同志被评为"感动冀北电力年度十大人物"，1 名同志荣获冀北公司"劳动模范"称号，1 名同志荣获国家电网"国网工匠"称号。

过去一年，面对一系列困难与挑战，公司系统广大干部职工主动作为，履责担当，攻坚克难，砥砺奋进，圆满完成了公司全年安全生产目标任务，成绩的取得，得益于公司的坚强领导，得益于全体干部职工的辛勤付出。在此，我代表公司领导班子，向奋斗在安全生产一线的广大干部员工表示衷心的感谢！

二、充分认识当前安全面临的形势，继续担当奋进，为公司争创一流能源互联网企业建设排头兵提供安全保障

2019年是新中国成立70周年和决胜全面建成小康社会的关键一年，未来3年是党和国家事业发展至关重要的3年，也是公司持续快速发展转型突破期的3年。在总结成绩、谋划未来的同时，我们更要提高政治站位，努力提升"三个认识"，夯实安全基础，主动作为，继续担当奋进，全力推动公司安全水平再上新台阶。

（一）深化认识安全工作极端重要性

从国家层面看，安全事关人民福祉，事关经济社会发展大局，是一切工作的前提、基础和保障。党的十八大以来，党中央、国务院始终把安全生产摆在了前所未有的高度来抓，习近平总书记多次在不同场合就安全生产发表了一系列重要讲话，做出了一系列重要批示，深刻阐释了安全生产的极端重要性，对于指导我们做好安全生产工作具有重要的指导意义。习近平总书记在强调责任落实上，特别强调党政一把手要以对人民极端负责的精神亲力亲为、亲自动手抓安全生产工作，在安全和发展理念上强调坚持发展坚决不能以牺牲安全为代价这条红线，不能有丝毫侥幸心理，国家、省、市各级安委会也提出了严厉的举措强化安全生产的重要意义，抓好安全生产是落实习近平总书记重要讲话精神和党中央、国务院决策部署的必然要求。

从电网系统层面看，国家电网和冀北公司新年伊始连续召开安全生产电视电话会和安全生产会议，华北能源监管局召开了华北区域电力安委会扩大会，寇伟董事长在年初安全生产电视电话会议上强调："今后发生性质严重、影响恶劣的责任事故，事故单位主要负责人要立即停职配合调查，并在年度绩效考核中予以体现，后续该离岗的离岗、该撤职的撤职，单位的工资总额要予以核减，这几点要求必须刚性执行。"国家电网、冀北公司和公司的两会先后又对安全工作不停地再强调、再部署，目的就是让每一位干部员工认识到安全的极端重要性，自觉守护安全。

从国家电网、冀北公司发展战略看，抓好安全生产是贡献世界一流能源互联网企业建设的时代要求。国家电网顺应能源革命和数字化融合发展趋势，创造性提出了建设一流能源互联网企业战略目标，要打造枢纽型、平台型、共享型"三型企业"，要建设运营好坚强智能电网、泛在电力物联网"两张网"，要瞄准"世界一流"这一奋斗标杆。冀北公司全面分析发展机遇及发展潜力后，瞄准了新时代国网发展新战略，提出了用3年时间，在能源互联网发展、经营管理、优质服务、创新发展、队伍建设等方面初步建成一流能源互联网企业的战略目标的总要求，实现这些目标的首要前提是安全发展，国家电网、冀北公司的一系列重要举措对安全生产工作提出了新的挑战，同时也再一次宣示了做好安全工作的极端重要性。

（二）深刻认识安全生产严峻形势

2018年，国内安全生产形势严峻，先后发生了几起安全事故，每一起事故均不同程度造成了人身或者设备损失，相关责任人均受到了严厉追责，事故处理人员范围和力度空前。"海恩法则"指出：每一起严重事故的背后，必然有29次轻微事故和300起未遂先兆及1000起事故隐患。仔细分析2018年发生的事故原因，就会发现正是这些轻微事故、未遂先兆和事故隐患酿成的惨剧，公司上下必须全面吸取事故教训，引以为戒，要做到上级部署和要求的坚决贯彻、执行、落实到位，坚决杜绝未遂先兆和事故隐患，坚决杜绝安全生产事故发生！

（三）清醒认识公司安全存在的问题和不足

从电网结构看，主网网架结构还需进一步完善。220 kV龙家店、平方站母线不满足N-1条件，

存在 5 级电网风险。输电走廊环境复杂，且 220 kV 天深、徐李等线路存在同一走廊或同塔并架，严重故障下可能造成变电站全停或小地区停电事件。玉皇庙等城区站负荷开放受限，配网负荷转带能力不足；大负荷期间主变负载率逐年上升，昌城、蒲河变电站已接近满载，设备运行压力较大；10 kV 配电网串级较多，方式复杂，线路 N-1 通过率仍待提高；县域 35 kV 变电站仍存在变电站单电源问题。

从设备安全看，设备安全运行压力持续增大。近年来恶劣天气频发，线下、变电站周边及电缆通道、树障、违章建筑等安全隐患治理难度加大，山火、异物、外破等因素严重威胁线路及变电站运行安全。城区部分变电站变压器高峰时段不满足 N-1 且负荷转供能力较差，出站电缆通道较为集中且超容现象较为突出，极易造成群燃事故。配农网网架结构与设备装备水平仍然较低，设备抵御自然灾害能力不强。网络安全压力依然较大，2018 年冀北公司网络出口累计监测阻拦各类攻击超过 51 万次，其中包括 16 万余次高危攻击，给我们带来了较大的网络安全管控压力。变电站消防设施不完善，存在变压器固定灭火系统无法启动自动控制功能、火灾自动报警装置故障等问题。消防设施管理不到位，值班人员专业知识匮乏，消防控制室设施老化、失效，难以满足突发火灾处置要求。

从人身安全角度看，安全管控压力依然较大。对照冀北公司和公司的要求，我们依然还有很大差距，主要表现在：部分单位安全工作执行力不强，在执行上存在打折扣现象。安全责任压力传递层层衰减，安全管理存在盲区，履职尽责形式化、口头化严重，以安全会议传达当作安全责任落实，抓现场、抓违章、抓隐患能力明显不足，部分单位作为安全保证体系责任担当不够，个别单位有章不循、有规不遵，宽松软现象时有发生，全年未见一张处罚单、未见一次隐患排查记录；部分基层供电所安全管理表面光鲜，实则差距较

大，暴露出基本功不扎实。部分单位领导干部未能树立底线思维、红线意识，对安全生产的管理依然存在较大差距。一些专业安全管理弱化、虚化，在计划组织、方案审查、风险辨识、到岗到位等环节管控不力，未能担负起"管业务必须管安全"职责，安全管控关口前移不够，有的作业现场组织、技术和安全措施落实不到位，未能真正发挥管理和把关作用。部分员工安全认识不到位、"我要安全"意识不强，未能形成自觉反违章、自觉遵守安规的浓厚氛围，部分员工存在和督查人员"斗智斗勇"的思想，安全管控现场怕督查、不让查现象依然存在，安全保证体系和安全监督体系发挥安全管控合力有差距。集体企业分包队伍资质审核把关不严，存在超资质、超能力范围承揽工程，"皮包公司""资质挂靠"现象广泛存在。部分分包队伍承揽集体企业项目，人员临时抽借组建，人员安全意识与技能水平参差不齐，事前风险分析不足，制定的防范措施针对性不强，现场安全措施设置不完备，个人防护用品使用不规范等问题依然突出，分包商整体水平急需提升，分包队伍安全管控难度大。基建工程、技改大修项目、农配网工程集中建设，高风险作业频繁，部分工程因外协等因素延误工期后，存在抢进度、放松安全管理的现象。

面对国家电网、冀北公司新战略、新要求及公司安全管控差距，我们要切实增强大局意识、责任意识、忧患意识和风险意识，安全生产要时刻保持如履薄冰、如临深渊的心态，要坚持"安全工作每天从零抓起"，坚持不懈地抓好当前每一项工作，清醒认识自身差距和不足，化压力为动力，夯实基础，担当奋进，为公司争创一流能源互联网企业建设排头兵提供安全保障。

三、2019 年安全重点工作

2019 年是新中国成立 70 周年，是全面建成小康社会、实现第一个百年奋斗目标的关键之年，是推动公司三年战略突破的开局之年，确保安全生产至关重要。我们要坚决贯彻冀北公司党组决

策部署,认真执行公司2019年安全生产工作意见,紧紧围绕"七个不发生、三个确保"安全目标,严格落实全员安全生产责任制,健全安全保证和安全监督两个体系,深化隐患排查治理和风险预警管控双重预防机制,提升基础保障、过程管控和应急处置3个能力,扎实开展安全管理"七项行动",持续提升安全管控能力,为公司高质量发展提供安全保障。

（一）狠抓安全责任制落实

紧紧抓住责任制这个关键,着力构建全员知责明责、明责履责、履责尽责、失职追责的安全责任体系。一是领导干部必须扛起责任,履责到位。公司各单位党政负责同志必须严格落实"党政同责、一岗双责、齐抓共管、失职追责"要求,扛起本单位的安全责任。班子其他成员也要对分管业务范围的安全工作负领导责任,对分管范围内的安全工作重点抓、长期管、具体盯,定期开展专业安全分析,认真抓好重点工作落实。做好领导干部安全述职,做到守土有责、守土尽责。二是专业管理必须扛起责任,履责到位。严格执行公司领导干部和管理人员到岗到位实施方案,各专业部门要切实履行"管业务必须管安全"职责,将安全管控关口前移,安全重心下移,将安全工作贯穿全业务,与业务工作同计划、同布置、同检查、同评价、同考核,切实扛起安全管理主体责任。各专业部门要常态化开展风险预警管控、隐患排查治理、反违章等工作,消除安全薄弱环节,保证各专业领域安全。各级安全监察部门要加强监督,督查各级领导、各专业将安全责任落到实处。三是全体员工必须扛起责任,履责到位。全员安全责任清单已经按照部门、岗位职责对应修订下发完毕,各部门一定要按照安全责任清单要求,做好宣贯培训并严格落实,确保每一名员工知晓自身安全职责,以责任落实促进工作履责到位。

（二）狠抓电网安全运行

一是强化电网运行管理。科学合理安排电网运行方式,深化电网特性分析,有序开展220 kV

主网架增强等工作。持续推进电力监控系统安全防护治理,完成110 kV汤河等30座厂站生产控制大区、安全Ⅲ区2019年网络安全监测装置部署。强化二次系统运行管理,筑牢电网设备"三道防线"。大力推进老旧、家族性缺陷设备改造,完成五里台220 kV 3号主变更换保护等工作。加强电厂涉网装置技术监督,严把分布式电源并网关,促进分布式电源合理有序开发。二是强化设备运维管理。开展重要输电通道运维专项提升行动,严抓高天三回线路属地巡视质量管控,完善与冀北检修公司协同联动机制,提升快速反应能力,保障电网大通道安全稳定运行;开展配电精益化管理专项提升行动,持续推进人身触电风险隐患专项治理,完成北戴河电缆通道防火隐患治理,全域开展配网带电检测。全面开展基于PMS系统基础数据治理,创建供电服务指挥中心深化运营标杆单位,实现配电自动化实用化应用,夯实"两系统一平台"基础,着力提升配电网供电可靠性和主动服务能力。开展变压器抗短路能力治理专项行动,严把新采购变压器入网质量关,按照变压器抗短路能力工作方案要求,配合国家电网完成突发短路试验抽检及在运110 kV及以上变压器校核。针对不合格变压器分别采取运行方式调整、低压母线绝缘化、加装限流电抗器、运行环境治理等合理手段制订整改计划并严格落实,全面提升变压器抗短路能力。三是强化网络与信息通信安全管理。贯彻《网络安全法》、等级保护2.0和网络安全智能防御体系建设要求,年内实现公司网络安全智能防御全覆盖。开展泛终端接入管理专项排查,规范业务系统账号管理,杜绝发生信息系统泄密事件。优化通信系统网络结构,加强老旧设备治理,积极推进ADSS光缆"三跨"安全隐患治理。严格电力监控系统网络边界防护,推进厂站端监测装置部署。

（三）狠抓现场安全管理

一是开展防人身事故专项行动。公司各专业要全面推行生产作业安全管控标准化,强化"不按标准化作业就是违章"理念。规范编制工作计划,认真组织现场勘查,全面评估作业风险,认真落实《安规》、"两票三制"等制度和"十不干"要求,扎实做好安全和技术交底,规范"开工报告""三措一案"的编写、审核、批准和落实执行。严格落实防倒杆、防高坠、防触电、防感应电等安全措施。加强故障抢修、装表接电、表计检测等小型分散和夜间、节假日期间作业现场安全管控,杜绝无票、无监护作业和"搭车"作业。二是狠抓施工安全管理。严格落实国家电网12项配套政策要求,加快施工作业层班组建设,做实施工、业主"两级管控",严格执行电网建设《安规》,抓好关键人、关键点,确保施工安全技术措施有效落地。严格执行"三十条"措施和"十八项"禁令,开展配电网工程现场安全管理巩固提升行动,压实项目管理中心安全管理责任,推广应用工程管控APP,加强现场作业视频监控,确保安全施工。全面启动城市配电网可靠性提升工程,持续深化配电网标准化建设,强化配电网带电检测,大力开展配网不停电作业,整体提升配电网运检管理水平。三是强化资产全寿命周期管理。加强设备选型、招标、监造、安装、运行、维护全过程质量控制和监督,强化基建与生产专业衔接,对设备质量问题实行全过程追责。四是开展防恶性误操作专项治理行动。严格执行防止电气误操作管理规定,加强防误装置运行维护,规范授权密码和解锁钥匙保管与使用,完善智能站、二次系统等防误技术措施。严格执行倒闸操作制度,严控解锁审批,杜绝发生恶性误操作事故。

(四)狠抓隐患排查治理

一是深入开展各专业隐患排查治理。坚持隐患"全覆盖、勤排查、早发现、快治理"工作机制,常态化开展隐患排查治理。针对已暴露问题和安全薄弱环节,8个部门16个专业要深入开展专项隐患排查治理工作。对重大隐患挂牌督办,实行"两单一表"(督办单、反馈单和过程管控表)

管控。按期完成3处输电线路"三跨"隐患治理任务。二是深入开展风险预警管控。电力调度控制中心要坚持"全面评估、先降后控,分级预警、分层管控"原则,加强施工陪停、启动调试、设备检修等电网风险辨识,建立风险预警与停电计划流程互联机制,开展风险预警发布后评估工作。三是狠抓消防隐患治理。开展变电站、高压电缆消防隐患专项治理行动,落实国家电网及冀北公司关于变电站消防设施完善、高压电缆防火等相关要求,做好消防控制室及消防联动机制建设、变电站运维人员消防取证、人员消防能力提升工作。结合项目实施及反措治理全面完成变电站电缆沟、电缆夹层、高压电缆及通道等电缆防火治理工作,全面提升电气设备火灾防范能力。加强电网设备、作业现场、办公(调度)大楼、人员密集场所火灾风险防控。年内完成58座变电站火灾报警系统和32台主变固定灭火系统改造升级及平方运维操作队所辖8座变电站接入新建消防控制室试点建设。加快实施昌城变电站出口电缆沟扩容及北戴河地区电缆中间头、电缆沟道内电缆密集区域防火防爆措施。试点完成北部工业园区配电网小电阻接地改造。开展防山火专项治理行动,配合冀北公司修订完善山火分布图,整合村镇防火员、群众护线员及专业巡视人员力量,对存在山火隐患区段的高天三回等重要线路重点时段逐段落实运维保障措施。采取多样化的信息采集传递手段,提升山火综合预警水平,整体提升防山火能力。

(五)狠抓各领域安全监督和应急处置

一是常态化开展安全监督。健全日常监督、专项监督和协同监督机制,发挥各级安全督查队伍作用,对各类检修施工现场常态化开展"四不两直"督查,重点督查各单位安全组织机构、安全责任履职、安全投入保障、安全体制机制建设等重点措施落实情况。二是狠抓集体企业安全监督管理。落实集体企业"十条意见"和"六条措施",坚持"谁主办谁负责、管业务必须管安全",

实行集体企业与主业"同质化"管理。落实集体企业安全生产主体责任，健全安全生产组织机构和规章制度，加大安全生产投入，提升施工装备水平。扎实开展集体企业安全年活动，深入推进施工类集体企业安全专项治理，持续开展承载力分析，规范工程分包管理，严禁超能力承接工程。严格落实安全费用提取要求，确保安全生产投入。开展分包商专项清理，严格分包队伍资质准入，对于那些"人员不稳定、班组不固定、队伍不专业"的分包商一律不得承揽集体企业工程，将出借、提供挂靠资质的单位列入"黑名单"。三是加大反违章工作力度。各专业部门要主动抓好专业范围内的反违章工作。大力推行违章分级管控和标准化安全督查，提高现场安全监督和反违章工作的效率效果，安全保障体系和监督体系发挥协同合力，严肃查纠各类违章行为。定期开展违章统计分析，查找深层次管理原因，及时发现苗头性问题。四是提升应急处置能力。完成新一轮市、县公司应急预案修编，开展应急能力建设评估"回头看"和整改，推进应急队伍建设，落实应急能力建设三年行动计划，不断提升公司应急管理水平。五是做好重要保电工作。加强组织领导，周密制定保电方案，统筹协调资源，落实保电措施，确保第二届"一带一路"国际合作高峰论坛、庆祝新中国成立 70 周年等重大活动保电任务圆满完成。

（六）狠抓安全教育培训

一是开展针对性安全培训。逐级制订并落实培训计划，按照"缺什么、补什么"原则开展岗位适应性培训，重点组织"三种人"工作票、风险管控和基层一线班组安全管理专项培训，提高员工安全技能素质。二是创新培训模式。强化全员安全教育，探索创新培训模式，做到"各类培训、安全必考"，提升全员安全素养。丰富培训手段，采用视频、动漫等形式，通过APP、微信等渠道，提升培训效果。三是狠抓基层基础。加强一线班组基础建设，树立为基层服务理念，加强对员工的关心关爱，落实基层减负措施，激发员工工作积极性、主动性，筑牢安全生产基础。

（七）狠抓责任追究与安全考核

一是狠抓责任追究。严格监督各级单位遵守国家法律法规和公司规章制度要求，及时、准确报告安全事故信息，坚决杜绝迟报、漏报、谎报、瞒报行为。坚持"科学严谨、依法依规、实事求是、注重实效"，按照"四不放过"原则，查清技术和管理原因，全过程分析事件责任，对责任单位、责任人严肃问责。对重复发生的事件，顶格考核、提级处理。二是强化安全奖惩考核。坚持奖罚分明、重奖重罚，公司安全专项奖要加大对承担主要安全责任和风险的基层一线人员、业务骨干的奖励力度，规范奖励项目，精准奖励对象，切实起到激励效果。加强部门协同配合，严肃事故考核问责，加大安全指标在业绩考核中的权重，对发生安全事故的责任单位和责任人，依据公司有关规定严格实行党纪政纪和经济处罚等责任追究，严格落实事故单位工资总额核减、企业负责人绩效年薪核减等处罚措施，与干部考核评价联动、与薪酬待遇挂钩、与评先评优协同，实行安全事故"一票否决"。

（八）狠抓安全队伍建设

一是狠抓保证体系安全队伍建设。安全保证体系作为安全管控体系的最前沿，直接面对安全现场，安全保证体系队伍直接关系着公司的安全生产稳定局面。要坚持以人为本，大力弘扬生命至上、安全第一思想，全面培育、提高员工安全文化素质，持续增强企业安全发展内生动力，不断提升安全生产综合保障能力。二是狠抓安全监察体系队伍建设。安全监察是公司安全管理的一个重要环节，要强化业务培训和实践锻炼，全面提升各级安监人员的专业素质和综合能力，打造一支素质高、能力强、作风硬、敢担当的安监队伍。各级安监队伍要认真履行安全监督职责，勇于直面问题，敢于较真碰硬，及时抓早抓小抓苗头，严抓严管严考核，以后各单位对于稽查队安全督查查实而带来的抵触等不和谐声音要对责任单位和责任人进行严厉通报考核。三是推进安全文化建设。深化共产党员服务队建设，围绕重大保电、重点工程、抢险救灾、扶贫攻坚等急难险重任务，广泛建立党员突击队、责任区、示范岗，党员干部要冲在前、干在先，起到先锋模范带头作用。开展无违章班组创建活动，通过建标杆、树典型等方式，弘扬工匠精神，激励广大干部员工以先进为榜样，发扬"严细实"工作作风，建设优秀安全文化。

同志们！让我们以习近平新时代中国特色社会主义思想为指引，牢固树立安全发展理念，夯实基础，担当奋进，全力确保 2019 年安全生产稳定局面，为公司争创一流能源互联网企业建设排头兵做出新的、更大的贡献。

副总经理周铁生在公司 2019 年营销（农电）工作会议上的讲话
（2019 年 3 月 1 日）

一、强基固本，创新发展，2018 年营销农电工作成效显著

2018 年，公司营销农电系统认真贯彻冀北公司和公司党委各项决策部署，全面落实各项工作要求，夯实营销农电管理基础，坚持改革创新，队伍素质进一步提高，工作成效显著增强，全年售电量累计完成 136.6 亿 kW·h，同比增长 5.03%；售电收入完成 79.50 亿元，同比增长 4.67%；售电均价完成 582.00 元/（MW·h），可比口径同比提高 1.04 元/（MW·h）；电能替代完成 11.69 亿 kW·h，占公司售电量的 8.56%；业扩容量净增 86.24 万 kV·A，同比增长 9.71%；台区同期线损合格率由年初的 78.59% 提升到 96.94%；营配贯通管理成效由 52.35% 提升到 99.01%。同业对标综合排名冀北并列第一。

一是党和国家大局的重点任务坚决落实。电力营商环境进一步优化。认真落实政企客户制，

线上办电率保持 98% 以上，高、低压项目平均接电时间分别控制在 70 天和 7 天以内。9 月公司代表冀北公司完成华北能监局"获得电力"供电服务监管检查，公司业扩制度建设、重点项目服务等方面工作受到华北能监局的肯定和好评。降价清费政策执行落地。实施 3 次调价任务，完成临时接电费清退工作，全面停止电卡补办、更名过户等电力服务收费，推动清理规范转供电加价。服务脱贫攻坚成果突出。制订公司电力扶贫行动计划，组成精准扶贫领导小组和驻村工作组，光伏扶贫接网、精准驻村扶贫、扶贫产品展销等工作扎实推进，出头石村通过国检顺利"脱贫摘帽"。助力污染防治攻坚战。千方百计争取政策支持，大力推介蓄热电采暖，服务地区"煤改电"用户。落实小散乱污治理和环保预警政策，配合地方政府关停、限产。开展充电网络实时监控和运维服务，保障了电动汽车出行无忧。供电分离移交顺利推进。建立与市国资委、各移交企业沟通对接机制，地区"三供一业"供电接收任务总量 4.17 万户，实现"框架协议、实施协议、职能接收协议、资产移交协议"签订率 4 个 100%。

二是优质服务水平实现新提升。现代服务体系积极探索。完成海阳路 A 级厅服务功能优化及杜庄、泥井、茨榆山无人自助营业厅转型建设投运工作，实现冀北首家营业厅远程视频互动服务接入。服务基础不断夯实。着力改善供电所软硬件设施，深化对杜庄乡、泥井镇 2 个创五星级供电所和祖山镇等 4 个创四星级供电所建设工作。做好县公司综合评价监控平台试点建设。服务管控力度不断增强。制定实施《"党建＋供电服务零投诉"专项工作方案》，完善服务监督及奖惩机制，强化 95598 运营分析监控，准确定位服务短板和问题根源，服务质量监督考核 2456 人次、考核金额 26.9 万元，投诉总量降低 11.40%，工单总量降低 4.21%。服务民生不断深入。高标准、高质量完成全国两会、中高考、暑期政治保电任务等重大活动优质服务保障任务。组织开展"四

进入"便民服务活动。

三是市场开拓实现新突破。业扩报装提速增效。压缩办电环节，精简办电时长，服务小微企业、重点项目等客户用电，减少客户临柜次数，业扩报装服务规范率完成99.90%，新增容量110万kV·A，业扩提速增售电量1640万kW·h。电能替代深入开展。明确2018年清洁取暖工作机制、补贴政策及292户改造用户确村确户明细。建设北戴河全域电能替代生态区，推动农业生产全产业链电气化，推动秦皇岛港首套高压岸电项目落地。推广电能替代项目474个，累计替代增售电量11.69亿kW·A。综合能源服务体系加快构建。开展本地区综合能源服务市场调研分析、潜力项目收集工作，对重点能源项目进行走访调研，推动冀北首个综合能源服务项目落地，实现收入3000万元。电动汽车充换电网络建设加速推进。投运充电站33座，充电桩264个，初步形成秦皇岛充电网络，北戴河区鸟类博物馆充电站试点拓展运维增值服务。

四是营销基础管理取得新成效。营销全业务监控不断完善，以资产管控为源头，对各单位、各供电所进行营销全业务数据监控，实现了对44个供电所及抄表班按周进行工作提示、按月（季度）进行评比、按年进行绩效考核，促进各专业信息融会贯通。计量资产规范管理持续强化。做到每一块表计的校验、安装、运行、报废全流程精确管控，通过核查表计新进库存情况、首次采集示数异常情况，各单位营销业务流程管理更加规范。电费回收预警机制逐步完善。梳理电费高风险客户"一户一策"96户，落实日清日结工作方案，重点推广高压远程费控，完善预付费机制。台区同期线损和反窃电管理不断深化。常态化开展台区线损及反窃电自查自纠专项行动，开展"百日攻坚"专项基础数据治理工作，处理异常台区3279个。试点开展营配数据异动同源管理，逐项治理营配六类问题数据1352条。促请市政府下发打击窃电专项行动通知及管理办法，全年稽查

与反窃电成效1066万元，台区同期线损合格率较年初提升18.35%。

五是队伍素质整体取得新提升。推动党建工作和中心工作两促进，深入学习习近平新时代中国特色社会主义思想和十九大精神，深入开展"党建+优质服务零投诉"活动，深化"和拢"主题品牌促进国网卓越文化落地实践，提高全员专业技能和履职能力。做好亮点培树和典型引领。挖掘基层先进事迹和典型经验，营造创先争优氛围。聚力攻坚重点难点。抓好同业对标、企业负责人绩效等重点工作，坚持从严管理，从严考核，充分发挥考核约束激励作用，进一步激发员工主动性和积极性。

2018年，秦皇岛供电公司被国家电网授予"2018年营销（农电）先进单位"，国网昌黎县供电公司泥井镇供电所被国家电网命名为"五星级乡镇供电所"，营销部计量室检验检测一班被中国质量协会授予"全国质量信得过班组"称号，营销部计量室检验检测一班、国网秦皇岛市抚宁区供电公司杜庄乡供电所被冀北公司授予"2018年营销（农电）先进集体"称号，营销部计量室检验检测一班、装表接电一班被河北省质量协会授予"信得过班组""优秀质量管理小组"称号，秦皇岛供电公司被市政府授予"秦皇岛市扶贫先进单位"称号，张健等6人荣获冀北公司"2018年先进个人"称号，谢欣荣荣获冀北公司"2018年电力交易工作先进个人"称号，杨磊等人荣获冀北公司"2018年度管理创新推广成果二等奖"、北京市"第三十三届企业管理现代化创新成果二等奖"称号，王岩荣获秦皇岛市"扶贫先进个人"称号，沈琪伟荣获秦皇岛市"青年岗位能手"称号。

同志们，这些成绩的取得，是公司坚强领导的结果，是各部门、各单位齐心协力，鼎力支持的结果，是营销农电系统干部员工无私奉献、扎实拼搏的结果。朱总在公司2019年工作会议上，对营销农电系统在优质服务、增供扩销、精益管理、新型业务发展等方面的工作给予了充分肯定，

是对我们的极大鼓舞和鞭策。借此机会，我代表公司领导班子向营销农电战线的全体干部员工及家属，同时向关心支持营销农电工作的各部门、各单位，表示衷心的感谢并致以崇高的敬意！

二、认清形势，提高认识，切实增强创先争优的责任感、紧迫感

2019年是新中国成立70周年，党和国家供给侧结构性改革、"放管服"改革等各项措施和"三大攻坚战"等各项任务将加速推进，国家电网党组创造性提出"三型两网、世界一流"的战略目标要求，系统内各项改革也将全面深化，营销工作面临的外部环境变化和挑战风险明显增多，对公司营销服务高质量发展提出了新的更高要求。

一是服务党和国家工作大局的任务更加艰巨。在优化电力营商环境方面，"获得电力"指标评价工作已由北京、上海试点全面推向全国，当前河北省政府已经启动营商环境评价工作，要引起大家足够的重视，认真研究分析公司"获得电力"指标差距。受到输配电价疏导、地方政府路由审批及政策发布等外部因素制约，公司在投资能力、"两个项目包"落实落地、接电时间、电费透明度方面还存在短板。应按照冀北公司《持续优化营商环境提升供电服务水平两年行动计划实施方案（2019—2020年）》要求，抓紧细化措施，认真贯彻落实。在服务脱贫攻坚战方面，目前三星口乡出头石村已实现脱贫摘帽，但精准驻村帮扶、防止脱贫户返贫、长效机制建设等工作还需要常抓不懈、深入推进。在服务蓝天保卫战方面，秦皇岛市在完成大气污染防治指标同比降低方面任务艰巨，市政府已明确提出要突出抓好工业污染防治和燃煤污染防治，将在重点行业治理、散乱污企业治理、燃煤锅炉改造等方面加大攻坚力度，对不作为和乱作为等问题将加大问责力度，这对我们把握好政策尺度，积极做好服务和管理工作提出了新课题。随着电动汽车产业的快速发展，公司充电网络建设难度不断加大，市场秩序还有待规范。在服务乡村振兴方面，2019年中央

一号文件对乡村电气化和农村电网改造提出了明确要求，国家电网要求努力消除城乡供电服务不充分不平衡的问题，提高农网供电质量、减少频繁停电，在农业生产、乡村旅游等方面打造电气化示范项目，提高农村地区电能消费比例。这对公司提升农网改造精准性和电能消费协调性、加强乡镇供电所管理和农村供电服务队伍建设提出了更高标准。

二是营销经营指标压力不断加大。售电量增速趋缓，我国经济下行压力加大，环保限产持续抑制高耗能行业用电需求，同时受秦皇岛市调整产业结构等因素影响，削弱了公司售电量增长基础，公司1月售电量同比下降了3.04%，增供扩销难度加大。电费回收风险依然较大，2019年河北省去产能力度不断加大，对钢铁、煤炭、水泥等产能再压减，秦皇岛将退出50%左右的钢铁产能，电费回收工作压力较大。电费收入将由"一市一行一户"管理逐步转变为"一省一行一户"，电费由省级直收，回收业务更集约，对业务规范性要求也更加严格，而从前期工作监控、客户投诉看，电费催收不规范等问题仍然存在。堵漏增收指标完成难度升级，经过两年来台区同期线损专项治理，台区线损合格率有了较大提升，但地区综合线损率在冀北五地市中处于偏高状态，部分所站的台区线损率甚至在9%以上，降损水平亟待优化提升。另外，2019年冀北公司要求公司反窃查违成效达到1200万元的目标，任务异常艰巨。

三是营销精益化管理仍需加强。营销稽查工作相对弱化，稽查队伍力量不足，经营服务风险缺乏有效管控，"三指定"、乱收费、"吃拿卡要"等问题仍有发生，用电检查工作开展不严格等问题在各单位也不同程度存在，营销稽查监控常态化长效化工作体系亟须进一步健全深化。电费电价政策执行方面，两部制电价、分时、分类电价执行不规范等情况依然存在，严重损害了公司经营效益。

四是基层基础管理仍然相对薄弱。专业管理需要进一步理顺，2018年营销部针对专业管理不能"一贯到底"问题，对基层所站开展了营销全业务监控、全业务评价，并直接对所站下发工单指导工作，极大缩短了管理链条。但综合评价还仅限于营销管理，还有待健全，影响力还比较弱，各单位重视程度和执行力还不够。行业作风建设需要进一步加强，冀北公司综合评价中，公司所属4家县公司除国网昌黎县供电公司外，其余3家县公司均涉及红线指标扣分，充分暴露出基层所站政策执行不到位、考核制度执行不严格等情况屡见不鲜，同时也暴露了上一级管理部门、单位管控不到位，没能及时发现和督导解决各类问题。服务水平需进一步提升，公司系统还普遍存在服务机制不健全、服务体系不顺畅和主动服务意识不强、服务能力不足等问题，需要进一步强化以客户为中心的思想，创新服务体系机制，从基层具体工作抓起，不断提升服务效率和水平。

三、守正创新，笃志行远，扎实做好2019年营销农电各项工作

营销农电系统要认真贯彻冀北公司营销工作会和公司工作会议精神，聚焦公司"三型两网"企业建设新要求，全力争创"五个排头兵"，以客户为中心，以强化内部管理为主线，推进现代服务体系建设，狠抓提质增效，夯实基础管理，高标准、高质量完成全年经营指标和重点任务。

（一）增强大局意识，确保党和国家重大决策部署落地见效

一是持续提升电力营商环境。深化业扩报装全流程监控，10 kV及以上业扩报装项目全口径接入供服指，建立预约、派单、指挥、回访闭环监督机制。促进受限项目"先接入、后改造"要求和配套电网出资界面规定执行到位。对于省级及以上各类园区和电动汽车充电桩、电能替代项目，由公司投资建设供配电设施至客户红线；接入公共电网的光伏发电项目，其接网工程及接入引起的公共电网改造部分由公司投资建设；100 kW及

以下客户实行低压接入，实现办电"零投资"。各单位要选好客户经理队伍，压实工作责任，强化工作考核，主动融入地方优化营商环境整体工作，加大宣传引导和协调工作力度，平均接电时间要兑现服务承诺，降低客户办电成本。杜绝业扩报装流程线下流转等行为。深化"互联网+"营销服务，减少客户往返营业厅次数。要认真做好河北省"获得电力"评价迎检工作。推行"报装就接电"办电模式。全面取消非重要负荷客户设计审查和中间检查环节。低压居民办电推行"一岗制"快速作业，实现当日申请当日办结，"办电一次成"。二是高质量服务脱贫攻坚战。营销部要继续认真履行公司精准扶贫行动领导小组办公室职责，组织实施精准扶贫工作举措，做好精准扶贫相关协调工作。三是全力服务打赢蓝天保卫战。相关部门要加强外部沟通和内部统筹协调，配合做好"散乱污"企业治理等工作，抓好"煤改电"重点工程，保障服务质量。相关单位要加快推动"煤改电"确村确户，推广蓄热式电采暖技术，确保按期完成政府任务，着力提高电网设备利用效率。四是服务乡村振兴战略。各单位要加强与地方政府沟通汇报，促请将乡村电气化纳入地区乡村振兴发展规划和重点工作，推动出台保障支持政策。

（二）加快转型升级步伐，着力提升优质服务水平

一是强化服务过程管控及质量管控。坚持"管专业必须管服务"，落实管理责任，完善95598服务评价体系，加强营配调融合，发挥供电服务指挥中心协调作用。加大明察暗访工作力度，规范供电服务行为，注重与营销稽查的融合，强化服务监管，确保投诉、工单总量年内同比分别压降20%、5%。二是推进营业厅转型升级。深化海阳路供电营业厅示范引领作用，逐步开展无人厅远程交互服务。完成供电服务指挥中心及海阳路A级厅专家座席设置，开展自助营业厅远程交互服务。三是打造城区低压网格化。全面推进城区

低压网格综合服务建设,海港区、北戴河区试点单位要尽快落地实施,制定公司低压网格服务整体建设方案,明确低压网格组织架构及职责分工,建立低压网格服务监控及考核机制,促进营配末端融合。四是深化主动抢修服务。选取北戴河作为试点,将上行信道全部改用光纤接入方式,营销部要协同运维检修部年中基本实现主动停电事件上报功能,摆脱依赖客户报修的"被动抢修"模式,提升抢修效率。

(三)加大市场开拓力度,持续推进增供扩销

一是提高电能替代对售电量增长的拉动作用。大力推进乡村绿色发展、推动农业农村电气化,打造电能替代创新示范项目,并继续开展地区"全电景区"建设推广工作,年内完成替代电量 12.6 亿 kW·h。二是继续深挖综合能源服务重点项目。收集掌握重点潜力用能需求,打造符合秦皇岛市、县特色的综合能源服务示范项目。三是服务电动汽车推广应用。推广建设网约车专用充电站,走访政府物价等部门,降低充电服务费定价标准,提高充电设施利用率。建设客户侧智慧能源服务系统,试点开展有序充电工作,保障电动汽车电能的有效供给和电网运行安全,年内完成 8 个充电桩建设。

(四)加强风险防范能力,持续深化精益管理

一是加强营销全业务质量管控。进一步健全营销稽查体系,强化"量价费损"业务质量管理。各单位要高度重视营销稽查工作,全面落实公司稽查工作部署,完善组织体系,选调业务骨干,专岗专责,充实稽查队伍力量。针对历年审计、外部监管、内部稽查反复发现的问题,要重点关注、常抓不懈,化解经营服务风险,堵塞"跑冒滴漏"。围绕电价执行、抄表规范性、电费回收、高压用户电量采集、台区线损、户变关系等 6 个主题开展重点专项稽查。二是严控电费回收风险。细化完善风险防范措施,不断提高抗风险能力。营销部、财务资产部要做实营财贯通,进一步规范集约化核算业务,杜绝抄核收违规作业。各单位要常态开展电费回收督查,压紧压实回收责任,严密防控电费回收风险。全面推广"日清日结"工程,加快改变传统营业抄核收管理模式,对电费余额日监控,建立完善的配套工作标准,规范服务标准,推行差异化费控和"以催代停"管控措施,创新催费手段。深化"互联网+"交费服务,规范客户预收电费管理,推广"电 e 宝"支付等电商服务新渠道。三是强化降损增效治理。常态化开展台区线损及反窃电自查自纠专项行动,有针对性进行异常台区治理工单下发,严格督导管控工单完成情况,将线损指标落实到台区经理,形成约束和激励双重机制。各单位要以户变关系治理为抓手,完善营业普查、营配数据治理的方法手段,全面提高营配基础数据准确率。巩固前期反窃电成果,持续深化警企联动,加强用电检查队伍建设,形成持续高压态势,落实反窃查违目标。四是继续开展计量资产核查工作。对各单位库存资产、在运资产进行核查,核查结果同步纳入同业对标指标中进行考核,确保计量资产信息的完整性、准确性。针对 ERR-04、ERR-08 表计问题,各单位要及时报送更换安装里程碑计划,细化到月,计量室统一调配,确保表源供应充足。针对表箱破损问题,计量室要根据各地区表箱破损严重程度有相应的表箱供应倾斜。

(五)加强统筹协调,持续夯实管理基础

一是深化县公司综合评价及供电所管控评价。营销部年内要实现将全业务综合监控、综合评价体系覆盖到各网格、工单量化到网格、绩效考核到网格。各单位要充分发挥冀北公司各县公司综合评价及公司营销全业务综合评价的功能作用,发现补足管理短板,积极晋位争先,提高市场竞争能力和经营效益。二是深化用电信息采集应用。通过光纤接入、采集系统主站的不断完善,实现对客户负荷的实时采集、全量采集。针对卡表改远程问题,各单位要加大居民卡表远程化改

造进程，制订改造工作里程碑计划，宣传解答到位，确保尽快完成全市卡表改造，实现远程费控全覆盖。三是持续推进"全能型"供电所建设。深化应用供电所综合监控平台系统，按照星级供电所建设规范，推进"全能型"供电所两年提升行动计划，确保完成"改善生产经营条件两年攻坚"。

（六）加强营销队伍建设，持续提高员工素质

一是加大培训力度。组织开展分层级培训，针对不同对象开展不同内容的培训，组织领导干部和专工上讲台，不断提升各级人员综合素质。通过培训和考核，促使各级人员熟知各项政策要求，严格落实各项制度规定，不断提升处理实际问题能力。二是确保营销工作安全。牢固树立"管业务必须管安全"理念，加强业扩接电、计量装拆、充电桩运维等营销现场作业安全管控。落实"四到位"工作要求，加强高危及重要客户安全隐患排查治理，规范营销网络与信息安全管理，确保不出现安全生产责任事件。营销部要继续协同安全监察部对供电所的安全管理工作进行监督检查。三是强化党风廉政建设。继续深入开展"党建＋供电服务零投诉"主题活动，进一步强化党建标准化建设，同时强化廉政意识、风险意识、底线和红线意识，严格落实中央八项规定，加大对业扩报装、现场服务行为的监督检查力度，严肃查处"靠电吃电"、损公肥私、乱收费、滥用职权要求客户出资建设配套工程等"微腐败"问题。

同志们，让我们在公司党委的坚强领导下，守正创新，笃志行远，直面新情况、新问题、新困难，扎实工作，奋发作为，全力推动公司营销服务高质量发展再上新台阶，以优异成绩迎接新中国 70 周年华诞！

纪委书记、工会主席刘彦斌在公司 2019 年党建、党风廉政建设 暨宣传工作会议上的报告

（2019 年 3 月 7 日）

一、2018 年工作回顾

2018 年，在公司党委的坚强领导下，公司上下认真学习党的十九大精神，全面贯彻冀北公司党风廉政建设和反腐败各项决策部署，坚持以党的政治建设为统领，强化"两个责任"落实，深化巡视巡察，持之以恒纠正"四风"，圆满完成了党风廉政建设各项任务，为公司安全稳定健康发展提供了坚强保障。

（一）管党治党政治责任落实到位

夯实党风廉政建设责任。调整公司党风廉政建设责任制暨反腐倡廉建设工作领导小组，积极协助党委研究部署党风廉政建设重点工作，下发《2018 年党风廉政建设和反腐败工作重点工作任务》，制定领导班子成员及本部部门（中心）党风廉政建设履责要点，签订党风廉政建设责任书35 份，层层压实"两个责任"。严格落实"一岗双责"。公司班子成员带头落实全面从严治党要求，坚持将党风廉政建设工作与分管工作同计划、同部署、同落实，将廉洁从业和改进作风要求贯穿到业务管理全过程。健全压力传导机制。以巡视巡察、日常监督、审计检查和纪律审查发现廉洁风险隐患为重点，细化约谈方案，公司班子成员对分管范围存在的风险隐患进行约谈提示，逐级传导压力，把整改作为约谈工作的关键环节，下发督办单 6 份，将责任落实到业务部门，延伸到县公司和集体企业。公司先后约谈 20 家单位部门，约谈 52 人。加强过程监督和考核。健全党风廉政建设考核指标体系，聚焦"两个责任"落实、巡视巡察问题整改、问题线索处置等重点工作，把握关键环节，强化过程管理，严格责任考核，推进党风廉政建设责任有效落实。对 5 家单位部门 2018 年度企业负责人绩效进行了扣分。

（二）政治巡视巡察任务顺利完成

高质量完成巡视任务。公司党委高度重视国家电网巡视"政治体检"，迎检准备期间，组织多轮次全方位自查自纠。现场巡视期间，公司上下同心协力，密切配合，按时完成巡视组交办的各项任务。巡视反馈18个问题，制定整改措施40条，建立"主要领导亲自督办，分管领导专业负责，业务部门具体落实，纪委全面监督"的整改工作机制，全部按时限整改到位。实现内部巡察全覆盖。制订2018年巡察方案和巡察计划，组建2个巡察组，完成33家基层单位巡察，实现年度巡察全覆盖目标。扎实推进问题整改。被巡察单位针对反馈的287个问题，制定整改措施520条，建立"问题、任务、责任"3个清单，实施"整改措施落实情况、整改成效情况"两项签字背书，逐项"销号"整改。

（三）专项监督工作不断深化

扎实推进协同监督。调整公司协同监督工作委员会成员，结合巡视巡察、专项检查、审计监督发现的问题，选择成本类项目管理等具有典型性的问题立项，形成公司层面项目6个，基层单位项目11个。下发协同监督意见书38份，整改问题38个，促进了专业部门更好地履行监督防控的责任，提升了关键领域廉洁风险防控水平。"成本类项目管理协同监督"向冀北公司推优参评并获奖。加强廉政审核工作。落实干部提名事前征求纪委意见制度，严格干部提拔、岗位晋升和选聘职员提名人选考察，严把政治关、廉洁关、形象关，防止带病提拔、带病上岗。2018年，开展任前廉政考试5次、任前廉政谈话175人次。开展形式主义官僚主义问题排查。制定《集中整治形式主义官僚主义工作方案》，组织自查自纠3次，全面排查廉洁风险，推动上级各项部署在基层落地生根。

（四）作风建设常态化开展

强化重要节点风险提示和警示教育。紧盯节假日等重要时间节点，采取下发通知、发送短信等方式，开展风险预警提醒和警示教育，反复重申纪律作风要求。把党章党规党纪作为党员教育、干部培训和党委理论学习中心组学习内容，深入开展典型案例警示教育，多维度重申反腐倡廉和作风建设要求，不断强化党员干部的"四个意识"。深化中央八项规定精神落实。落实逢节必查、逢查必报制度，运用《落实中央八项规定精神监督检查指导书》，常态化开展节日明察暗访和日常监督检查8次。基层纪委同步落实双签报告制度。加大行风监督考核。严格行风问题线索移交处理机制，主动从95598投诉举报中查找廉政风险，严肃查处在报装、办电等服务中的不规范服务行为。加强95598各类工单考核，下发考核通报12期，考核金额25.8万元，以严格考核促进服务水平提升。

（五）纪律审查工作严肃规范

规范线索办理程序。严格纪律审查程序，落实重要信访件党政纪领导联签制度，加大纪律审查力度，做到信访举报"零积存"、问题线索"零搁置"、案件办理"零超期"。践行监督执纪"四种形态"。始终把纪律规矩挺在前面，对苗头性问题及时提醒谈话、咬耳扯袖，针对违规违纪问题，严格问责程序，坚持"一案双查"，运用"四种形态"，严肃依规依纪追究问责。给予党纪处分5人，政纪处分7人，诫勉谈话16人次。加强违纪案件通报。坚持"一案两报告"，加强典型案件剖析通报，用身边事教育引导干部员工知敬畏、存戒惧、守底线。开展受处分人员回访，了解工作现状，传递组织关怀。

二、当前面临的形势

2019年是深化全面从严治党的关键之年，也是中央深入推进中管企业纪检监察体制改革的实施之年，改革任务重、力度大、措施具体，影响深远。

从中央决策部署上看，十九届中央纪委三次全会明确提出，要坚定不移推进全面从严治党，巩固反腐败斗争压倒性胜利。要紧盯事关发展全局和国家安全的重大工程、重点领域、关键岗位，对存在腐败问题的，发现一起坚决查处一起。全面推进中管企业纪律检查工作双重领导体制，赋予派驻机构监察权。

从国家电网任务要求上看，国家电网纪检监察组将进行机构重新设置，改革后工作模式也将随之发生重大变化，日常监督和长期监督的力度将进一步加大，惩治腐败的高压态势将进一步加强，监督执纪要求将进一步严细，考核标准将进一步提高，将实现对企业行使公权力人员的监察全覆盖，一体推进不敢腐、不能腐、不想腐。

从冀北公司工作要求上看，冀北公司明确将坚持稳中求进工作总基调，在持续深化巡视巡察方面，先后安排形式主义、官僚主义专项巡察和对9家县公司的提级巡察，同时还将接受国家电网巡视问题整改回头看。在提升日常监督和长期监督实效方面，继续推进协同监督项目化管理的同时，将采取"四不两直"检查方式，持续督查落实中央八项规定精神，对违规宴请、公车私用、收取礼金等问题见苗就掐、露头就打。

从公司党风廉政建设和反腐败工作现状来看，公司还存在一些不容忽视的出血点、发热点，需要引起高度重视。一是"两个责任"和"一岗双责"落实还不到位。从巡视巡察发现的问题上看，公司在落实"两个责任"和"一岗双责"方面还不同程度地存在弱化问题，特别是在全面从严治党、"三公"经费管理、车辆管理等领域，有的问题整改只是"头痛医头、脚痛医脚"，没有举一反三、屡查屡犯、前查后犯的情况仍未杜绝，一些早该纠正的低级错误还在发生。二是集体企业依法治企任重道远。从巡视巡察、审计监督发现的问题上看，集体企业资金管控不严、违规分包、招标采购、车辆租赁、废旧物资管理不规范等问题仍有发生，存在较大廉洁风险。三是反映基层单位的信访举报数量呈上升趋势。公司受理信访举报、问题线索处置数量均大幅增长，涉及基层单位占比90%，其中县公司、集体

企业占比73.3%。四是部分基层站所负责人及相关人员管理监督还存在薄弱环节。从信访举报、95598投诉来看，基层站所是投诉举报高发区，部分基层站所负责人及相关人员存在制度规矩意识不强，服务不规范，工作随意性较大的问题，基层单位对待问题普遍存在大事化小、小事化了的现象，不愿动真碰硬。五是重大事项报告制度执行不严格。有的单位员工被地方司法机关刑事拘留不报告，举报信转到公司后，公司才知道。有的单位收到举报信后，不积极调查处置，不报告，不妥善保管举报材料，给公司造成工作被动。

三、2019年重点工作任务

2019年，公司党风廉政建设和反腐败工作总体要求是：以习近平新时代中国特色社会主义思想为指导，深入落实十九届中纪委三次全会精神，全面贯彻冀北公司2019年党风廉政建设和反腐败工作部署，以党的政治建设为统领，坚持稳中求进工作总基调，以巩固基础为根本，以创新提升为动力，以纪律作风建设为保障，全面深化"两个责任"，持续深化巡视巡察，提升日常监督和长期监督实效，加强纪律作风建设，一体推进"三不腐"机制建设，守正创新，担当作为，为公司全力争创一流能源互联网企业建设排头兵提供坚强保证。

重点做好以下6个方面的工作。

（一）强化政治建设，坚决践行"两个维护"

一是强化政治监督，防止"七个有之"问题发生。各级党组织要进一步加强对党的十九大精神、习近平总书记重要指示批示和中央决策部署落实情况的监督检查，要进一步加强对新形势下党内政治生活若干准则等制度执行情况的监督检查，着力纠正党内政治作风不严肃不健康、在坚持民主集中制、开展批评与自我批评、报告个人有关事项等方面存在的突出问题，坚决纠正把正常工作关系变成交易关系、把公共资源变成个人资源的行为，把"两个维护"体现在具体的创新和工作举措中。

二是强化履责担当，压紧压实管党治党责任。各级党政主要负责人要按照与公司签订的《党风廉政建设书》要求，对照"两个责任"清单，切实担负起主体责任，严格按照"四个亲自"要求，抓好本单位党风廉政建设。各级纪委书记要积极履行监督责任，协助党委深入推进全面从严治党，加强政治生态分析研判，全面掌握本单位廉洁风险点，开展好管党治党责任落实情况的监督检查，综合运用调研监督、约谈报告、考核问责等手段，建立健全"明责、履责、考责、问责"全过程落实链条。各级领导班子成员和关键岗位党员干部要认真履行"一岗双责"，在推进分管领域业务工作时，必须牢记廉洁意识，同步把廉洁风险防控措施嵌入业务流程、关键环节，堵住管理漏洞，消除风险隐患。

三是提高政治站位，适应纪检监察体制改革新要求。各单位要准确把握国家电网纪检监察体制改革的精神实质和深刻内涵，按照国家电网提级审查工作要求，配合开展监督、调查、处置工作。认真落实基层纪委书记提名考察办法、基层纪委书记履职专项考核办法；主动适应查办腐败案件以上级纪委领导为主的工作机制；认真履行重要线索处置和重要案件查办向上级纪检监察机构报告制度；加强与地方纪委监委协调配合，提升惩治职务违法和职务犯罪能力。各单位要落实重大事件第一时间逐级上报制度。

（二）聚焦监督职责，不断提升监督工作成效

一是持续加强日常监督。要着力在日常监督、长期监督上探索创新，加大纪检监察监督、审计监督、法律监督等专业监督信息共享、处置会商、高效协同的监督机制建设，把日常监督做起来、做到位。要严格落实党内监督条例，推动各级党组织对党员干部的日常监督责任落实。对照25项廉洁风险行为表象，综合运用调研汇报、个别谈话、检查抽查、列席民主生活会（组织生活会）等形式，拓展问题线索来源，提高日常监督的"精准度"，推进监督关口前移。细化落实日常提醒责任，综合运用信访受理、线索处置、约谈提醒、谈话函询等形式，及时"点刹"，提醒警告，防止"小问题"酿成"大错误"。

二是深入推进协同监督。进一步深化市县同步协同监督项目制管理，以整治关键领域廉政风险隐患为重点，加大选题立项、实施方案制定审核把关力度，提高选题立项精准性和可操作性。落实协同监督工作委员会定期会议制度，加大"一表一书一报告"载体推广运用，对项目实施进行全程跟踪督导，督促专业部门认真履行监督责任，不断拓展监督的广度和深度，及时对整改成效进行评估。加强协同监督经验总结，对项目进行量化考核，对优秀项目进行评比表彰。

三是不断深化专项监督。健全完善领导干部廉政档案，对领导干部申报的个人事项进行抽查核实，建立干部廉洁情况"活页夹"。开展形式主义、官僚主义集中整治，加强领导干部担当作为、"三重一大"决策制度执行情况和选人用人监督，促进领导干部敢于担责、善于担责、依职行权、规范用权。推进扶贫领域腐败和作风问题专项治理，认真查找并督促整改脱贫攻坚工作中责任落实、作风建设等方面的突出问题。加强对县公司和集体企业的监督，严肃查处在业扩报装、工程分包、招标采购等关键环节的违规违纪行为，集中整治发生在群众身边的腐败问题和作风问题。开展行风服务问题专项监督，加大对95598投诉举报核查督办力度，严肃查处"靠电吃电"、"吃拿卡要"、"三指定"、损公肥私等腐败问题。

四是进一步强化中央八项规定精神监督。各级纪委要保持对中央八项规定精神执行情况的监督常在、形成常态，盯紧重要时间节点，节前加强针对性预警提示，坚持"逢节必查、逢查必报"，落实"双签"报告制度，坚决遏制"节日腐败"。全面推广应用监督检查指导书，灵活采取明察暗访、随机抽查、集中检查等方式，从严查处顶风违纪、不收敛不收手、屡查屡犯"四风"问题，对查实的违反中央八项规定精神问题一律曝光

通报。

（三）深化政治巡察，提升整改工作实效

一是积极做好冀北公司提级巡察工作。各单位要对照巡视巡察典型问题，重点针对基层反映比较集中的典型共性问题，以及全面从严治党、集体企业管理、"三公经费"使用、废旧物资处置中的突出问题，从严从实开展举一反三自查自纠，切实堵塞管理漏洞，消除风险隐患。公司将组织专业部门开展专项检查、集中检查，对各单位自查自纠成效进行审核评价，全面做好迎接国家电网巡视问题整改"回头看"，冀北公司新一轮对9个县公司的"提级巡察"巡察，形式主义、官僚主义整治等重点工作专项巡察的各项准备工作。

二是持续做好巡察问题整改。加强公司"323"巡视巡察经验成果运用，统筹协调做好巡察问题整改"后半篇文章"，把有效的整改措施嵌入专业管理工作中，从规范流程、建立机制、强化监督上下功夫，从源头上防范风险，从机制上杜绝问题的发生。对冀北公司反馈的各类巡察问题，建立纪检部门、专业部门、被巡察单位"三类"巡察整改台账，实现问题动态管控和"对账销号"。公司将灵活采取巡察"回头看"、巡察约谈、监审联动、整改成效评价等方式，加大整改情况督导。对于问题整改不力、应付交差，甚至弄虚作假的，要坚决查处、严肃追责问责，严格责任制考核。

（四）强化执纪问责，严肃查处违规违纪行为

一是加大纪律审查力度。加强线索收集管理，强化动态管控，规范处置程序。深化问题线索分析，确保精准处置，不沉淀、不拖延、不积压。建立健全查办腐败案件以上级纪委领导为主、下级纪委协助的工作机制，重要线索处置和重要案件查办必须向上级纪检监察机构报告。

二是注重发挥查办案件的治本功能。坚持"一案双查"，根据问题严重程度、造成损失或影响大小，按照干部管理权限进行梳理分析，厘清主

体责任、监督责任和领导责任，按照《中国共产党问责条例》倒查追究相关领导责任。落实"一案两报告"制度，深刻剖析典型案件，查找症结，堵塞漏洞，在一定范围通报，形成震慑。从数量、效率、质量和效果几方面对各单位纪律审查工作进行评价考核，督促履行信访稳定的责任，有效降低信访举报和投诉举报发生。

三是深入实践"四种形态"。进一步畅通信访举报渠道，提高基层纪委主动发现、处理问题能力，有效减少重复信访和越级信访发生。坚持抓早抓小、防微杜渐，充分发挥第一种形态作用，使红脸出汗、咬耳扯袖成为常态。坚持把问题解决在萌芽状态，实事求是用好第二、第三、第四种形态。落实"三个区分开来"要求，完善容错机制，为敢于担当、锐意进取的党员干部撑腰鼓劲，保护干事创业干部的积极性。

四是确保执纪安全。落实执纪审查安全工作要求，规范谈话室建设，落实谈话人员移交制度，依规依纪开展执纪审查工作。开展受处分人员回访，进一步唤醒受处分人员对党的忠诚、对组织的信任。

（五）深化廉洁文化教育，筑牢思想道德防线

一是深入开展制度教育。把党章党规党纪作为党员教育、干部培训和党委理论学习中心组必修课，加强落实中央八项规定精神、领导干部履职待遇、个人事项报告等相关制度的学习，促进党员干部廉洁自律。提高警示教育的针对性，教育党员干部真正从身边人身边事上汲取教训，知敬畏、存戒惧、守底线。

二是深入开展廉洁文化和警示教育。开展"清风兴企"廉洁文化创建活动，组织全体党员参加冀北公司网上党风廉政知识比赛、领导干部撰写学习制度条规心得体会等活动，积极打造反腐败警示教育基地，打造互联网＋掌上手机宣教平台，创新宣传教育方法和手段，让廉洁教育更加贴近职工日常工作生活。组织基层站所主要负责人参观唐山监狱，多渠道、多形式开展警示教育，以

案说法，警钟长鸣。

（六）着力打造忠诚坚定、履职担当的纪检干部队伍

一是强化政治担当。加强纪检监察干部初心使命担当教育，不断提高政治觉悟和政治能力，确保立场坚定、政治过硬，秉公执纪，敢于动真碰硬。

二是提升履职能力。通过参加专业培训、参加问题线索核查等形式，切实提高纪检干部把握政策、谈话突破、审查取证、综合分析等业务素质和履职能力。

三是加强自我监督。加强队伍建设和自我监督管理工作，实行纪委书记履职情况考核监督，对执纪违纪者"零容忍"，坚决防止"灯下黑"，打造忠诚坚定、担当尽责、遵纪守法、清正廉洁的纪检铁军。

同志们，全面从严治党永远在路上，做好新形势下的党风廉政建设和反腐败工作任重道远。让我们在公司党委的坚强领导下，以强烈的事业心和责任感，"不忘初心、牢记使命"，不断开创党风廉政建设和反腐败工作新局面，以优异成绩为公司全力争创一流能源互联网企业建设排头兵做出新的更大贡献。

副总经理赵雪松在公司2019年基建、物资工作会议上的报告
（2019年3月5日）

一、2018年基建、物资工作回顾

基建方面：2018年，公司基建工程项目共26项，完成基建投资3.1亿元，投产工程12项（海阳、深河配套、归提寨、施各庄、凯润风电、小南线、海滨3#变增容工程、华润青龙风电、华能石门风电、葛园、河南、肖营子配套二期），新增变电容量55万kV·A，新增线路长度240.67km；新开工4项工程全部进场施工（黄金海岸及其配套、京能热电、新区）；9项35 kV农网基

建工程按计划有序推进（罗杖子、城东、台营、抚宁抚太线、卢龙刘田庄－柳河、印庄－陈官屯改造、佰能林昌送出、昌黎荒佃庄主变增容、青龙王厂改造）。

遗留工程清零行动告捷，河南、肖营子配套二期两项遗留工程面对建设周期紧、施工强度高、属地协调任务重等不利特点，公司各部门发扬全局"一盘棋"精神，精心策划，周密安排，全面完成遗留工程建设任务，在冀北公司率先实现遗留工程全面清零。

基建管理水平不断提升，公司2018年建设管理同业对标冀北公司综合排名第二，其中4项专业管理指标在冀北公司排名第一，公司6人荣获冀北公司基建优秀先进个人荣誉称号，河南110 kV变电站新建工程获冀北公司电网建设安规执行示范站称号。

物资方面：2018年，公司物资获评"国家电网有限公司物资管理先进集体"，物力专业同业对标指标排名位列冀北第一，在冀北公司2018年物力集约化管理专业知识竞赛中获得"优秀单位一等奖"和"优秀组织奖"，两名参赛选手分获个人一等奖和三等奖。"深入基建工程全流程管理降低工程物资履约风险"入选冀北典型经验库；"提高零星物资采购结算及时率"QC成果获河北省质量协会特等质量科技成果奖。

圆满完成黄金海岸、京能热电、新区110 kV等重点工程需求物资申报。2018年共完成物资类需求计划10个批次，审核提报需求1123条（含协议库存），涉及金额6.28亿元；完成服务类需求计划19个批次，审核提报需求1428条（含框架服务），涉及金额14.35亿元。

积极开展关键点见证工作，2018年组织专业技术专家13人次，对河南新建工程等3项工程主设备生产的关键环节进行监督，完成见证工作3次，涉及组合电器14个间隔、变压器1台，提出整改建议16项。

加强监督监管，确保协议库存采购供货单，

全部在经法系统流转汇签，同时积极与项目、财务资产部沟通，及时解决采购结果超预算无法生成订单的问题。2018年共签订合同2428份，合同总金额3.04亿元，涉及工程项目292个，涉及供应商282家。

开展仓储标准化自查与整改，完成仓储物流三年行动计划收尾工作。加强配网项目物资暂存代保管，做好盘活利库工作，及时通报库内积压预警信息，加快周转。主动对接资产管理部门，规范线上业务操作，提升废旧物资处置量和及时性。

这些成绩的取得，得益于公司党委的正确领导，得益于公司相关部门的大力支持和配合，得益于基建物资战线全体干部员工的辛勤付出。在此，我谨代表公司党委、代表朱总和刘书记，向基建物资系统干部员工及家属表示诚挚的问候和衷心的感谢！

二、贯彻落实电网建设新发展理念，坚持"一个引领、三个变革"战略路径，加快建设秦皇岛坚强智能电网

基建方面：2019年公司电网建设面临新的形势，即"三个变革"对基建管理提出更高要求。基建管理需要抓住"质量变革"，进一步突出质量效益，强化精准投入，实现高质量发展；需要抓住"效率变革"，优化管理关系，提高管理效能；需要抓住"动力变革"，大力开展技术创新，推动建设方式转型升级。当前基建管理还存在如下问题需要我们清醒地认识到：一是"强数量、弱品质"。全年开工投产任务按期完成，但"两个前期"工作还不够细致，衔接不够紧密，依法合规建设要求尚未完全落实；安全基础仍然不牢，新机制运转还在磨合，一些现场安全管控有待加强；施工现场标准工艺应用水平不均衡，质量过程管控需进一步加强，精品工程数量不多。二是"强突击、弱管控"。为满足河南、肖营子配套二期等遗留工程投运，公司各参建单位克服外协

环境复杂、建设工期短等困难，突击完成了建设任务，但也暴露出了项目建设时间仍然偏紧，工程进度一拖再拖，重点难点迟迟无法取得突破，安全管理问题多、质量把控不严等管控弱化的问题；2019年全国两会、第二届"一带一路"国际合作高峰论坛、庆祝新中国成立70周年活动等各项保电任务贯穿全年，给基建线路"三跨"施工、调试投运产生较大影响。三是"强要求、弱落实"。国家电网及冀北公司对基建管理工作提出了严格的标准和要求，但这些管理要求在施工一线传达和执行过程中宣贯、培训力度不足，"水过地皮湿"；对依法合规建设重视不够，证照手续办理、环水保要求等落实不到位。这些要下大力气，尽快解决。

物资方面：2019年是现代（智慧）供应链建设的"全面提升年"，作为泛在电力物联网的功能拓展应用和重要组成，冀北公司将着力打造具有特色枢纽、平台、共享特征的现代（智慧）供应链体系，公司两会也提出"争创一流能源互联网企业建设排头兵"、着眼于"三型两网"的战略目标，对物资工作转型升级、提质增效都提出了新的更高要求；近年来物资供应形势不容乐观，部分供应商受资金链断裂、陷入法律纠纷及国家环保政策影响履约困难，而2019年面对基建、配农网项目快速推进、投产集中的要求，物资供应统筹协调能力、及时响应速度还需进一步增强；公司面对复杂的市场环境和庞杂的供应商群体，质量、诚信和廉政风险仍长期存在；各类巡视、审计和检查反映物资管理工作还存在一些薄弱环节，在持续提升物资供应质效、严控管理风险等方面，还面临许多新挑战。

面对新形势、新挑战，我们要坚定信心，在公司党委的坚强领导下，变压力为动力，化挑战为机遇，坚定不移沿着"一个引领、三个变革"战略路径，全力以赴推动"三型两网、世界一流"战略部署落地，建设秦皇岛坚强智能电网。

（一）坚定不移推进党建引领，充分发挥工程建设党建优势

开展"党建＋基建"一体化建设。通过组织联建、队伍连抓、目标连责，提高队伍攻坚克难的能力，打造和谐外部环境，增强队伍凝聚力，实现"党建＋基建"双提升。继续坚持"电网建设战线延伸到哪里，党组织就跟进到哪里，党员的作用就发挥在哪里"原则，以业主项目部为主体，吸收设计、施工、监理等参建单位党员组建临时支部，开展基建现场临时支部建设，充分发挥党员先锋模范作用和支部战斗堡垒作用，做到党员身边无事故、党员身边无违章、党员身边无违纪，管好工程建设的同时做好参建人员党风廉政建设。

强化党建引领。始终把坚持党的领导、加强党的建设作为"根"和"魂"。把旗帜鲜明讲政治融入公司电网建设之中，做到行政工作有政治、业务工作有党建。各级党员干部要主动担当作为，做好关键人、带动一班人，发挥党建"指挥棒"作用，让党员干部在业务中讲党建责任、在党建中亮专业成绩，共同推动党的建设与电网建设同向聚合、相融并进。

（二）坚定不移推进质量变革，推动电网建设向质量效益转变

工程整体质量要有突破。通过强化过程管控、完善管控机制、严肃考核问责，实现质量各级管控责任有效落实、质量通病问题有效治理、工程整体质量水平稳步提升的目标。在设计环节，从源头落实好"结构好、设备好"等高质量建设要求，抓好设计方案比选，严格线路勘测和评审把关。在设备制造环节，加强设备招标、监造、验收等环节质量把关，严格按照招标技术条件验收。在施工建设环节，严格执行标准工艺，严把各级验收质量关，落实一次成型要求，推动公司输变电工程实体质量水平再上新台阶。

（三）坚定不移推进效率变革，建立完善运转高效的基建管理体系

全面开展"基建项目群"管理模式。将"基建项目群"管理模式作为加强电网建设管理工作重要手段，组建"京能热电项目群""港城项目群"，严格按安全文明标准化管理要求集中场地、集中力量建设"三个项目部"，实现业主、施工、监理集中办公，共享项目部基础办公和生活设施，提高"三个项目部"和属地公司的沟通效率，增强基建现场管控力度，加快工程推进速度。优化"属地协调＋"管理模式。"属地协调＋"充分调动县公司属地协调积极性，加快推动包含 35 kV 农网工程建设进度，在县公司层面培养出一批经验丰富的管理人员，提高县公司电网建设管理整体水平。

（四）坚定不移推进动力变革，着力提升电网建设内生动力

深入落实基建改革各项配套措施。推进"班组式业主项目部"建设，将 35 ~ 220 kV 工程实行片区集中管理；抓好施工作业层班组骨干，强化关键人员到岗履职，加快推进作业层班组从"看着干"向"领着干"的规范运作，加强核心劳务分包队伍培育，加强施工类集体企业专业管理。深化技术创新。开展三维设计精耕细作，全面实施模块化变电站和线路机械化施工，试点开展碳纤维导线、北斗卫星定位应用现场人员管理系统，探索互联网＋、云平台、移动终端在建设现场应用，打造人与物、物与物、人与人智慧工地建设。

三、2019 年重点工作安排

2019 年基建重点工作思路：以习近平新时代中国特色社会主义思想为指引，全面贯彻冀北公司 2019 年基建工作会议精神和公司二届三次职工代表大会暨 2019 年工作会议精神，以服务一流能源互联网企业建设为目标，围绕电网高质量发展要求，深入落实电网建设五项机制，推进依法合规建设，着力提升基建管理水平，全面完成

电网建设任务，开创公司电网建设新局面。

基建主要工作目标：完成基建投资 5.5 亿元，新开工工程 4 项（金梦海湾、站东、董庄、杨庄主变增容），投产工程 9 项（京能热电、黄金海岸及其配套、新区、河东寨、金梦海湾、站东、董庄、杨庄主变增容等），新增变电容量 96 万 kV·A，线路长度 306.91 km，10 项 35 kV 基建农网工程投产（罗杖子、城东、台营、抚宁抚太线、卢龙刘田庄 – 柳河、印庄 – 陈官屯改造，佰能林昌送出，昌黎荒佃庄主变增容，新集 – 荒佃庄破口，青龙王厂改造）。不发生六级及以上安全、质量事件。工程结算按期完成率达到 100%。

2019 年物资重点工作思路：全面贯彻公司两会和国家电网、冀北公司物资工作会议精神，落实公司党委决策部署，围绕电网发展的新形势新要求，以夯实管理水平为基础，以深化优质服务为重点，以提升供应质效为目标，进一步优化机制、创新管理、强基固本、严控风险，为公司争创一流能源互联网企业建设排头兵提供优质高效物资服务支撑。

物资主要工作目标：计划申报准确率达到 99% 以上；全力保障电网物资供应，物资供应完成率达到 100%；提升地市级检测中心检测能力；确保电网物资质量监督"四个百分之百"（物资品类、供应商、供货批次、试验项目）全覆盖；主设备一次出厂通过率、配网设备抽检合格率分别达到 99.7% 和 98% 以上；不发生对公司造成负面影响的责任投诉事件。

基建、物资分别重点做好以下 5 个方面的工作。

基建方面：

（1）全面完成"1161"基建项目建设任务

年内实现 1 项 220 kV 黄金海岸输变电工程和 1 项 220 kV 京能热电送出工程 9 月底前投产；站东、董庄等 6 项 110 kV 输变电工程和 1 项 110 kV 线路配套工程年内投产，电网建设任务繁重而艰巨。加快农网工程建设，年内实现罗杖子、城东等 10 项 35 kV 农网基建工程全部投产。

（2）提高工程项目安全质量管理能力

健全工程项目全过程安全质量管理体系，完善安全管理常态机制，落实质量终身责任制，确保现场安全质量稳定。一是落实电网建设项目管理机制。推行业主项目部班组式管理，深化作业层班组标准化建设和核心分包队伍培育管控，推动关键人员落实安全责任，坚决做实现场两级管控。二是深化重大风险作业管控机制。动态梳理重大风险计划，实施全方位实时管控；严格执行"一方案一措施一张票"，严格落实"两案一措""一严三禁"，加强到岗到位和逐级监督检查，严肃责任追究。三是全面实施参建人员实名制信息化全程管控。2019 年全面做好作业现场参建人员精准管控，提升公司基建管理水平，确保实现"一人一卡"管住现场参建人员，"一点一机"管住作业关键信息，"分级监控"实现远程抽查监督。四是加强工程建设过程质量管控。强化施工方案质量控制措施编审批和执行力度，加强设备安装关键环节工艺管控，开展标准工艺示范引领及全面应用，严格落实质量逐级验收，做好黄金海岸争创国家电网输变电优质工程银奖。

（3）确保工程项目依法合规建设

从制度建设、流程设计、过程管控、监督检查等各方面，全方位加强工程建设领域法治建设。一是严格把关工程前期关键环节管控，主动参与变电站选址和线路走廊现场踏勘，评估工程建设环境，审核支撑文件完整性，避免工程前期占用工程建设时间，以新区工程为试点开展办理施工许可证等前期开工证件手续，以点带面加强"四证"办理，规避"未批先建"法律风险。二是优化基建工程赔偿模式，改变依赖政府单一协调模式，本着合法高效原则，采取"政府＋属地公司＋施工单位"多元协调模式，全面加速推进基建工程建设。三是严格执行"三级联动、错级负责、责任到人"属地协调管理机制，积极推行"先签后建"工作机制，营造和谐建设环境，提高电网建设效率效益。

（4）提升项目管理精益化水平

以统筹构建安全、质量、技术、造价、进度、外协"六位一体"基建管控体系为抓手，加强基建项目精益化管控。一是加强进度计划精细管理，充分考虑工程前期和现场建设合理时间，科学合理安排进度计划，提高工程建设进度计划管控精细化程度。二是加强工程设计精益管理，全面应用"三通一标"成果，积极应用三维设计，金梦海湾、站东2项工程实现三维设计、三维评审、三维移交，通过采用新技术实现精益化设计，推进三维设计成果与基建管理深度融合。三是用好科技信息数据驱动，开展北斗卫星导航应用人员部署系统接入基建管理信息化系统，实现地区新建变电站全覆盖，建立统一、规范、闭环的运营机制，实现远程在线基建现场管理，提高工程建设进度和安全质量管控能力。

（5）增强基建系统党的建设

开展"旗帜领航 正心明道"党建品牌建设计划，打造"2019亮建港城"党员先锋队，以电网建设战线延伸到哪里，党员先锋队的作用就发挥在哪里，全面加强基建战线党的建设。认真履行"一岗双责"，远离法纪"红线"、不碰道德"底线"，坚决把纪律和规矩挺在前面，积极营造风清气正的电网建设氛围，为公司电网建设保驾护航。

物资方面：

（1）优化物资计划管理机制

提高计划管理工作质效。主动对接、超前掌握项目储备和物资需求，有效介入前端管控，强化专业协同，加强重点项目物资计划的跟踪协调，确保需求及时、准确申报。突出项目部门技术管理主体责任，加强对设计单位督导，推广物资标准化成果应用，着力提升优选物料应用率。

（2）强化物资质量监督管控

提升物资质量检测能力。按照冀北公司部署，积极谋划研究检测中心储检一体建设，对入库规模大、周转率高的物资品类力争达到C级以上检测能力，突出常态化抽检，全面提升入网设备检测把关能力。

加强监造抽检管理。督促监理公司监造作业标准化，强化设备制造过程监督力度。加强物资到货抽检，在"四个百分之百"抽检全覆盖基础上，强化220 kV及以下主变短路承受能力、35 kV及以下开关柜燃弧试验专项抽检。

（3）提高物资供应保障能力

保障重点项目物资供应。及时制定重点项目物资供应方案，加强物资供应计划与项目里程碑计划的联动；丰富物资供应管控手段，及时向制约因素发出预警。规范物资供应全过程管理，严肃供应环节关键节点管控，全力保障各项重点工程建设有序推进。

提升协议库存供应时效。加强物资协议库存合同执行管理，做好需求与协议匹配执行，组织供应商及时排产，联合各部门畅通结余物资利库渠道，完善平衡利库机制。

（4）不断夯实物资管理基础

持续推进各类物资处置。加强对工程结余物资、库存积压物资的管控，积极开展跨区域调配利用；加快废旧物资处置力度，规范处置流程，提高废旧物资处置回收效率效益。

强化物资管理风险防控。加强培训管理，提升从业人员廉洁意识，确保廉政安全。加强履约结算、到货验收、废旧物资处置等关键环节监督，确保资金安全。加强仓库消防设施、视频监控、安全工器具配备及定期维护检查，建设危废品存放区域，强化装卸搬运现场危险点防控，确保仓储安全。

（5）全面加强队伍建设

深化党建与物资工作融合。以党建引领业务，丰富支部活动，充分发挥战斗堡垒和党员的先锋模范作用，促进党风廉政建设与物资业务共同提升。深化创新工作机制。加强同各专业部门、各兄弟单位间的横向业务交流，提升队伍的专业水平。加强廉洁从业教育。依托物资培训体系，确保物资专业全员覆盖，进一步督促从业人员遵纪守法、廉洁奉公，营造"干事、干净"的好氛围。

同志们，建设一流能源互联网企业号角已经吹响，"一个引领、三个变革"新时代发展战略已经明确，让我们在公司党委坚强领导下，聚焦电网高质量发展，真抓实干，开拓进取，为实现公司新时代战略目标做出新的更大的贡献！

总会计师邱俊新在冀北公司财务工作座谈会发言材料

2018 年，公司全面贯彻落实冀北公司工作部署，坚持以提升效益为统领，深化改革，强化管理，顺利完成冀北公司下达的各项财务任务。积极落实全面预算管理，开展预算执行监控与分析；深化财务实时管控工作方案的深入应用和常态运行；持续提升资产精益化管理水平；开展内控评价与风险管理等相关工作，全面提升实时反映、实时控制、实时监督能力，不断提高财务管理现代化水平。2019 年是公司深化改革、增益提效的重要一年，面对新形势、新要求，现结合公司财务工作情况，作如下汇报。

一、当前形势任务的分析与认识

（一）公司收益贡献能力需进一步提升

2018 年，受市场环境影响，公司售电量为 136.60 亿 kW·h，较 2017 年增加 5.03%，按要求完成冀北公司下达的考核指标，但增速减缓 2.9%。2019 年 1 月，受产业结构调整影响，公司售电量为 12.71 亿 kW·h，同比降低 3.04%。同时，受输配电价下调等政策因素影响，增供扩销压力较大，为此公司需持续做好相关指标管理工作，努力寻求收入增长途径，严格执行电价政策，在开源上下足功夫。

成本管控方面，公司成本压降空间有限。受电网运行安全要求及公司资产运维费用等因素影响，刚性成本需求固定，成本刚性增长与盈利能力不足之间的矛盾凸显，业绩指标提升蓄力不足。

公司需通过加强预算控制，积极开展成本类项目储备工作等节流方式，尽量压降成本。

（二）多维精益管理体系变革的推进对公司业财融合提出更高要求

根据国家电网多维精益管理体系变革工作要求，以"会计科目＋管理维度"实施会计管理化改造，构建开放共享的价值精益反映体系。公司需打破专业管理壁垒，加强财务资产部门与业务部门的协作和沟通，将关键控制要求和措施融入业务流程，促进业务流、数据流自动融合，无缝衔接，进一步提升财务信息实时反映能力，实现对关键经营活动的全过程精益管控。

（三）积极应对内外部监审，公司风控能力需进一步提升

随着国家能源部门成本监审及各层面巡视巡察监督力度的持续加大，公司内外部监管压力骤增。面对日趋严峻的检查压力，对财务信息质量提出了更高的要求。公司需主动转变管理方式和惯性思维，以合法性和合规性为准则，以巡视巡察、审计检查发现的问题为导向，以新的角度和更为严格的稽核标准审视公司发生的各项经济业务，坚持依法从严治企不懈怠，有效防范监督检查风险。

二、2019 年工作计划

2019 年公司将认真贯彻冀北公司财务工作会议精神，紧紧围绕"三型两网、世界一流"的战略目标和实施路径。守正创新，笃志行远，全面推进集中、统一、精益、高效的现代化财务管理体系建设，为争创一流能源互联网企业建设排头兵提供坚强财务支持。

（一）持续优化经营管理策略，提升财务管控能力

面对新形势下的新挑战，公司将持续优化经营管理策略，认真评估实施效果，持之以恒抓好落实，确保实现"信息精细反映、资源精益配置、绩效精准考核"。一是深入贯彻资产全寿命管理思路，逐步优化设备、资产业务流程；二是深化

项目预算全链条闭环管理，加强项目建设精准执行，优化设备资产联动，提升资产管控能力；三是持续提升工程转资效率，全面推行项目自动转资工作，加强考核指标管理，提高新增资产数据质量；四是完善资产盘点工作机制，提升盘点精益化水平，建立常态化工作机制；五是重点关注资产拆除、调拨、退库等业务，规范资产退役管理；六是结合实物 ID 工作开展情况，将资产价值管理向前后两端延伸，强化专业贯通和数据共享，提高资产管理效率。

（二）推进多维精益管理体系变革，加强财务信息化建设

面对多维精益管理体系变革的新要求，公司将以加强信息化体系建设为手段，以强化信息化管控为途径，充分发挥财务信息化的特点及优势，积极推进多维精益的信息反映。深化 SAP 集中部署系统应用，在供应商信息梳理、往来款项管理、成本归集管理、固化系统流程应用、专项数据治理等管理体系的关键节点提升信息化管控水平，逐步完善全业务数据体系建设，切实推动财务管理能力建设，提升科学精益化管理水平。

（三）持续加强财务基础管理工作，厚植财务管控根基

公司将持续增强财务基础管控能力，厚植根基，积极对接冀北公司的各项工作任务，做到"上级单位放得下，下级单位接得住、用得好"，有效提高公司整体经营活力和运营效率。一是提升会计核算准确性，将核算质量、业务处理规范性和管理改善责任落实到人；二是加强预算执行的过程分析和控制，严格项目储备管理，深化支出精益安排，持续提升预调、预控能力；三是加强财税政策研究，积极争取财税政策支持，全面开展涉税风险自查评估，提升财税基础管理工作，着力化解潜在风险。

（四）优化资金管控模式，确保资金使用安全高效

高度关注公司资金管理工作，牢固树立"隐患视同事故"的资金安全观，强化资金安全主体责任和风险意识，用好制度、流程、监控3种工具，做好事前预防、事中检查和事后监督工作，合规开展各项资金业务。一是全面推行对私支付及银企自动对账，按照公司集团账户设置的资金归集路径实时归集各类账户资金，防范资金管理风险；二是实时开展大额资金收支在线监控，筑牢资金安全防线；三是深入开展本部及所属县公司资金安全专项检查，督促落实问题整改，有针对性地采取有效措施，及时消除资金安全隐患。

（五）提升风险防控能力，促进公司依法治企和管理提升

以全面风险管理为统领，强化内控手段，做好形势分析，准确定位管理新要求。一是实行日常监督与专项检查、线上监督与现场检查相结合的联合监督检查机制，强化财务稽核监督，查找与改进管理薄弱环节，推动财务规范化管理；二是针对巡视巡察、成本监审、依法治企等专项检查要求梳理公司业务流程，明确重点事项、重点业务的检查要点，确保财务资料真实、准确；三是深化审计问题整改专业协同，发挥内外监督合力，有效发挥审计防控风险的作用。

（六）加强财务队伍建设，提高员工综合素质

提升现代化管理水平，开展业务与管理创新，人才储备是关键。公司将加大财务工作骨干的培养力度，开展财务专业培训，培养在岗人员一岗多能、相互替岗；鼓励创新财务管理手段，提高财务资产部门人员的政策掌握能力，提升信息系统操作水平；注重换位思考，主动站在用户、业务的角度研究解决问题，增强创造性开展工作的本领，为公司财务管控能力的提升奠定坚实基础，提供内源动力。

三、建议及意见

（一）积极应对多维精益管理体系变革方面

多维精益管理体系变革是一项体系化、系统性的管理工程，具有覆盖范围广、工作量大、全员参与等特点，涉及现有操作模式的优化和工作

习惯的改变，面临很多的问题、困难和挑战。一是建议冀北公司强化对相关业务部门的专业培训，打破传统思维壁垒，增强专业间纵横协同，齐心协力做好多维管理变革工作；二是建议冀北公司加大技术支持力度，深化系统应用开发，完善沟通平台，保障财务管理工作顺利开展。

（二）财务人才培养方面

公司财务工作正处在攻坚克难的重要阶段，迫切需要高素质、专业化、敢担当、善作为的年轻员工。面对财务人员短缺现状，建议冀北公司多招聘优秀财会类毕业生，补充到财务队伍当中，保证公司财务工作执行到位，日常管理工作顺利推进。同时，建议冀北公司进一步加大对财务员工的培养力度，积极开展岗位交流学习与技能培训，优化学习与沟通平台建设，不断提高财务人员能力素质。

（二）公司重要文件

国网秦皇岛供电公司
2019 年优化电力营商环境
专项攻坚行动方案

为深入贯彻秦皇岛市、冀北公司优化营商环境工作要求，加快推进落实《国网冀北电力有限公司营销部关于印发 2019 年优化营商环境专项攻坚行动方案的通知》（冀营销〔2019〕36 号）要求，促进秦皇岛地区电力客户"获得电力"服务水平快速提升，公司决定组织开展 2019 年优化电力营商环境专项攻坚行动，特制定本方案。

一、工作思路

全面落实河北省、秦皇岛市、冀北公司相关文件要求，站在客户视角，进一步解放思想、服务创新，借鉴北京、天津"获得电力"典型经验

做法，结合秦皇岛实际情况，通过深入推广"5+服务"（"减少环节＋精简资料、缩短用时＋主动对接、压降成本＋金融增值、电力专家＋能源管家、线下体验＋线上办理"）办电服务措施，持续优化电力营商环境，实现秦皇岛地区电力客户"获得电力"感知度、认可度、获得感明显提升。

二、工作目标

高、低压客户报装环节分别精简至 4 个、2 个之内，年底前企业办电平均时间压减至 45 个工作日之内。全面推广低压小微企业客户零上门、零审批、零投资"三零"服务，10 kV 及以上大中型企业客户省力、省时、省钱"三省"服务。"获得电力"指标在内、外部评价中排名前列。

三、工作措施

（一）减少环节＋精简资料

措施 1：进一步压减与客户互动办电环节。对大中型企业客户，合并现场勘查与供电方案答复、外部工程施工与竣工检验、合同（含调度协议）签订与装表接电环节，取消非重要电力客户设计审查和中间检查环节，压减为"申请受理、供电方案答复、外部工程实施、装表接电"4 个环节；对于延伸电网投资界面至客户红线的新装项目，以及不涉及外部工程的增容项目，进一步压减为"申请受理、供电方案答复、装表接电"3 个环节。对小微企业客户，推行客户在申请用电时确定装表位置，在装表接电时签订供用电合同，办电环节压减为"申请受理、外部工程实施、装表接电"3 个环节；对于延伸电网投资界面至客户红线，以及具备直接装表条件的，进一步压减为"申请受理、装表接电"2 个环节。

责任单位：营销部

配合单位：发展策划部、运维检修部、电力调度控制中心

实施单位：各客户服务分中心、各县（区）分公司

措施 2：简化客户办电手续。除法规明确要求客户必须提供的资料、证照外，不需客户额外

提供其他证明材料。已有客户资料或资质证件尚在有效期内，不需要客户再次提供。2019年6月底前，按照业务类型制定客户办电需提交资料清单，通过营业厅、网站、手机APP等渠道向社会发布。

责任单位：营销部

配合单位：综合服务中心（新闻）

实施单位：各客户服务分中心、各县（区）分公司

（二）缩短用时＋主动对接

措施3：提供前期咨询服务。主动对接当地政府，了解重点项目落地规划。对于暂不具备申请条件的各类园区客户10 kV及以上用电报装项目，纳入重点项目储备库进行管理，超前掌握其用能规划、投产安排等信息，同步推送发展策划部、运维检修部、建设部等部门，待手续齐备、用电需求基本确定后，启动用电申请程序。根据客户意愿，在正式报装前，由业务办理单位依据国家标准、行业标准提供免费用电咨询，内容包括接入电源点、电力设施配置、用电容量、供电路径、配电设施选址和布局等信息，正式供电方案参照用电咨询编制。

责任单位：营销部

配合单位：发展策划部、运维检修部、电力调度控制中心

实施单位：各客户服务分中心、各县（区）分公司

措施4：推行联合服务模式。对大中型企业客户，由客户经理与发展策划部、运维检修部、建设部等部门专业人员组成"1+N"服务团队，提供从技术咨询到装表接电"一条龙"服务。对小微企业客户，推行客户经理和运检人员联合上门服务，在现场查勘时确定配套电网工程建设方案、启动外部工程实施。深化营配调贯通和移动作业终端应用，提高供电方案编制效率。

责任单位：营销部

配合单位：发展策划部、运维检修部、建设部、项目管理中心

实施单位：各客户服务分中心、各县（区）分公司

措施5：简化供电方案审批程序。对大中型企业客户，深化应用移动作业终端，试行10 kV客户供电方案现场答复，实行35 kV及以上客户供电方案网上会签或集中会审；对于接入电网受限项目，实行"先接入、后改造"或过渡方案接入，同步启动配电网升级改造工作。对小微企业客户，取消供电方案审批，受理申请时答复方案，现场查勘时直接启动外部工程实施。

责任单位：营销部

配合单位：发展策划部、运维检修部、电力调度控制中心、项目管理中心

实施单位：各客户服务分中心、各县（区）分公司

措施6：加快配套电网工程建设。全面推行"项目预安排、工程先实施、项目后审批"工作模式，实行勘查方案设计一体化，同步推进验收、装表、送电工作，快速响应市场需求。加强物资供应保障。进一步扩大35～220 kV输变电工程物资协议库存采购范围，推行可研设计一体化招标采购。推行供应商寄存、实物储备和协议库存相结合的物资供应模式，对依法必须招标范围外的施工、设计、监理实行年度框架采购，实施物资"定额储备、按需领用、及时补充"，切实保障物资供应需求。实行工程建设限时制。

责任单位：发展策划部、运维检修部、财务资产部、建设部、项目管理中心、物资部

配合单位：营销部

实施单位：各客户服务分中心、各县（区）分公司

措施7：推动加快行政审批速度。推动当地政府落实《河北省人民政府办公厅印发〈关于推进工程建设项目审批提速的若干措施〉的通知》（冀政办字〔2019〕37号）相关要求，优化规划路由、项目核准（审批或者备案）、掘路施工等

涉电审批程序，加快电力外线工程审批速度，其中，对于低压短距离（一般 15 m 内，可根据地方实际确定）掘路施工，争取政府授权实行备案管理，由供电企业直接实施。争取地方政府在规划、项目核准（审批或者备案）、土地等方面给予支持，加快公用变电站落地建设。

责任单位：发展策划部

配合单位：营销部

实施单位：各客户服务分中心、各县（区）分公司

措施 8：实行业务限时办理。结合《国家能源局关于印发〈压缩用电报装时间实施方案〉的通知》（国能监管〔2017〕110 号）文件要求，明确各环节业务办理时限。健全全流程监测、预警、评价机制，建立公司、分公司（中心）、班组三级监控体系，应用人工与系统相结合的督办方式，提醒承办人按照规定时限办理业务。大中型企业客户平均接电时间均控制在 70 天内；小微企业客户平均接电时间均控制在 20 天内。具体时限如下：

低压居民客户：一是无电网配套工程的，电网内部环节办理时长不超过 2 天。有电网配套工程的，电网内部环节办理时长不超过 8 天。

低压非居民客户：一是无电网配套工程的，电网内部环节办理时长不超过 5 天。二是有电网配套工程的，电网内部环节办理时长不超过 10 天。

10 kV 高压用电客户：一是无电网配套工程的单电源客户，电网内部环节办理时长不超过 30 天。二是有电网配套工程的单电源客户，电网内部环节办理时长不超过 54 天。三是无电网配套工程的双电源客户，电网内部环节办理时长不超过 45 天。四是有电网配套工程的双电源客户，电网内部环节办理时长不超过 68 天。

责任单位：营销部

配合单位：发展策划部、运维检修部、建设部、物资部、项目管理中心、电力调度控制中心

实施单位：各客户服务分中心、各县（区）分公司

措施 9：提高装表接电效率。对大中型企业客户，简化竣工检验内容，重点检查与电网相连接的设备、自动化装置、电能计量装置、谐波治理装置和多电源闭锁装置，取消对客户内部非涉网设备施工质量、运行规章制度、安全措施的检查；推行跨专业联合验收，一次性答复验收意见，验收合格立即送电。对小微企业客户，具备直接装表条件的，现场查勘时直接装表送电；涉及配套电网工程建设的，在工程完工当日装表送电。

责任单位：营销部

配合单位：运维检修部、电力调度控制中心

实施单位：各客户服务分中心、各县（区）分公司

（三）压降成本 + 金融增值

措施 10：延伸电网投资界面。积极落实《国网冀北电力有限公司关于印发〈简化 10 kV 及以下业扩配套电网项目管理流程加快工程建设速度实施意见（试行）〉的通知》（冀北电办〔2018〕187 号）、《国网秦皇岛供电公司简化 10 kV 及以下业扩配套电网项目管理流程加快工程建设速度实施方案（试行）》（秦供办〔2018〕97 号）文件要求。对大中型企业客户，原则上由供电企业承担获得国家批复的省级及以上各类园区、电能替代和电动汽车充换电设施等项目红线外接入工程投资；在关注的民生工程、先进技术产业及其他园区项目方面积极探索，进一步扩大电网投资范围。

责任单位：发展策划部、营销部、运维检修部、项目管理中心

实施单位：各客户服务分中心、各县（区）分公司

措施 11：提高接入容量标准。深化应用营配贯通成果，推广应用供电方案辅助编制，利用信息化手段自动生成最优方案，减少人为干预，确保供电方案经济合理。对大中型企业客户，结合当地电网承载能力，优化提高新出线路、专线接

入容量标准，优先采取公用线路供电方式。公布本地区可开放容量等电网资源信息，实行客户先到先得、就近接入。对小微企业客户，适当提高低压接入容量标准，对 100 kW 及以下项目实行低压接入。

责任部门：营销部

配合部门：发展策划部、运维检修部、电力调度控制中心

实施单位：各客户服务分中心、各县（区）分公司

措施 12：引导客户工程标准化建设。加强技术指导和咨询服务，提供《国网冀北电力有限公司业扩报装客户工程典型设计技术指南》，引导客户优先采用典型设计和标准设备，提高设备的通用性、互换性，帮助客户压减工程造价、降低后续运维成本。发挥国网商城平台优势，由客户自行采购，通过市场化机制降低客户工程造价。对大中型企业客户，免费提供 10 kV 受电工程典型设计、35 kV 及以上受电工程造价咨询服务，指导客户合理确定用电申请容量、科学选择标准化的设备和设施。对小微企业客户，免费提供受电工程典型设计方案和工程造价参考手册。

责任部门：营销部

配合部门：发展策划部、经济技术研究所

实施单位：各客户服务分中心、各县（区）分公司

措施 13：引导管沟廊道共建共享。促请秦皇岛市政府统筹市政综合管廊建设，合理布局、提前预留电力管廊资源，供电力客户租用或购买。按照资产全寿命周期最优原则，综合考虑运维成本和投资效益，统筹区域用电需求，引导客户合建电缆管廊、共享通道资源，减少客户一次性投入。

责任单位：发展策划部

配合单位：营销部

实施单位：各客户服务分中心、各县（区）分公司

措施 14：开展客户用电金融服务。通过"电 e 宝"APP、国网商城平台为电力客户提供金融增值服务，实现电力客户充分闲散资金理财。在企业现金流紧张时，通过"电 e 票"等金融服务，为企业提供电费担保和代支付业务，减轻企业电费投入压力。

责任单位：营销部

实施单位：各客户服务分中心、各县（区）分公司

（四）电力专家 + 能源管家

措施 15：提升电网规划建设精准化管理水平。按照秦皇岛经济社会发展和用电需求变化，深入诊断配电网网架结构和现状条件，滚动调整配电网规划和建设方案，确保电网发展与市政规划有效衔接。构建强简有序、标准统一的网络结构，提高故障自愈和信息交互能力，抵御各类电网事故风险，保障用户可靠供电。对于芯片制造等对供电质量有特殊要求的客户，在采取双（多）电源供电的基础上，指导客户自行配置应急电源，并试点采用储能等新技术，进一步提高其供电可靠性。

责任单位：发展策划部

配合单位：运维检修部、建设部、项目管理中心、营销部

实施单位：各客户服务分中心、各县（区）分公司

措施 16：提升电网运行精益化管理水平。有序推进配电自动化建设，对新建配电网同步实施配电自动化，已有配电网开展差异化改造，在城市、农村范围内因地制宜推广就地式及智能分布式馈线自动化、智能故障指示器建设模式。推广应用智能配变终端，加强对低压配电网的综合监控和统一管理，实现低压故障快速定位和处理。采取增加变电站布点、新增出线、切改负荷、加装无功补偿装置等手段，消除供电半径过长、线路重载、短时低电压和高电压等问题。合理安排检修计划，避免重复和频繁停电。

责任单位：运维检修部、电力调度控制中心

实施单位：各客户服务分中心、各县（区）分公司

措施 17：提高电网故障抢修效率。开展配电网运行工况全景监测和故障智能研判，准确定位故障点，实时获取停电范围及影响用户清单，并通过短信、APP、微信等渠道，向客户"点对点"主动推送故障停电、抢修进度和计划复电等信息。全面推行"网格化"主动抢修模式，实现一张工单、一支队伍、一次解决，减少客户停电时间。

责任单位：电力调度控制中心、运维检修部

实施单位：各客户服务分中心、各县（区）分公司

措施 18：全面推广"不停电"作业。加强带电检测技术，以及配变等设备"旁路作业法"的推广应用，逐步扩大不停电作业范围和比例，对 0.4 kV 低压项目、具备带电作业条件的 10 kV 架空线路项目和具备旁路及取电作业条件的电缆线路项目，全面开展不停电作业，并逐步拓展至复杂作业和综合不停电作业项目。按照"能转必转、能带不停、先算后停、一停多用"的原则，科学合理制订停电计划，最大限度减少停电时间和次数。

责任单位：运维检修部

实施单位：各客户服务分中心、各县（区）分公司

措施 19：推广能源综合服务。引导客户参与电力市场化交易，并向客户提供能效诊断、节能咨询等综合能源服务，统筹运用新能源、储能等多种技术，指导客户实施电能替代或节能改造，实现降本增效。对大中型企业客户，特别是省级及以上园区等大容量客户，提供能源托管等业务服务。试点推行临电托管服务，客户可通过自主选择、购买服务方式享受全过程服务，客户工程投资、后期运维实现零费用，只需根据需求用电容量购买托管服务，能源公司将费用以服务费的方式摊销到设备的全寿命周期中，实现设备在多

个客户之间最大限度共享，减少重复投资。

责任单位：营销部

实施单位：各客户服务分中心、各县（区）分公司

（五）线下体验 + 线上办理

措施 20：推进营业厅转型升级。打造"智能型、市场型、体验型、线上线下一体化"营业厅，主动向客户推介线上业务办理模式，实现"窗口办"与"网上办""掌上办"互补，"有形"窗口与"无形"窗口并行。

责任单位：营销部

实施单位：各客户服务分中心、各县（区）分公司

措施 21：推广线上全天候服务。全面推行"互联网 +"营销服务，提供"掌上电力"手机 APP、95598 网站、微信人脸识别办电等渠道，实现客户线上自助提交申请资料、查询业务进程和评价服务质量，减少客户往返营业厅次数，实现大中型企业客户办电等 5 项复杂业务"最多跑一次"，小微企业办电等 16 项简单业务"一次都不跑"，居民客户"零证办电"，高、低压新装业务线上办理率均保持在 95% 以上。2019 年按照冀北公司统一部署，完成统一线上服务平台推广，实现客户通过一个平台即可办理所有用电手续。

责任单位：营销部

实施单位：各客户服务分中心、各县（区）分公司

措施 22：推动与政府部门信息共享。坚持"联网是原则、孤网是例外"，配合开展"减证便民"行动，通过政务平台自动获取营业执照、规划许可、环境评估、土地等客户办电信息，实现客户仅凭有效主体资格证明（营业执照或组织机构代码证）即可"一证办电"。

责任单位：营销部

实施单位：各客户服务分中心、各县（区）分公司

措施 23：实行办电信息透明公开。通过营业厅、手机 APP、95598 网站等线上线下渠道，公开电网资源、电费电价、服务流程、作业标准、承诺时限等信息并及时更新。畅通客户评价渠道，加强 95598 电话回访，密切关注 12398 能源监管热线情况通报，及时掌握客户体验和诉求，推动各项措施落地。

责任单位：营销部

实施单位：各客户服务分中心、各县（区）分公司

四、保障措施

（一）健全领导组织保障

公司成立本单位优化电力营商环境工作领导小组，下设领导小组办公室，树立"全员营销"服务理念，建立"强前端、大后台"服务与支撑团队，强化内部协同。

（二）健全资金物资保障

按照冀北公司发展部要求，公司发展策划部负责落实业扩配套工程项目所需资金来源，明确公司客户工程投资界面；建设部、运维检修部、项目管理中心负责业扩配套工程建设和项目管理；物资部负责物资供应保障。各单位落实责任，明确分工，优化流程，确保业扩配套工程项目管理规范，工期满足客户需求。

（三）加强内部宣贯培训

公司营销部负责组织各单位广泛开展全员业务培训，通过组织材料学习、宣贯培训、重点对接等方式，将优化电力营商环境专项攻坚活动相关服务举措和工作要求全面传达到各个专业、单位主管领导、管理人员和一线班组业务人员，保障服务措施的落地实施。

（四）强化对外沟通宣传

公司积极主动向各级政府、新闻媒体、社会公众展示优化营商环境工作亮点及典型做法；通过新闻发布会、官方网站、网络媒体，全方位、多形式、多角度进行宣传报道，彰显供电企业品牌形象，积极营造良好的外部氛围；走访重点客户，实时掌握客户需求，宣传推介营商环境新举措。

（五）建立有效协同机制

公司营销部负责组织，建立优化电力营商环境专项攻坚活动双周报和领导小组办公室月度例会机制，及时反映通报各单位优化电力营商环境工作进展，促进问题及时协调解决。

各客户服务分中心、各县（区）分公司细化优化电力营商环境任务分解，明确工作节点、完成时限及责任人，建立定期管控、总结机制，开展专业、部门间常态化沟通，确保所有任务按期推进，保质完成。

（六）强化成效检查考核

公司营销部组织，各相关专业配合，对业扩流程关键环节，通过线上、线下两种方式，开展优化电力营商环境效果监控评价和监督检查。建立涵盖电力客户"获得电力"环节、时间、成本、满意度等多维度评价体系，推动办电服务水平持续完善提升。运维检修部负责对各客户服务分中心、县（区）分公司供电可靠性指标进行监控、评价。检查评价情况纳入公司所属单位企业负责人业绩考核和同业对标考核。

各客户服务分中心、县（区）分公司加强优化电力营商环境各环节工作质量管控、分析，监督检查工作措施落实情况，对"三指定""吃拿卡要"等违规违纪问题严肃问责。发挥供电服务指挥中心平台协调督办、监控预警作用，加强对配套电网工程建设等跨专业协同质量和工作效率的监督监控。

五、里程碑计划

（一）宣贯部署阶段（2019 年 5 月中旬至下旬）

1. 公司制定本单位攻坚行动方案，成立优化电力营商环境工作领导小组，下设领导小组办公室。

2. 召开全公司宣贯部署大会，部署公司 2019 年"获得电力"指标提升攻坚工作。

（二）标准制定阶段（2019 年 5 月下旬至6 月上旬）

1. 按照冀北公司要求，健全公司优化电力营商环境工作配套管理规定、细则。

2. 各客户服务分中心、县（区）分公司落实典型用户、打造典型工程，实现"获得电力"指标提升攻坚样板工程。

3. 各单位全面推进各项优化电力营商环境内外部工作。

（三）组织实施阶段（2019 年 6 月中旬至11 月底）

1. 贯彻、落实公司优化电力营商环境工作配套管理规定、细则。

2. 各客户服务分中心、县（区）分公司做好按照市政府要求做好优化电力营商环境工作。

（四）监督检查阶段（2019 年 6 月中旬至11 月底）

1. 开展业扩全流程、全环节指标日常监控、检查，持续优化改进。

2. 在 6 月底、8 月底、11 月底开展"获得电力"指标提升效果现场抽查，并进行客观评价。

（五）总结提升阶段（2019 年 12 月）

1. 开展全年"获得电力"指标提升攻坚工作总结，查找分析问题，制定提升改进措施。

2. 修订完善优化电力营商环境工作配套管理规定、细则。

国网秦皇岛供电公司十八项电网重大反事故措施排查工作方案

一、工作目的

落实国家电网安全生产行动计划（2018—2020 年）关于严格《国家电网有限公司十八项电网重大反事故措施（修订版）》（简称《反措》）在规划设计、招标采购、建设施工、运维检修各环节的刚性执行"的相关要求，在设计和基建阶段，严格落实新建、改（扩）建工程不满足反措

的不得投运，严把入网设备质量关，提升电网本质安全水平；在运维检修阶段，严格落实三年技改大修规划，确保三年内完成在运设备不满足十八项反措的隐患治理。

二、排查范围

1. 可研项目：可研阶段的 35 kV 及以上输变电项目。

2. 在建工程：在建的 35 kV 及以上输变电工程。

3. 在运设备：在运的 35 kV 及以上变电站、输电线路。

4. 调度自动化：调度自动化系统、电力通信网。

5. 信息通信：供电公司、直属单位、省级以上调度管辖范围内发电厂的信息通信机房，数据中心、通信独立中继站，信息系统及各类终端，信息化项目。

三、排查原则

按照"分层级开展、分专业组织、全专业参与"方式，对反措涉及的设备、专业、管理全过程开展全面排查，严控增量，减少存量，不断夯实安全生产基础，提升电网设备本质安全水平。

1. 分层级开展。以公司各业务部门为主体，组织各县公司、经济技术研究所等单位，分层级全面开展反措排查工作。

2. 全设备类型。对照反措条款，逐站、逐线、逐台设备核查条款落实情况，重点突出反措新增设备条款落实情况核查。

3. 全专业参与。反措条款涉及的发展策划部、安全监察部、运维检修部、建设部、物资部、电力调度控制中心、信息通信分公司等业务部门，分专业对照条款，开展业务管理范围内反措落实情况排查。

4. 全过程覆盖。严格开展规划设计、招标采购、建设施工、运维检修各环节的反措排查。从规划设计、物资采购阶段开始，抓好反措贯彻执行检查，从源头上保证反措落地实施，促进电网

本质安全水平提升。

5.严控增量、减少存量。对延续原2012年版反措条款及有技术标准依据的相关条款，从严排查整改。对尚未纳入技术标准的新增反措条款，应按以下原则排查整改。

（1）可研阶段：批复文件在《反措》印发（2018年11月9日）之后的可研项目，全面排查，严格整改，必要时优化调整可研方案。批复文件在《反措》印发之前的可研项目，有条件整改的应尽量整改，对不能整改的逐条做出评估，并将评估报告随工程移交下一环节管理部门备案。

（2）初步设计阶段：对可研批复在《反措》印发之后、正在初步设计的工程，全面排查。对不突破可研批复的问题严格整改；对突破可研批复的问题，发展策划部、运维检修部、建设部等部门应进行评估、解决，如涉及危及电网、设备、人身和网络安全的问题，必要时履行可研变更程序。对不能整改的，评估报告随工程移交下一环节管理部门备案。

（3）施工建设阶段：对初设批复文件在《反措》印发之后、正在施工建设的工程，全面排查。根据排查结果制订整改计划，随工安排开展整改。如已施工建设，运维检修部、建设部、物资部等部门应进行评估，对可能造成电网、设备、人身事故的问题立即整改。对不能整改的，评估报告随工程移交下一环节管理部门备案。

（4）物资采购阶段：自本文印发之日起，进一步全面排查招标文件（采购标准），确保将反措相关内容在招标文件中落实（或增加补充条款）；新采购供货的设备、设施等应满足十八项反措，并作为现场交接验收通过的必要条件。

（5）交接验收阶段：重点对反措落实执行情况验收把关，逐条、逐项对反措条款执行情况检查，对未整改问题评估报告查阅，必要时可组织专家复验。

（6）运维检修阶段：在2016年开展反措全面排查的基础上，重点排查"消防""三跨"等

新增反措条款落实情况。对可能导致设备损坏等重大问题，加快整改。对设备威胁程度不大的一般问题，按照轻重缓急逐步整改。

四、工作组织

（一）组织机构

为加强组织领导，公司成立反措排查工作领导小组和工作小组。

1.十八项电网重大反事故措施排查领导小组

领导小组组长：朱晓岭总经理

领导小组副组长：张长久副总经理、赵雪松副总经理

领导小组成员：发展策划部、安全监察部、运维检修部、建设部、物资部、电力调度控制中心、信息通信分公司主要负责人，各县公司、经济技术研究所主要负责人。

领导小组职责：统筹组织开展排查工作，及时研究处理工作中的重大问题。

2.十八项电网重大反事故措施排查工作小组

工作小组组长：公司技术监督办公室负责人

工作小组成员：发展策划部、安全监察部、运维检修部、建设部、物资部、电力调度控制中心、信息通信分公司主要负责人，各县公司、经济技术研究所、变电检修室、变电运维室、输电运检室、配电运检室、电缆运检室主要负责人。

（二）工作职责

公司技术监督办公室负责统筹组织反措排查工作，编制反措排查总体方案。公司各业务部门负责组织排查本专业所在阶段反措落实情况，制定反措排查明细表，规范各单位排查工作，组织编制本专业反措排查分析报告。具体内容如下：

发展策划部负责组织排查可研阶段的35 kV及以上输变电工程反措落实情况。

安全监察部负责组织排查防止人身伤亡、电气误操作、火灾和交通事故方面反措落实情况。

运维检修部负责组织排查在运变电站、输电线路运行阶段反措落实情况。

建设部负责组织排查在建输变电工程设计、

建设阶段反措落实情况。

物资部负责组织排查招标文件内容中反措落实情况；负责组织排查在建输变电工程设备采购、制造阶段反措落实情况。

电力调度控制中心负责组织排查系统稳定、机网协调、继电保护、电力调度自动化反措落实情况；负责组织排查继电保护定值管理、配置反措落实情况。

信息通信分公司负责组织排查电力通信网、信息系统反措落实情况。

各县公司及支撑单位按照各业务部门安排，负责组织开展本单位各专业排查工作。

五、工作计划

（一）工作准备阶段

1. 公司技术监督办公室编制反措排查工作方案。

2. 公司各业务部门明确冀北公司排查要点对应工作联系人，按照总体方案，明确本部门各专业对口联系人。

（二）全面自查阶段

1. 可研项目：发展策划部组织开展本专业所负责阶段反措落实情况排查。

2. 在建工程：建设部、物资部组织开展本专业所负责阶段反措落实情况排查。新建工程应逐站、逐线建立十八项反措排查档案，作为工程验收资料移交运检单位。

3. 在运设备：运维检修部、电力调度控制中心、信息通信分公司等专业部门严格对照反措条款，按照"一站（线）一本账"的方式，逐站、逐线、逐台设备开展自查工作，并将反措排查情况填入排查明细表。

4. 6 月 25 日前，各专业部门完成以下范围的反措排查明细表：35 kV 及以上交流变电站；35 kV 及以上交直流输电线路；公司本部的信息通信机房；三地数据中心；一、二类信息系统；公司内部研发单位承建的统建信息系统等。

（三）问题分析阶段

各部门对自查发现的问题进行分类总结分析，按照轻重缓急的原则，研究整改意见。各部门于 7 月 10 日前形成分析报告。

（四）问题整改阶段

各部门按轻重缓急制订整改方案和实施计划，并给予技改资金和项目保障，严控增量、减少存量。各部门 8 月 25 日前完成整改方案的实施计划。对于现阶段确实无法整改的问题应按照《国家电网公司安全隐患排查治理管理办法》（国家电网企管〔2014〕1467 号）要求，在冀北公司安全监察部备案。

（五）专项监督阶段

各部门组织相关实施部门每月对本月新建（改造、扩建）输变电工程、在运变电站及输电线路相应阶段开展十八项电网重大反事故措施排查专项监督，各部门十八项反措排查工作联系人负责汇总审核本部门当月反措排查明细表和分析报告，并于每月 23 日前报送公司技术监督办公室。

六、工作要求

（一）提高思想认识

各部门、各单位要充分认识反措对保障电网安全运行、提升本质安全水平、推动公司和电网高质量发展的重要意义，高度重视本次反措排查工作，把本次排查工作作为推进反措落实的重要抓手，进一步增强工作的主动性和紧迫感，落实工作责任，确保排查工作顺利开展。

（二）加强组织领导

各部门、单位主要负责人要亲自挂帅，加强工作组织领导，建立领导小组和工作小组，加强工作统筹安排，建立工作保障机制，明确职责分工，细化工作要求，为全面推进反措排查工作提供坚强的组织保障。

（三）周密安排部署

各部门、单位要结合实际情况，明确人员责任和工作进度，确保如期完成各项工作任务。要选拔业务水平高、管理经验丰富、工作责任心强的专业人员进行排查并给予充分的时间保证，落实周密细致的安全保障措施，防止排查工作中发生人员、电网和设备事故。

（四）坚持边查边改

对发现的问题按照实事求是的原则，按轻重缓急制定整改方案。对暂时不能整改的问题，要制定并落实防范措施，具备条件后尽快实施整改。对于严重威胁电网、人身和设备安全的重大隐患，要立即整改，杜绝因整改不彻底、防控不到位而发生安全事故。

（五）按月督导检查

公司技术监督办公室于每月审核发布当月十八项反措专项技术监督工作报告，各部门针对当月报告，出具相应处理意见，督导问题相关单位制订整改方案和实施计划，及时闭环整改。

国网秦皇岛供电公司"三项制度"改革 2019 年实施方案

为进一步深入推进"三项制度"改革工作，全面落实国网冀北电力有限公司和公司党委关于深化"三项制度"改革的工作要求，按照《国网冀北电力有限公司关于印发"三项制度"改革 2019 年推进工作方案的通知》（冀北电人资〔2019〕204 号），结合公司深化"三项制度"改革工作方案和三年工作目标，研究制定本方案。

一、工作目标

巩固 2018 年工作成效，继续围绕"增强活力、提质增效"的工作主线，以深化岗位任职资格、劳动合同、绩效管理为基础，以健全岗位聘任、多元化薪酬分配机制为重点，全面推进"三项制度"改革，确保管理人员能上能下、员工能进能出、收入能增能减持续深化，破解制约人力资源效率效益提升的体制机制障碍，释放创新创效活力，为贯彻落实国家电网"三型两网、世界一流"战略目标、开启公司建设一流能源互联网企业建设新征程提供坚强保障。

二、重点任务

（一）推进管理人员能上能下不断深化

1. 继续推进岗位任职资格体系建设。作为冀北公司试点单位，在规划、运检、营销、物资 4 个专业，完善典型岗位任职资格体系建设，构建岗位职责库和任职资格标准，建立员工上岗、转岗和岗位晋升标尺，为实现管理人员和重要技能岗位人员能上能下奠定基础。

2. 推广实施岗位聘任制。按照冀北公司要求全面推广班组长聘任制，试点探索中层干部岗位、高级管理（技术）岗位实施聘任制，制定相应实施方案，明确上岗条件、岗位任期、目标任务和考核要求，特别明确任中不合格可解聘、任期届满自然解聘，考核合格后方可续聘等，变"身份管理"为"契约管理"。

3. 深入开展岗位竞聘。结合各部门（单位）实际需求，组织开展岗位竞聘工作，为能力强、绩效优的员工创造更多公平公正的竞争机会。针对缺员严重或急需补员的专业，统筹人员配置情况，通过开展岗位竞聘的方式进行人员补充。岗位竞聘人员实行试聘上岗，试聘期结束、考核合格方可留用。

4. 优化完善员工职业发展通道。作为冀北公司试点单位，配合冀北公司制定优秀人才管理实施细则。制定公司人才选拔方案，确定选拔标准、选拔方式、考核权限、选拔数量，组织开展 2019 年地市公司级、县公司级优秀人才选拔。落实冀北公司最新职员职级管理制度，结合实际修订公司职员职级管理制度，优化职数设置、聘任条件，进一步推进公司及县公司职员职级相关工作。针对青年员工定制专项培养方案，畅通优秀青年员工岗位成长通道，强化岗位锻炼，储备业务骨干，加速人才成长，缓解基层单位结构性缺员和人才难留的问题。深化"师带徒"培养机制，建立技能导师人才培养体系，助推青年员工在基层一线成长成才。

（二）推动员工能进能出不断深化

5.持续强化劳动合同管理。制定劳动合同规范管理工作方案，开展全员劳动合同管理办法培训宣贯，告知退出条款，组织签订《培训确认书》，强化全员契约化理念。持续做好劳动合同订立、履行、变更、中止、解除或终止等管理工作，加强劳动合同管理，充分用好试用期和首次续订劳动合同两个重要窗口期。按照《国家电网有限公司劳动合同管理办法》，更新全员岗位协议书，与日常人员调整联动，建立岗位协议书动态管理机制。开展劳动合同自查整改，组织开展对县（区）公司、集体企业和供电服务公司劳动合同管理规范性督导检查，提高劳动合同规范管理水平，筑牢员工能进能出基础。

6.精准用好用工增量。结合公司实际统筹配置新员工，优化新员工分配机制，重点补充至一线缺员和紧缺岗位，加强公司一线各专业后备技术力量的储备。进一步完善人才成长机制，引导新员工扎根基层、苦练本领、快速成才，缓解减员缺口。

7.盘活用工存量。统筹使用人才帮扶、挂职（岗）锻炼等形式，常态开展人员盘活，解决组织间、专业间人员配置不均衡问题。积极参与冀北公司针对张家口冬奥工程和场馆保电用工需求的人才帮扶工作，积极参与国家电网有限公司东西人才帮扶工作，充分发挥内部人力资源市场调节作用。作为冀北公司试点单位，坚持精简高效原则，配合开展组织体系深化研究、优化升级，开展组织机构运行评估研究，实现人员科学配置、合理流动。

8.规范业务外包管理。作为冀北公司试点单位，配合冀北公司研究制定业务外包管理实施细则、限制性外包业务清单，梳理负面清单辅助性项目。冗员单位或超员专业原则上不得将限制性业务进行外包，优先盘活内部用工存量，提高用工效率。

9.严格退出管理。按照冀北公司要求落实员工退出条款，严格执行不合格员工降岗、待岗、转岗规定，严格依法解除触碰红线员工的劳动合同。

（三）推动收入能增能减不断深化

10.持续深化全员绩效管理。根据冀北公司压减管理性、过程性指标的考核变化，优化公司各单位业绩考核体系，全面做好指标分解和落实。完善管理机关量化考核，强化指标管理部门对公司业绩考核的牵头引领作用。落实冀北公司最新全员绩效管理细则，结合实际修订公司全员绩效管理细则。作为冀北公司试点单位，研究优化绩效分级比例和结果应用规则，结合实际明确C级、D级评定条款，做好衔接过渡。推广冀北公司绩效考核"工具箱"，各部门（单位）结合实际选择使用。充分授予绩效经理人绩效考核权、工资分配权和员工使用建议权，压实管理责任，做实绩效管理，筑牢收入能增能减基础。

11.优化薪酬分配机制。严格落实冀北公司工资总额计划管理办法，结合安全工作奖惩，优化工资总额核定，进一步引导县公司提升效率效益意识。持续加强绩效结果应用力度，提高业务骨干、业绩优秀员工的薪酬待遇，实现绩优薪高，绩劣薪低。优化薪酬内部分配，深化一线岗位津贴等激励，薪酬进一步向艰苦一线、缺员基层单位倾斜。

三、工作要求

（一）加强组织引导，奠定改革基础

"三项制度"改革工作关系公司发展和全体员工切身利益。各部门（单位）主要负责人要充分认识改革工作的重要性和紧迫性，克服畏难情绪和求稳怕乱思想，有序推进改革工作。各部门（单位）要加强政策宣传和思想引导，积极营造有利于"三项制度"改革的良好环境，促进员工转变思想、理解和支持改革，为改革的全面推进奠定基础。

（二）做好协同配合，形成改革合力

"三项制度"改革工作任务多、涉及面广，

需要公司各部门（单位）共同推进、协同配合。各部门（单位）要认真落实公司工作方案，加强协同、紧密配合，形成推动改革的强大合力，确保改革工作扎实落地。

（三）积极稳妥推进，确保改革成效

严格落实冀北公司工作要求、公司党委部署和2019年实施方案，在充分结合公司管理实际的基础上，积极稳妥推进"三项制度"改革，积极开展探索和创新，提升内生动力，提高效率效益，努力形成改革成功经验做法，确保改革工作取得扎实成效。

国网秦皇岛供电公司
合规管理体系建设工作方案

推进依法治企，开展合规管理是落实全面依法治国战略，建设法治央企的重要内容，是实现公司"三型两网"一流能源互联网企业战略目标的内在要求，也是防范化解重大风险的重要保障。国家电网有限公司和国网冀北电力有限公司全面启动了合规管理体系建设，现结合公司实际，制订公司合规管理体系建设工作方案。

一、指导思想

坚持以习近平新时代中国特色社会主义思想为指导，全面贯彻国家电网合规管理体系建设要求，适应电网行业外部监管环境变化和公司内部治理实际，积极培育一流示范企业合规管理能力，保障公司"三型两网"一流能源互联网企业建设。

二、总体目标

公司经营管理依法合规，具备完善的合规管理组织体系和运行高效的管理机制，全员树立"合规立身"的价值导向，企业合规文化日臻成熟，合规管理能力不断增强，杜绝违规事件发生，建成符合公司定位、具有电网企业特色的合规管理体系。

三、基本原则

全面覆盖，突出重点。将合规管理要求全面嵌入公司生产经营管理活动，确定公司合规管理重点，落实合规人人有责、人人参与，促进公司全面合规。

预防为主，惩防并举。立足防范合规风险，强调关口前移、事前防范和过程控制，通过惩戒手段和形成高压态势，达到警示和预防目的。

加强协同，强化联动。建立业务部门、合规牵头部门及监督部门各负其责的"三道防线"，实现合规管理与公司现有管理机制的协同联动。

管业务必须管合规。合规是业务部门、单位应尽职责，各部门、单位应将合规管理与业务开展同安排、同检查、同督导。

四、建立合规管理组织体系

（一）公司合规管理组织架构

成立合规管理委员会。委员会负责合规管理的组织领导和统筹协调，负责研究决定合规管理重大事项或提出意见建议，指导、监督和评价合规管理等工作，批准合规年度报告，负责推动完善合规管理体系，研究决定合规重大事项等。合规管理委员会主任由公司总经理和党委书记担任，副主任由公司分管领导担任，成员由各部门、单位主要负责人组成。

合规管理委员会下设办公室，设在公司办公室，明确办公室为合规管理牵头部门，负责合规管理委员会日常工作。各部门、单位明确1名合规管理工作人员，从事相关合规管理工作，并负责联系合规牵头部门。

（二）公司合规管理职责分工

在合规管理委员会统一领导下，建立合规管理"三道防线"。第一道防线为各业务部门、单位。负责本领域日常合规管理工作，按照合规要求完善业务管理制度和流程，主动开展合规风险识别和隐患排查、发布合规预警、开展合规审查，及时向牵头部门报告合规风险事项，妥善应对处置合规风险事件，做好本领域合规培训和商业伙伴合规调查等工作，并组织开展或配合做好违规问题调查及整改等。第二道防线为办公室。负责组织、协调和监督合规管理工作，为其他部门提供合规支持等。包括研究起草合规管理计划、相关制度等；持续关注法律法规等规则变化，组织开展风险识别与预警，参与重大事项合规审查和风险应对；组织合规督导和督促违规整改；指导各业务部门、单位开展合规管理；参与或组织对违规事件的调查，并提出处理建议；组织或协助业务部门、单位及人资部门开展合规培训。第三道防线为安全监察部、审计部、监察部及财务资产部等部门。负责在其职责范围内，履行合规管理监督职责。

五、2019 年合规管理体系建设重点任务安排

（一）开展合规培训

在 2019 年培训执行中应增加合规管理相关内容，在整体上形成多层级、体系化的培训格局。各部门、各单位聚焦主责主业，以合规风险识别、评估防控为基础，在各类专业管理人员培训中增加合规培训内容。在培训手段上，用好网络教学平台，提升培训效果。（责任部门、单位：各部门和单位）

（二）构建合规重点风险库

组织各业务部门在法律风险清单的基础上，突出对重点业务、重点环节的风险识别，形成各专业合规风险库。从法律后果、经济损失、舆论影响、风险产生概率等多个维度对合规风险进行评估，将合规风险划分为重大、中等、一般三类，各业务部门应于 7 月 30 日前将本专业《合规风险清单》和风险应对预案提交至公司办公室。（责任部门、单位：办公室、相关部门和单位）

（三）全面落实合规审查要求

各业务部门应将规章制度制定、重大事项决策、重要合同签订及重大项目运行等经营管理行为的合规审查作为必经程序，并以书面形式留存记录，未经合规审查不得实施上述行为。业务部门如需办公室协助审查，应商办公室共同提出合规审查意见。（责任部门、单位：各部门和单位）

（四）做好业务合规预警和报告

各部门要加强合规风险预警和信息通报，如发生（发现）较大合规风险，相关部门和办公室应及时向分管领导、合规管理委员会报告。公司本年度将以下 3 个方面作为合规风险重点关注领域：一是防范涉嫌利用垄断地位或市场支配地位获取不正当利益的违规风险。二是做好基于泛在电力物联网开发应用所获取的客户（个人）信息等大数据和网络安全的保护，防范信息泄露、违规使用信息等导致的监管处罚风险和网络安全风险。三是防范落实新能源消纳政策和安全环保政策等方面的违规风险。（责任部门、单位：办公室、发展策划部、营销部、电力调度控制中心、信息通信分公司）

（五）严肃合规监督与问责

安全监察部、审计部、监察部、财务资产部等部门要将合规管理监督作为主要内容纳入各类监督工作。畅通合规问题举报渠道，针对反映的问题和线索，及时开展调查，并严肃追究违规人员和单位责任。（责任部门：财务资产部、安全监察部、审计部、监察部）

（六）开展合规管理信息化建设

配合国网冀北电力有限公司构建合规管理大数据库，优化管理流程，加强对经营管理行为依法合规情况的实时在线监控和风险分析，实现信息集成与共享。（责任部门、单位：办公室、财务资产部、审计部、信息通信分公司）

（七）编制合规管理年度报告

各业务部门、单位应于年底前全面总结本部门合规管理工作情况，编制年度合规管理报告，12 月 1 日前报公司办公室备案。公司办公室组织编制公司合规管理年度报告，12 月 10 日前报送国网冀北电力有限公司备案。（责任部门、单位：办公室、相关部门和单位）

六、工作要求

（一）加强组织领导，落实工作责任

各部门、单位要按照方案要求，配备合规管

理工作人员，积极开展专业领域合规管理。各县（区）公司和福电集团要科学制订本单位合规管理体系建设方案，构建合规管理组织架构，明确分工和重点任务，于7月30日前将方案发文报送至公司办公室备案并实施。

（二）增进工作配合，推进体系建设

合规管理体系建设工作牵涉面广，兼具相关业务融合和体系开创等要求，工作任务很重。各部门、单位要加强配合，各司其职，相互支持，及时解决工作中的矛盾和问题，确保体系建设工作顺利推进。办公室将定期汇总合规管理工作进展上报国网冀北电力有限公司经法部。

（三）培育合规文化，开展合规宣传

各部门、单位要通过各种载体开展合规管理的培训宣贯，学好用好国家电网有限公司《合规管理手册》、国网冀北电力有限公司《领导干部履职合规手册》，引导员工转变观念，提高合规运营理念的认同感和参与度，增强员工主动合规意识，营造全员参与的良好氛围。

国网秦皇岛供电公司
2019年安全生产工作意见

为贯彻落实国家电网有限公司、国网冀北电力有限公司安全工作部署，全面推进"三型两网、世界一流"建设，扎实做好各项安全生产工作，确保公司安全稳定、高质量发展，现就公司2019年安全生产工作思路、工作目标、重点任务和工作要求做出以下安排。

一、工作思路

深入贯彻习近平总书记关于安全生产重要指示精神和党中央、国务院安全生产工作部署，牢固树立安全发展理念，大力弘扬"生命至上、安全第一"思想，强化责任担当，认真落实国家电网有限公司、国网冀北电力有限公司推进安全生产领域改革发展的实施方案、《2019年安全生产工作意见》及《电力安全生产行动计划（2018—

2020年）》，强化安全红线意识和底线思维，以落实全员安全责任为抓手，健全安全保证和安全监督两个体系，深化隐患排查治理和风险预警管控双重预防机制，提升基础保障、过程管控和应急处置3个能力，持续推进本质安全建设，为公司高质量发展提供安全保障。

二、工作目标

实施"七个不发生、三个确保"目标管理：不发生重伤及以上人身事故；不发生一般及以上误操作（误调度）事件；不发生一般及以上火灾事件；不发生五级及以上电网、设备事件；不发生六级及以上信息系统事件；不发生本单位负同等及以上责任的重大交通事故；不发生其他对公司和社会造成较大影响的事故（事件）。确保公司安全生产局面平稳；确保北戴河暑期保电万无一失；确保全国两会、第二届"一带一路"国际合作高峰论坛、庆祝新中国成立70周年等重大活动供电保障坚强可靠。

三、重点任务

（一）持续推进本质安全建设

深入落实国家电网有限公司推进安全生产领域改革发展的实施方案和《电力安全生产行动计划（2018—2020年）》《应急能力建设行动计划》《网络安全行动计划》，贯彻国家电网有限公司本质安全30条、国网冀北电力有限公司本质安全100项措施细则要求，按计划完成2019年重点工作任务，提高安全生产综合防控能力，提升本质安全水平。全力推动安全生产标准化建设，全面推行生产作业现场安全管控标准化，提高作业质量、防范作业风险。完善市、县安全监督机构职能调整，补充安全稽查人员，配齐业务机构安全督查岗位。提高全员《安规》执行能力，领导干部和管理人员带头"学安规、懂安规、守安规"。加强专业人才和一线员工队伍建设。突出党建引领，提高职工思想素养和业务技能，不断增强凝聚力，打造有利于调动职工热情、奉献精神和安全执行力的良好氛围。

（二）压紧压实全员安全责任

以责任清单为抓手，健全全员安全责任体系，一季度完成清单发布、公示，开展宣贯培训，切实做到知责明责。全体员工对照清单，主动承担安全责任，通过责任到人促进工作到位。落实各级安全生产责任制，坚持党政同责、一岗双责、齐抓共管，领导干部率先垂范，带头履职尽责、到岗到位，严格落实"管生产经营必须管安全""管业务必须管安全""管项目必须管安全"要求，正确处理安全与工期、进度、效益的关系，切实把安全放在首位，真正做到安全第一。加强全员履责监督，建立健全各级领导班子安全述职、管理人员安全履职评价、基层人员安全等级评定制度，履责激励、失责追究。

（三）健全完善安全保证体系和监督体系

切实加强安全基层组织和基础管理，加强技术专家培养和人才储备，强化一线员工队伍力量。加强变电运维班组建设，推进运维班主辅设备全面监控建设，完成7个变电运维班调度主站延伸及戴河、归提寨2座变电站智能化管控平台试点接入改造项目实施。持续深化基建12项配套措施落地见效，充分发挥项目管理中心作用，加强城乡配网工程安全管控。持续加强各级安全监督体系建设，提升各级安全监督队伍素质，增强安全监督人员跨专业知识和管理组织能力。建立安全巡查制度，重点对安全责任履职、安全机制运转、安全投入保障等情况开展巡查。充分发挥安全监督网和安全稽查队作用，加强监督检查。

（四）强化安全生产基础保障

深化资产全寿命周期管理，加强工程项目全过程质量管控。保障生产费用投入满足输配电价核定中确定的运行维护费标准。保障安全费用投入不低于上年度实际销售收入的0.25%，优先用于重大隐患治理、重点风险防控，提升安全监察、应急和事件调查装备水平。加强先进适用的安全工器具和劳动保护用品配置。强化科技支撑，加快先进技术装备推广应用，推动机器人、无人机

等智能装备在危险工序和作业环节中广泛应用。持续优化细化电网规划建设方案，进一步优化主网及配网结构。以站东、金梦海湾等变电站规划建设为契机，加快推进红桥等城市中心重载变电站的负荷切改工作，有效解决当前个别区域电网的薄弱环节和供电能力不足的问题。加快建设110 kV站东、红桥变电站间的10 kV负荷转供通道，逐步建立目标明确的城区配网骨干网架。

（五）深入开展隐患排查治理

坚持隐患"全覆盖、勤排查、早发现、快治理"工作机制，通过电网方式分析、设备日常运维、季节性安全检查和专项安全活动，常态化开展隐患排查治理，落实隐患专业管理责任。针对事故暴露问题和安全薄弱环节，开展消防安全、城市电缆及沟道、二次系统、站用交直流电源、防误闭锁、低压脱扣、特种设备等专项隐患排查治理。对重大隐患挂牌督办，实行"两单一表"（督办单、反馈单和过程管控表）管控。认真执行《关于加快推进变电站消防隐患治理工作的通知》，按计划落实各项隐患治理措施。按期完成3处35 kV输电线路"三跨"隐患治理任务。

（六）深入开展风险预警管控

坚持"全面评估、先降后控"风险防控原则，动态开展风险评估。严格流程管理和措施落实，坚决防范风险失控。深化电网运行风险预警管控，严格执行风险预警发布领导审批制度，强化过程督办。结合年方式、月计划、周安排，加强施工陪停、启动调试、设备检修等电网风险辨识，综合运用调整方式、优化工期等手段，降低风险等级。严格执行风险预警审批和向政府部门报告、向电厂（客户）告知制度。加强专业协同、网源协调、供用协助和政企联动，严格落实管控措施。加强基建施工风险管控，严格风险作业许可备案，应用施工风险作业分级视频监控平台，对高风险作业实行可视化管理。

（七）强化电网运行管理

深化电网特性分析，科学合理安排电网各阶

段运行方式，提高电网运行安全性。强化电网运行控制，深化设备检修、基建投产管控，优化设备停电安排，统筹制定过渡期电网运行方式和控制措施。严把现场倒闸操作关，杜绝调控实时运行各环节责任事故。夯实配网调度管理基础，强化设备异动的实时管控。强化继电保护、安稳装置、自动化等二次系统运行管理，筑牢电网设备"三道防线"，大力推进老旧、家族性缺陷设备改造，完成五里台 220 kV 3# 主变更换保护、孟姜站 220 kV 失灵保护回路完善工作。持续推进电力监控系统安全防护治理，完成 110 kV 汤河等 30 座厂站生产控制大区、安全Ⅲ区 2019 年网络安全监测装置部署。结合场站季度技术督查，加强地区 31 座电厂的涉网装置技术监督，落实并网电厂各项技术要求和反事故措施。严格进行新能源场站调度员持证上岗考试，严查值班纪律，强化新能源调度运行规范性管理。高度重视分布式电源接入对电网潮流、短路电流等参数的影响，严把分布式电源并网关，确保分布式电源与配网安全运行。

（八）强化设备运维管理

坚持"应修必修、应试必试"，严格落实运维职责，加强设备全面监控，深化运行数据分析和评价，保证设备健康水平。开展《反措》的全面培训工作，年内完成 44 项不满足反措要求的问题治理，新建、改（扩）建工程不满足反措要求不得投运。深化设备全过程技术监督，合理制订技术监督计划，强化专项监督作用，培养技术监督支撑队伍，树立"技术红线"意识，将技术监督报告作为新建输变电工程投产必要条件。深化状态检修，深入推广应用带电检测，在完成常规带电检测计划的基础上，重点推进。制定并宣贯验收管理制度，实施标准验收、精益验收。积极推进移动作业在变电运检各项业务中的深度应用，有效保证变电运检五项通用制度落地实施，全面提升变电运检精益化水平。加强防误专业管理，严格执行解锁审批和操作监护制度，严防恶性误操作。强化输电线路"六防"治理，采用无人机巡检等手段，应用通道可视化、激光除异物等新技术，落实差异化保障措施。开展配电自动化专项提升行动，完成配电自动化"一线一案"编制工作，完成山海关地区就地式馈线自动化试点建设。加强全过程管控，确保深河站一键顺控、南戴河站开关柜、石门站主变改造等重点工程顺利实施。加强 PMS 系统台账、图形数据治理，推广电网运检智能化分析管控系统应用。

（九）强化生产作业安全管控

全面推行生产作业安全管控标准化，强化"不按标准化作业就是违章"理念。规范编制工作计划，认真组织现场勘查，全面评估作业风险，认真做好安全和技术交底，规范"开工报告""三措一案"的编写、审核、批准和落实执行。加强安全防护设施落实，严格特种设备操作人员资质审核。认真执行《安规》、"两票三制"等制度和"十不干"要求，严格落实防倒杆、防高坠、防触电、防感应电等安全措施。严格执行公司领导干部和管理人员生产现场到岗到位工作实施方案，推进安全管理重心下移，严控作业秩序。加强故障抢修等小型分散和夜间、节假日期间等作业现场管控，履行工作审批程序，杜绝无票、无监护作业。应用移动监控终端等信息化手段，实现重点作业现场监督管控全覆盖。

（十）强化工程施工安全管理

严格落实国家电网有限公司"强化施工安全管理"配套政策要求，做实业主和施工单位"两级管控"；抓住"关键人""关键点"两个关键因素；强化"监理""劳务""装备"三个支撑。以"关键人"管控为抓手，落实各层级安全主体责任，持续加大施工单位作业层班组建设，推进班组施工组织模式由线路向变电等其他专业延伸；做好项目部、作业层班组关键人员的培养、培训、取证、上岗、履职等工作，充分发挥现场关键人的安全管控作用，充分利用安全责任量化考核手段，强化业主、施工、监理各方安全责任的落实。以"关键点"管控为重点，提升风险防控能力，严格落实现场"一方案一措施一张票"，落实人员到岗到位工作要求，建立安全风险管控群，完善输变电工程施工三级及以上风险作业防控体系。集体企业加强分包队伍管理，扎实开展核心劳务分包队伍的遴选、培育、考核工作，逐步建立业务精、素质硬的核心分包队伍，落实"四统一"工作要求，杜绝"违法转包""违规分包""以包代管"。推广人员"一人一卡"实名制全程管控和现场作业"一点一机"系统，试点应用基建安全管控系统。全面开展配电网工程现场安全管理巩固提升行动，严格执行"三十条"措施和"十八项"禁令。

（十一）强化消防安全管理

健全完善消防安全管理体系，扎实推进电气火灾综合治理工作，加强电网设备、作业现场、办公（调度）大楼、人员密集场所火灾风险防控。严格落实消防安全责任制，加强"四个能力"建设，加大消防安全监督检查力度，提升消防安全隐患发现、消除效率。加强消防技能培训，消防控制室值班人员实现持证上岗。加强变电站消防设施运维管理，年内完成58座变电站火灾报警系统改造升级，16座220 kV变电站32台主变固定灭火系统全面具备"自动"运行条件。加快实施昌城变电站出口电缆沟扩容及北戴河地区电缆中间头、电缆沟道内电缆密集区域防火防爆措施。试点完成北部工业园区配电网小电阻接地改造。积极落实消防控制室试点建设，2019年完成平方运维操作队所辖8座变电站接入新建消防控制室试点建设任务。实行新建工程消防专业化管理，落实消防与主体工程"三同时""双验收"要求。强化消防应急能力建设，滚动修订消防应急预案，进一步健全消防应急联动机制，与当地消防部门定期开展联合消防演练。

（十二）强化网络与信息通信安全管理

贯彻《网络安全法》和等级保护2.0要求，严格落实信息、电力通信、电力监控《安规》及

其实施规范要求，开展月度安规落实情况自查活动，确保规范执行100%。与构建冀北信通公司应急联动体系，借鉴国网冀北电力有限公司网络安全监测分析，促进网络安全态势感知与预警处置能力的提升，达到能自主处理应对一般病毒的水平。开展季度网络漏洞排查整治，消除网络漏洞安全隐患；落实网络安全智能防御体系建设要求，通过加强信息系统（网络）安全防护，保证业务信息和客户数据安全，年内实现公司网络安全智能防御全覆盖。开展泛终端接入管理专项排查，规范业务系统账号管理，杜绝安全隐患及信息系统泄密事件发生，抽查的终端数量不低于总量的50%。持续对通信系统网络结构进行优化，新通信通道投运一周内，完成通信方式优化调整。年内完成全部老旧通信电源开展综合治理，积极推进ADSS光缆"三跨"安全隐患治理工作，计划3年内完成秦皇岛地区全部隐患治理工作。

（十三）强化用电安全管理

加强业扩报装受电工程安全管理，严格执行标准规程，严格工程设计、施工、试验单位资质审查，做好现场风险点辨识与预控，加强工程设计审核及竣工验收管理。依法依规强化供电安全管理，严肃供用电合同签订，重点防范供用电纠纷，加强法律风险防范。进一步规范配农网小型作业现场安全管理，加强营销计量等低压带电作业防人身事故措施落实，严格履行工作审批程序。加强用电安全检查，督促重要客户开展隐患治理，按季度将相关重大安全隐患向电力行政管理部门报备，全面落实"服务、通知、报告、督导"四到位工作要求。加大安全用电宣传力度，增强城乡居民安全用电意识。持续深入开展触电案件压降专项整治行动，按计划完成台区一级漏保隐患治理。加强充电设施运维管理，定期开展隐患全面排查治理，确保充电设施正常使用。

（十四）强化集体企业安全管理

持续深化集体企业安全专项治理活动，落实集体企业与主业安全管理"同质化"要求。贯彻

《国家电网有限公司集体企业安全生产管理工作规则》，落实集体企业主办单位安全监管责任和集体企业安全管理主体责任，完善责任体系，加强监督检查。加强集体企业核心业务的安全生产管理，发挥公司业务管理部门专业指导和监督作用。开展施工类集体企业能力评估，严禁超承载能力承揽工程。推进安全标准化建设，健全安全管理体系和规章制度标准，配齐安全生产管理机构和人员，完善全业务全流程管控机制，提升集体企业本质安全水平。

（十五）强化电力设施保护及交通、治安安全管理

加强外力破坏、盗窃破坏、恐暴破坏的风险研判、分析，严格危险点动态管控措施落实。深入开展电力设施保护宣传，巩固政企联合、警企联动长效工作机制，强化电力设施外部隐患治理，加大打击破坏电力设施案件的力度。深入探索点对点精准停电在电力设施保护工作中的作用，完善启动流程及组织机构，实现告知、启动、实施与优质服务协同联动，积极探索电力设施保护依法推进的有效途径。加强生产经营场所和后勤服务的安全管理，严格各级安全保卫责任落实，严格门禁管理，强化人防、物防、技防措施。加强内部防恐、防盗、防破坏、防火、防电信诈骗宣传教育，保障安全生产秩序平稳有序。强化交通安全管理制度意识、安全文化意识、责任意识、纪律意识，确保全员交通安全素质整体提升。加强人、车、环境相结合的交通安全风险管控，从严车辆调度和运行动态监控，有效杜绝各类交通违法行为。

（十六）提升应急处置能力

加强制度保障、应急准备、预防预警、救援处置等方面能力建设，开展应急能力建设评估"回头看"和整改工作。完善应急预案体系，加强预案编制、评审、备案管理，完成新一轮市、县公司应急预案修编。组织开展市、县公司大面积停电事件应急演练，加强现场处置方案演练，各单位要至少开展2次无脚本实战演练，专项预案演练覆盖率达50%。提升调控机构反事故处置能力，常态化开展无脚本反事故演练。完善公司应急专家和应急队伍建设，加强应急管理和救援人员专题培训。建立公司级应急装备库，完善应急物资、装备配置。强化突发事件监测预警、信息报送和响应处置，加强与地方政府、重要客户、社会救援机构的沟通联系，提高突发事件协同应对能力。推进北戴河地区电网全景监控中心建设，全面提升对北戴河地区电网的掌控能力。确保圆满完成北戴河暑期、全国两会、庆祝新中国成立70周年等重大活动及重要节假日保电工作。

（十七）严格安全监督管理

坚持严格督责，健全日常监督、专项监督和协同监督机制。坚持严抓严管，常态化开展"四不两直"现场检查，市、县公司实现作业现场督查全覆盖。针对安全生产突出问题、薄弱环节和重点领域，开展专项监督。对春（秋）季检修、基建复工等关键阶段，高风险作业关键环节开展协同监督检查。加强配农网、小型分散作业、急抢修、客户工程等工作组织和安全管理，常态化开展城乡供电所、急抢修班组安全督查。持续开展电网、信通、施工、县供电企业安全性评价。加大反违章工作力度，推行违章分级管控和标准化安全稽查，提高现场安全监督和反违章工作的效率效果。

（十八）严格安全考核和责任追究

坚持严肃问责，突出事前监督、过程管控、事后追责。严格安全信息报告制度，严禁迟报、瞒报、漏报。对安全重点工作不落实的单位，下达督办单、限期整改；对安全局面不稳定的单位，及时约谈。对发生七级以上安全事件的单位，公司实行"说清楚"制度。按照"四不放过"原则，查清技术和管理原因，全过程分析事件责任，对责任单位、责任人严肃问责。对重复发生的事件，顶格考核、提级处理。发生性质严重、影响恶劣的责任事件，事件单位主要负责人立即停职配合

调查。严格执行"一票否决"，严肃问责与干部考核评价联动、与薪酬待遇挂钩、与评先评优协同。发挥安全专项奖激励作用，对工作票执行无差错、倒闸操作无差错、无违章班组及做出突出贡献的安全生产先进集体和个人，及时给予表彰奖励。

（十九）加强安全教育培训

逐级制订并落实年度全员培训计划。以宣贯国家电网有限公司、国网冀北电力有限公司推进安全生产领域改革发展实施方案和三个行动计划为重点，开展安全管理人员培训。加强日常安全培训，在《安规》普学、普考的基础上，按照"缺什么、补什么"原则开展岗位适应性培训，重点组织"三种人"工作票、风险管控专项培训，提高员工安全技能素质。强化安全警示教育，组织学习事故案例汇编和典型违章图册，开展反思学习，增强安全敬畏意识。丰富培训手段，采用视频、动漫等形式，通过 APP、微信等渠道，提升培训效果。发挥党支部战斗堡垒作用，开展党员安全生产示范岗和党员身边无违章等活动，树立先进典型，弘扬工匠精神，发扬"严细实"工作作风，建设优秀安全文化，形成人人关心安全、人人重视安全、人人保障安全的浓厚氛围。

四、工作要求

（一）加强组织领导。安全是公司高质量发展的基础和保障，各单位要深刻认识做好安全工作的极端重要性。各级领导要切实增强责任意识，居安思危，履职尽责，统筹安排，周密部署，全力抓好各项任务的组织实施。

（二）严格过程管控。统筹结合春（秋）检预试、迎峰度夏（冬）、重大工程建设投产、重要活动保电等安全生产工作，加强督导检查，严格工作考核，确保各项措施落到实处。

（三）确保实现目标。坚持目标导向，采取有力措施，补短板、强管理、除隐患、防风险，坚决防范遏制各类事故发生，确保实现全年安全生产目标。

中共国网秦皇岛供电公司委员会关于开展创先争优　强化干部担当作为推动公司和电网高质量发展的意见

为深入学习贯彻习近平新时代中国特色社会主义思想和党的十九大精神，坚持党的领导、加强党的建设，组织动员各级党组织和全体党员干部勇于创先争优、敢于担当作为，站在新起点，改革再出发，开创公司高质量发展新局面，提出如下意见。

一、突出党建引领保障，汇聚推动改革发展磅礴力量

1. 坚持不懈强根固魂。坚持党的领导、加强党的建设是国有企业的"根"和"魂"。落实"三型两网、世界一流"战略目标和"一个引领、三个变革"战略路径，推进公司改革再出发，责任重大、使命光荣。必须站在坚持和发展中国特色社会主义、巩固党的执政地位、完成党的执政使命的战略高度，把坚持党的领导、加强党的建设成效体现在不忘初心、牢记使命的坚定信念上，体现在建设一流能源互联网企业的矢志追求上来。必须牢固树立"一盘棋"思维，充分发挥党的创造力、凝聚力、战斗力，着力推动党的建设与改革发展同向聚合、相融并进，以一流党建引领保障一流企业建设。

2. 强化党员干部新时代新担当新作为。习近平总书记指出，干部敢于担当作为，既是政治品格，也是职责所在。面对复杂严峻的外部环境和经济下行压力，面对新时代继续推进改革开放要求，推动公司向着更高质量、更有效率、更可持续的方向迈进，挑战前所未有，任务艰巨繁重。开启高质量建设一流能源互联网企业新征程，争创一流能源互联网企业建设排头兵，必须充分调动党员干部积极性、主动性、创造性，建设一支有理想、有力量、有干劲，敢于"亮剑"、勇于担当、誓争一流的干部队伍，带动广大职工进一步解放思想、攻坚克难，让锐意改革、创新发展

蔚然成风。

3. 充分发挥党的建设独特优势。当前和今后一个时期总的思路是，坚持以习近平新时代中国特色社会主义思想为指导，全面贯彻党的十九大和十九届一中、二中、三中全会精神，坚决落实新时代党的建设总要求和新时代党的组织路线，以党的政治建设为统领，以提高党的建设质量为主线，以提高价值创造能力为导向，深入实施"旗帜领航·三年登高"计划，扎实推进创先争优年各项工作，围绕"三深化三提升"，增强政治功能，深化"三基建设"，系统抓好"旗帜领航 正心明道"党建品牌创建，把党建独特优势转化为企业发展优势，为公司做强做优做大提供坚强保证。

二、坚持以党的政治建设为统领，确保公司改革发展正确方向

4. 坚决做到"两个维护"。把旗帜鲜明讲政治全面融入公司各项工作，树牢"四个意识"、坚定"四个自信"，坚决做到"两个维护"，始终在政治上思想上行动上同以习近平同志为核心的党中央保持高度一致。严格尊崇党章，严格执行新形势下党内政治生活若干准则，发扬优良传统，涵养政治品格，坚定政治信仰。自觉服从服务党和国家大局，贯彻新发展理念，落实高质量发展要求，不折不扣推动国家电网党组和冀北公司党委决策部署在公司落地落实。

5. 强化理论学习武装。突出政治建设，重在强化理论再学习、思想再解放。深入开展习近平新时代中国特色社会主义思想大学习，读原著、学原文、悟原理，做到真学真懂真信真用。按照党中央统一部署，组织开展"不忘初心、牢记使命"主题教育，引导党员干部自觉践行党的宗旨，坚定理想信念，筑牢精神基础，拧紧"总开关"。发挥党委中心组理论学习示范作用，抓好党员干部教育培训，提高政治理论素养，增强治企兴企本领，推动改革再深入、创新再突破、发展再提升。

6. 切实发挥党委领导作用。扎实推进党的领导和公司治理深度融合，进一步明确党委决定权、

把关权、监督权，形成各司其职、各负其责、协调运转、有效制衡的公司治理机制。坚持民主集中制，完善议事规则和程序，发扬党内民主，集中正确意见，统一思想行动，激发创造活力。各级党委要着眼工作全局，扛起政治责任，把方向、管大局、保落实，敢抓敢管、真抓实干，确保完成各项目标任务，努力创造属于新时代的光辉业绩。

三、强化干部担当作为，形成干事创业的强大动力

7. 树立担当作为的鲜明导向。坚持把选好人、用对人作为对干部最有效、最直接的激励，把敢不敢扛事、愿不愿做事、能不能干成事作为识别干部、评判优劣、奖惩升降的重要标准，把干部干了什么事、干了多少事、干的事组织和群众认不认可作为选拔干部的根本依据，一切看表现、听口碑、凭实绩。下大力气破除唯票、唯分、唯排名、唯年龄等"四唯"现象，打破论资排辈、平衡照顾、求全责备的条条框框、隐形台阶，着力在"优化进口、畅通出口、能上能下、能进能出"上下功夫。对在关键时刻和急难险重任务中经受考验、做出重大贡献，在基层一线和艰苦吃劲岗位上实绩突出的优秀干部，敢于破格提拔使用，树立迎难而上、担当作为的风向标。

8. 健全能上能下的退出机制。贯彻落实国家电网《推进能上能下实施细则》，明确德、能、勤、绩、廉等5个方面25种"下"的情形，对不作为、慢作为，作风漂浮、花拳绣腿，消极懈怠、萎靡不振，不愿负责、不敢碰硬的干部，坚决处理、果断调整，以刚性约束倒逼担当作为。坚持以事择人、人事相宜，严格按照任职年限开展交流轮岗。严格执行干部退二线、退休制度，到龄后及时办理相关手续。

9. 完善赏罚分明的考核体系。探索实行领导干部任期制，开展任期综合考核，全方位、多角度、立体式考核评价干部。评价较差或者连续3年排名末位、经组织分析研判确属不胜任或者不适宜

担任现职的，及时予以调整。落实冀北公司《领导班子和领导干部日常考核评价管理办法》，建立履职表现档案，形成负面问题清单，作为干部选用奖惩的重要依据。积极推行组织部门到重大改革攻坚、完成急难险重任务的现场开展考核，及时发现使用善打硬仗的干部，坚决调整处理慵懒散拖的干部。

10. 打好严管厚爱的组合拳。坚持管人就要管思想、管工作、管作风、管纪律，落实谈心谈话、重要情况请示报告和请假制度，用好"四种形态"，抓早抓小抓日常。落实"三个区分开来"，完善容错纠错机制。敢于为个性鲜明、坚持原则、敢抓敢管、不怕得罪人的干部说公道话，切实为担当者担当、为负责者负责、为干事者撑腰。加强对干部的政治激励、工作支持、待遇保障、心理疏导、人文关怀，注重解决干部实际困难和后顾之忧，做好对艰苦地区、扶贫一线、家庭困难干部的关心关爱，开展"干事创业好班子"和"担当作为好干部"评选表彰，增强干部荣誉感、归属感、获得感。

四、坚持党管干部原则，建设高素质专业化干部队伍

11. 坚持把政治标准摆在首位。坚持新时期好干部标准和国有企业领导人员"二十字"要求，修订公司《中层干部管理实施细则》，坚持德才兼备、以德为先。强化党组织在选人用人中的主体地位和主导作用，经常性、近距离考察识别干部的政治忠诚、政治定力、政治担当、政治能力、政治自律。落实"凡提四必"和廉洁自律结论性意见签字把关程序，对政治上不合格的"一票否决"，切实把好对党忠诚的政治关。

12. 提高选人用人的科学化水平。坚持事业为上、以事择人，五湖四海、不拘一格，切实把合适的干部放到合适的岗位上。坚持基层导向，突出专业化要求，注重培养选拔具有丰富基层经验和过硬专业能力的干部。加大干部竞争择优和双向交流力度，优化干部晋升通道。根据国家电

网统一部署，优化完善基层单位班子职数、岗位设置。优化用好职员职级序列管理，畅通管理和技术人才发展通道。

13. 加大年轻干部培养使用力度。贯彻落实国家电网《大力发现培养选拔优秀年轻干部的实施意见》和冀北公司部署，建立数量充足、质量过硬、充满活力的年轻干部"储备库"，培养一批35岁以下有发展潜力的年轻科级干部。有组织、有计划地把年轻干部放到公司改革发展实践中经风雨、见世面、长才干、壮筋骨，练就过硬本领，对实绩特别突出、群众特别认可的及时用、大胆用。

五、坚持服务"三型两网"建设不偏离，彰显党建价值创造能力

14. 着力提高党建工作质量。巩固拓展对标管理年成果，扎实推进创先争优年各项工作，有效激发改革发展新动能。坚持工作下沉、上下贯通，持续加强基层基础基本功建设。紧紧围绕安全生产、优质服务、基层基础深化实施"党建+"工程，试行"党建督导单"制度，重点在查找隐患、纠正问题、解决短板、创新提升上发挥实际作用。深化基层党组织标准化建设，完善量化管理考核体系，试行评先评优"一票否决制"，持续提升党建工作专业化管理水平。突出公司党建特色特点，总结党建实践创新成果，激励各级党组织达标夺标、比学赶超。

15. 打造坚强有力的基层组织。坚持党组织建设与深化改革同部署、同推进，构建支持改革、服务改革、保障改革的坚强组织体系。弘扬"支部建在连上"优良传统，强化班组站所、工程一线、保电现场一线党组织作用。坚持制度治党、依规治党，认真贯彻《中国共产党支部工作条例（试行）》，发挥电网先锋党支部示范作用，确保思想政治工作落到支部、从严教育管理党员落到支部、群众工作落到支部，打造坚强战斗堡垒。

16. 建设攻坚克难的基本队伍。以培养造就高素质党员队伍为出发点和落脚点，深化"两学

一做"学习教育常态化制度化,丰富教育资源载体,拓展实践形式,提升能力素质,引导党员干在实处、走在前列。狠抓基层党组织书记培养选拔、教育培训、管理监督和激励保障,打造懂党务、懂业务、懂管理,政治过硬、作风过硬、廉洁过硬的书记队伍。加强充实党务工作力量,大规模培训党务干部,着力提高政治素养和履职能力。拓展党员作用发挥载体,深入开展党员责任区、示范岗创建,持续抓好共产党员服务队建设,打造特点突出、贡献突出、影响突出的精品党员服务队,做好电力先行官,架起党群连心桥。深化"三亮三比"活动,激励党员在思想上当先进、在业务上当骨干、在工作上当表率、在业绩上当标杆。

17.凝聚改革发展的强大合力。围绕公司改革发展目标任务,加强形势任务教育和思想政治工作,以"守正创新""正心明道"积聚力量、凝聚人心,激励广大职工立足岗位创新创效,在推动公司和电网高质量发展上主动作为。坚持以党内政治文化引领企业文化,持续推进"旗帜领航·文化登高"行动计划,着力以文化人、以德兴企。深化学习张黎明活动,大力弘扬劳模精神、劳动精神、工匠精神,选树培育公司楷模,以榜样的力量推动精神文明建设不断深入。抓好管好意识形态,细化任务清单、责任清单,压紧压实意识形态工作责任制。全面落实国家电网统战工作部署,发挥群团工作优势,最大限度凝聚共识、激发活力。

六、加强作风纪律建设,营造风清气正良好政治生态

18.严明纪律要求。始终以铁的纪律管党治党,真管真严、敢管敢严、长管长严,使纪律成为带电的高压线。加强纪律教育,把党章党规党纪作为必修课,注重用身边人身边事开展警示教育,让党员干部知敬畏、存戒惧、守底线,严格执行"六项纪律"。全体党员干部要把纪律要求转化为内在追求,牢记"五个必须",严防"七个有之",坚决做到有令必行、有禁必止。各级领导干部要以身作则、以上率下、慎独慎微,生活上自觉自律,工作上清正廉明,发挥"头雁效应"。

19.加大问责力度。用好巡察利剑,强化监督执纪问责,促进党员干部依法依规、履职尽责。坚持教育在先、警示在先,把解决干部不担当不作为问题,与巩固拓展中央八项规定精神成果、纠正"四风"尤其是整治形式主义、官僚主义问题结合起来,注重抓早抓小。狠抓突出问题整改,严肃查处、通报不担当不作为的人和事,严肃查处空泛表态、应景造势、敷衍塞责、出工不出力等问题,让敢担当、能作为的人有舞台、受尊重,让每个愿意为公司事业发展奉献智慧力量的人展现才华、实现价值。

20.弘扬优良作风。大力推进作风建设,弘扬求真务实的作风,深入基层一线调查研究,接地气、察实情、求实效。弘扬密切联系群众的作风,感情上贴近群众、工作上凝聚群众、行动上服务群众,虚心听取群众意见建议,带头践行"人民电业为人民"的企业宗旨。弘扬艰苦奋斗的作风,牢固树立过紧日子思想,乐于吃苦、勇于奋斗,走好新时代的长征路。弘扬担当履责的作风,提振精气神,敢啃硬骨头,直面矛盾、较真碰硬,坚决将各项改革推向深入。弘扬批评和自我批评的作风,坚持真理、修正错误,统一意志、增进团结、锤炼党性、提高思想觉悟。

旗帜领航向,笃志再行远。公司各级党组织和全体党员干部要更加紧密地团结在以习近平同志为核心的党中央周围,不忘初心、牢记使命,创先争优、担当作为,奋力谱写公司和电网高质量发展壮丽新篇章。

国网秦皇岛供电公司
关于"不忘初心、牢记使命"主题
教育整改落实工作实施方案

为贯彻落实国网冀北有限公司党委关于"不

忘初心、牢记使命"主题教育决策部署，切实做好国网秦皇岛供电公司整改落实工作，保障主题教育取得成效。根据《中共国网冀北电力有限公司委员会"不忘初心、牢记使命"主题教育领导小组关于开展第二批"不忘初心、牢记使命"主题教育的实施意见》（冀北电教组〔2019〕4号）文件精神要求，结合工作实际，制定整改落实工作实施方案如下。

一、指导思想

深入学习贯彻习近平新时代中国特色社会主义思想，自觉增强"四个意识"、坚定"四个自信"、做到"两个维护"，锤炼忠诚干净担当的政治品格，着力在解决突出问题上下真功、求实效。把习近平新时代中国特色社会主义思想转化为推进公司改革发展稳定和强化党的建设各项工作的实际行动，把初心使命变成锐意进取、开拓创新的精气神和埋头苦干、真抓实干的自觉行动，力戒形式主义、官僚主义，推动党的路线方针政策落地生根，推进解决人民群众反映强烈的突出问题，为公司改革发展、转型升级注入强大动力。

二、目标要求

突出主题教育的实践性，对照习近平新时代中国特色社会主义思想和党中央决策部署，对照党章党规，对照冀北公司党委工作要求，对照职工群众期待和诉求，对照先进典型、身边榜样，坚持高标准、严要求，有的放矢地进行整改，真正实现理论学习有收获、思想政治受洗礼、干事创业敢担当、为民服务解难题、清正廉洁作表率的目标。

三、工作安排

（一）建立问题清单，持续深入整改

公司各部门、各县（区）供电公司党委要高度重视主题教育整改落实工作，按照"边学边查边改"的相关要求，梳理汇总调研发现问题、群众反映强烈的问题、巡视巡察反馈的问题等，建立《边学边查边改问题清单》。一要滚动上报发现问题。自9月16日开始，坚持动态完善《边

学边查边改问题清单》，及时更新本周发现问题和上周问题整改落实情况，并于每周三17:00前报送至公司"不忘初心、牢记使命"主题教育领导小组办公室，主题教育领导小组办公室每周四12:00前向冀北公司巡回指导组报送公司《边学边查边改问题清单》。二要认真做好问题整改。对于列入问题清单的每个问题，都要有切实可行的整改措施、责任对象、完成时限，逐项整改落实，并及时填报整改完成情况。其中能够立行立改的，要按期整改到位；一时解决不了的，要明确阶段目标，确保2019年年底前见到成效、看到变化。三要规范问题报送流程。对于冀北公司各专业部门提出的问题上报要求，相关对口部门要及时向公司"不忘初心、牢记使命"主题教育领导小组办公室报告，提前做好沟通协调，确保与公司上报口径一致。

（二）制定专项方案，抓好突出问题整治

按照《中共国网冀北电力有限公司委员会"不忘初心、牢记使命"主题教育领导小组办公室关于印发主题教育整改落实工作方案的通知》要求，公司在"边学边查边改"的同时，将组织开展专项整治工作。各责任部门、各县（区）供电公司党委要加强与配合部门联系沟通，围绕需要整治的突出问题，有针对性地制定并落实专项整治措施，打好整改攻坚战，并于10月28日前将《专项整治工作报告》报公司"不忘初心、牢记使命"主题教育领导小组办公室，主题教育领导小组办公室于10月31日前向冀北公司巡回指导组报送公司《专项整治工作报告》。

1. 整治对贯彻落实习近平新时代中国特色社会主义思想和党中央决策部署置若罔闻、应付了事、弄虚作假、阳奉阴违的问题，主要表现在对中央精神只做面上轰轰烈烈的传达，口号式、机械式的传达，不加消化、囫囵吞枣的传达，上下一般粗的传达；在工作中空喊口号，表态多调门高、行动少落实差，热衷于作秀造势；单纯以会议贯彻会议、以文件落实文件，做表面文章、过

度留痕，缺乏实际行动和具体措施。

责任部门：党委党建部（党委宣传部、工会、团委）、各县（区）供电公司党委

配合部门：办公室（党委办公室）、党委组织部（人力资源部）、监察部（纪委办公室）

2. 整治干事创业精气神不够，患得患失，不担当不作为不负责的问题，主要表现在回避问题和矛盾，上推下卸责任，慵懒怠政，消极应付，失察失职。

责任部门：党委组织部（人力资源部）、各县（区）供电公司党委

配合部门：党委党建部（党委宣传部、工会、团委）、监察部（纪委办公室）

3. 整治违反中央八项规定精神的突出问题，主要表现在公车私用、违规公款消费、超标准公务接待、违规发放奖金、违规用公款赠送礼金礼券、违规收送特产资源及奢侈浪费等行为。

责任部门：监察部（纪委办公室）、各县（区）供电公司党委

配合部门：办公室（党委办公室）、财务资产部、党委组织部（人力资源部）、综合服务中心

4. 整治形式主义、官僚主义，层层加重基层负担，文山会海突出，督查检查考核过多过频的问题，主要表现在学风漂浮，理论脱离实际，只为应付场面、应景交差，不尚实干、不求实效，开会不研究真实情况、不解决实际问题，为开会而开会，超计划、超时间、超规模、超预算开会，就同一事项重复开会，文件照抄照搬，超篇幅、超范围发文；检查考核过多过滥，多部门重复考核同一事项，考核内容不务实，频次多、表格多、材料多，给基层造成沉重负担。

责任部门：办公室（党委办公室）、各县（区）供电公司党委

配合部门：党委党建部（党委宣传部、工会、团委）、监察部（纪委办公室）

5. 整治领导干部配偶、子女及其配偶违规经商办企业，甚至利用职权或者职务影响为其经商

办企业谋取非法利益的问题。

责任部门：监察部（纪委办公室）、各县（区）供电公司党委

配合部门：党委组织部（人力资源部）

6. 整治对群众关心的利益问题漠然处之，空头承诺，推诿扯皮，以及办事不公、侵害群众利益的问题，主要表现在供电服务中漠视群众利益和疾苦，对群众反映强烈的问题无动于衷、消极应付，对群众合理诉求推诿扯皮、冷硬横推，对群众态度简单粗暴、颐指气使；便民服务单位和政务服务窗口态度差、办事效率低。

责任部门：营销部（农电工作部、客户服务中心）、各县（区）供电公司党委

配合部门：办公室（党委办公室）、监察部（纪委办公室）

7. 整治基层党组织软弱涣散，党员教育管理宽松软，基层党建主体责任缺失的问题。

责任部门：党委党建部（党委宣传部、工会、团委）、各县（区）供电公司党委

配合部门：各部门

8. 严肃整改巡视巡察发现和反馈的问题，实行台账管理，逐一对账销号。

责任部门：监察部（纪委办公室）、各县（区）供电公司党委

配合部门：各部门

（三）强化专题民主（组织）生活会查摆问题整改

公司各部门、各县（区）供电公司党委要结合整改整治情况和专题民主（组织）生活会开展批评情况，对查摆出来的问题进行再梳理，并纳入边学边查边改清单，明确细化整改措施、完成时限，持续做好整改，并向公司"不忘初心、牢记使命"主题教育领导小组办公室定期报送查摆问题整改落实情况。公司"不忘初心、牢记使命"主题教育领导小组办公室要加强对查摆问题整改落实工作的督导，全过程监督整改进展，确保整改成效。

（四）建立整改落实长效机制

公司各部门、各县（区）供电公司党委要坚持标本兼治、改建并举，既拿出"当下改"的举措，通过自查自纠，大力整改具体问题；又要形成"长久立"的机制，制定和完善一批管长远、治根本的有效制度，通过一个问题整改，推动一类问题解决，完善一套制度体系。要把开展主题教育整改落实与推进改革发展稳定、做好中央巡视整改、提升为民服务水平、激励干部员工守正创新担当作为、加强公司党的建设等工作有机结合，不断深化成果运用。要坚持边整改边总结边完善，构建问题整改长效机制，将整改落实工作中形成的好经验、好做法用制度形式巩固好、坚持好，将主题教育不断引向深入。要认真总结"不忘初心、牢记使命"主题教育整改落实工作好的经验做法和特色亮点，梳理汇总边学边查边改和专项整治问题整改完成情况，形成整改落实情况报告，于11月15日前报送公司"不忘初心、牢记使命"主题教育领导小组办公室，主题教育领导小组办公室于11月20日前向冀北公司巡回指导组报送公司整改落实情况报告。

四、保障措施

（一）强化组织领导，狠抓责任落实。各级党组织负责同志是本级组织整改落实工作的第一责任人，要率先垂范，靠前指挥，以严肃的态度、严格的标准、严明的纪律狠抓落实。要充分发挥党组织指导实施和职工群众监督作用，把学和做结合起来、把查和改贯通起来，以思想自觉引领行动自觉，扎扎实实整改好每项问题。

（二）加大整改力度，严肃责任追究。要针对主题教育查摆的问题和近期中央巡视、系统内巡视巡察、内外部审计检查发现的问题，打好整改攻坚战，做到问题不解决不放过，整改不彻底不放过，问责不到位不放过。把严守纪律、严明规矩放到更加重要的位置来抓，对违反政治纪律和政治规矩的行为要严肃处理，对于屡禁不止、顶风违纪和造成严重后果的，要从严从重处理，要

切实起到惩戒警示作用。

（三）坚持问题导向，防止形式主义。开展整改落实工作要以问题为导向，哪里有问题，就重点整改哪里。要实打实整改，着眼于实际效果，着眼于建立完善长效机制，坚决防止形式主义和"两张皮"，防止搞纸上整改、虚假整改，减少繁文缛节，以好作风确保主题教育取得好效果。

国网秦皇岛供电公司基建安全质量"转作风、强管理、抓落实"专项活动实施方案

深入贯彻冀北公司《国网冀北电力有限公司关于印发基建安全质量"转作风、强管理、抓落实"专项活动方案的通知》（冀北电建设〔2019〕336号），深化基建12项配套措施改革，认真落实冀北公司电网建设管理五项机制，确保公司基建安全质量保持稳定局面，公司决定从8月1日起至10月31日，组织开展基建安全质量"转作风、强管理、抓落实"专项活动，具体如下。

一、工作目标

通过开展基建安全质量"转作风、强管理、抓落实"专项活动，促进建设管理、监理、施工单位各级管理人员转变工作作风，担当作为，确保安全质量责任的落实。

二、实施范围

1. 建设部、项目管理中心全体人员。

2. 福电集团主管领导；福电集团安全监察部、工程管理部主任及安全、质量相关人员；福电集团变电安装分公司、线路安装分公司、通讯自动化分公司、建筑安装分公司主要负责人及项目管理全体人员。

3. 公司全部输变电工程业主、监理、施工项目部管理人员（包括业主项目部项目经理、副经理、安全专责、质量专责，监理项目部项目总监、总监代表、安全监理、专业监理，施工项目部项目经理、副经理、项目总工、技术员、安全员、

质检员、资料员）。

三、活动安排及重点内容

（一）转作风、抓学习

通过学习国网基建通用制度、冀北公司电网建设管理五项机制、国家电网和冀北公司近期关于基建安全质量管理的相关通知、电力建设安全工作规程、作业层班组标准化建设示范手册、输变电工程安全培训大纲和考试题库、施工现场关键点作业安全管控措施视频教材等，切实转变管理人员工作作风，提高安全意识和管理水平。

公司建设部、项目管理中心主任、福电集团要按照冀北公司梳理的《学习培训资料清单》组织管理人员，采取内部集中通读研讨等形式，逐文逐篇学懂弄通，坚定不移地推动相关要求落实到每个现场。

公司各在建工程现场项目部层面，业主项目经理、项目总监、施工项目经理要带头领学，同样采取集中通读研讨等形式，自觉主动学、及时跟进学，切实联系项目实际，有针对性地弥补以往过程管理短板。

建设部、项目管理中心、福电集团、各在建工程现场项目部均要制订内部集中学习研讨安排计划，活动期间每月进行不少于32学时的学习活动，并做好学习记录。每周五16:00前，福电集团安全监察部负责汇总本单位集中通读研讨情况报公司建设部。各工程业主项目部负责汇总本项目集中通读研讨情况报公司建设部（上报资料包括现场照片、签到表、本周学习纪要）。

（二）强管理、找差距

公司建设部、项目管理中心、福电集团及各在建工程项目部在活动期间要开展"强管理、找差距"安全质量研讨活动，组织召开专题研讨会，梳理、分析本单位（项目）在基建安全质量管理上与管理制度、机制要求存在的差距和不足，制定本单位（项目）的强化措施。

（三）抓落实、促提升

公司建设部、项目管理中心、福电集团及各

在建工程项目部要加强强化措施的宣贯，开展自查自纠，狠抓工作落实，提炼经验成果，促进管理提升。

四、公司下半年安全质量重点工作

（一）组织集体企业和在建工程项目部参加冀北公司8月组织开展的作业层班组标准化建设及标准工艺示范工地观摩交流活动，将作业层班组标准化建设示范手册与实地实情进行对照，进一步促进作业层班组标准化建设核心内容的学习领会。

（二）全面落实《公司基建安全培训考试实施方案》，利用网络大学考试系统实施交规式入场安全考试。8月初，完成网络大学考试管理人员培训和试题录入工作。各工程新建工程由业主项目经理组织现场全部参建人员参加培训考核，8月31日前完成所有人员考试工作。

（三）组织相关人员参加冀北公司下半年新开工程安全质量规范化开工培训和验收活动，全面落实国家电网和冀北公司安全质量管理重点要求。

五、活动工作要求

基建安全质量"转作风、强管理、抓落实"专项活动是冀北公司抓好基建安全"八个严抓"和基建质量"八个抓实"落实的重要载体，要充分认识开展专项活动的重要意义，增强安全质量意识，结合本单位实际细化落实措施，周密部署，狠抓落实，抓紧抓好，抓出成效，抓出特色。

（一）加强组织领导，层层落实责任

公司建设部、项目管理中心、福电集团及各在建工程项目部要认真落实活动方案，将活动内容分解，责任落实到人。各级领导干部要以身作则，深入一线调查研究，带头学习、带头查找差距和不足、带头制定和落实强化措施。

（二）推进方案落实，做到全面覆盖

公司建设部、项目管理中心、福电集团及各在建工程项目部要认真执行活动方案，将专项活动纳入下半年重点工作，统筹规划，总体安排，稳妥推进，在全面覆盖的基础上，找准切入点和着力点，切实解决影响本单位基建安全质量管理工作的短板和瓶颈问题，切实解决安全责任不到位、规章制度不落实、安全质量通病屡查屡犯等现场问题。

（三）积极总结经验，形成固化成果

专项活动过程中，公司建设部、项目管理中心、福电集团及各在建工程项目部要边开展边总结边提高，逐步形成典型经验并推广应用于实际工作中，立足当前、着眼未来，真正达到管理提升的目的，公司将对各单位活动开展情况进行督导检查。

国网秦皇岛供电公司"防风险、保安全、迎大庆"安全生产专项行动

为认真贯彻党中央、国务院部署，服务大局、聚焦主线，为新中国成立70周年庆祝活动保驾护航，按照国家电网、冀北公司统一部署，公司决定即日起至10月10日开展"防风险、保安全、迎大庆"安全生产专项行动。

有关事项通知如下。

一、总体要求

深入学习习近平总书记关于加强安全生产的重要指示精神，认真贯彻党中央、国务院安全生产工作部署，全面落实2019年年中工作会精神，开展安全生产专项行动，深入排查安全风险隐患，狠抓安全责任和措施落实，扎实做好安全工作，确保"七个不发生、三个确保"安全目标实现，以优异成绩迎接新中国成立70周年。

二、重点工作

按照统一部署，本次专项行动覆盖公司各单位、各专业、各类场所及作业现场，将重大活动保电、防灾救灾、工程建设等重点工作同保障大电网安全、消防安全隐患排查治理、集体企业安全年和安全性评价等专项行动紧密结合，围绕安全管理、电网运行、设备运维、施工检修、用电营销、集体企业、网络与信息、消防及交通管理、应急救灾等9个方面重点开展排查和治理。

（一）安全管理。安全责任清单编制和全员安全生产责任制落实情况；公司年度安全生产意见执行情况，安全投入和基础保障等重点工作落实情况；各级督查队伍建立及工作开展情况；作业现场安全风险管控要求落实情况；冀北公司及公司2019年年中工作会精神贯彻落实情况；电气火灾综合治理、保障大电网安全、防止电气误操作、安全工器具、消防隐患排查治理等各类专项行动开展和发现问题的闭环整治情况。

（二）电网运行。电网运行风险预警管控工作开展情况；电网迎峰度夏期间安全风险梳理和管控措施落实情况；二次系统"排雷"专项整治开展情况；电网"三道防线"、安稳控制策略、继电保护定值、直流控保逻辑等检查核实情况；重要客户供电方式、电厂接入等隐患排查治理情况；清洁能源安全运行管理及涉网安全管理情况；主备调系统切换应急处置等预案编制及演练情况；吸取国外大面积停电事故教训，开展城市电网运行风险评估落实防范措施情况。

（三）设备运维。大电网、重要输电通道、重过载变压器等重点设备及重点变电站运维保障措施落实情况；开展十八项电网重大反事故措施隐患排查治理情况，防止变电站全停、输电线路防雷击、防外破、防山火等反措执行情况；输电线路密集通道、"三跨"及断路器防拒动排查、变压器短路能力不足等隐患治理情况；电力电缆、站用交直流电源等站用系统运维保障情况；有限空间作业风险辨识、安全措施落实情况；配网线路重过载，配变低电压、负荷三相不平衡治理情况；电缆沟道内电缆隐患排查情况。

（四）施工检修。生产作业现场《安规》、"两票三制"及"十不干"执行落实情况；防止电气误操作管理及技术措施落实情况；各级业主、监理、施工项目部安全履职情况；基建改革12项

配套措施落地执行情况；劳务分包人员"四统一"要求落实情况；输变电施工风险预警管控工作情况；配网工程现场安全管理巩固提升行动开展及"三十条"措施、"十八项"禁令落实情况；施工方案编审批及施工作业票执行情况；有限空间、交叉跨越、深基坑开挖、组塔放线、爆破等高风险作业现场安全管控情况；施工驻地及施工现场防灾避险工作开展情况。

（五）用电营销。业扩报装受电工程竣工验收和接电环节安全管理情况；营销计量等低压带电作业安全防护、智能电表安装防人身事故措施落实及配农网小型作业现场安全管理情况；电铁、煤矿、非煤矿山、化工等高危企业和重要客户供用电安全隐患排查治理、报备情况；公司高危及重要客户供用电安全专项行动发现问题的闭环整改情况；重要客户供电保障工作开展情况；重要检修和停电向社会公布情况。重要客户用电安全检查隐患治理情况。

（六）集体企业。集体企业安全生产责任制落实情况，施工类集体企业承载能力管控、分包安全管理情况；高压试验、大件运输等高风险作业安全措施落实情况；施工大型模板支护、脚手架搭设及拆除等安全保障措施落实情况；恶劣天气、夜间及紧急抢修等交通安全管理情况；各类施工作业现场安全管控情况。

（七）网络与信息。通信电源、ADSS"三跨"、站内电缆单路径、保护安控通道业务重载、重要通信及网络设备隐患排查治理情况；泛在电力物联网网络安全保障措施落实情况；信息系统、重要数据等关键信息基础设施安全防护情况；移动作业终端安全防护情况；变电站、并网电厂网络安全监控装置部署及安全措施落实情况；信息、电力通信、电力监控《安规》落地执行及安全性评价情况。

（八）消防及交通管理。变电站、办公（调度）大楼、地下变配电站房、电缆沟道、作业场所等重点场所火灾隐患排查及消防措施落实情况。交通驾驶员、车辆、环境安全风险管控情况。

（九）应急救灾。大面积停电、防火、防汛等应急预案和现场处置方案编制完善及演练情况；应急队伍建设及装备配置情况；应急救灾抢险抢修现场安全措施落实情况；对遭受洪涝影响的线路杆塔基础、变电站、城市开闭所、电缆沟道等设备设施开展隐患排查治理情况；各级应急指挥中心运转和各类灾害应急响应情况；突发事件应急处置机制建立情况；新中国成立70周年等重大活动保电方案制定和保电措施落实情况。

三、工作安排

（一）动员部署，全面开展（9月10日前）。各单位要结合实际，明确工作措施，细化检查内容，突出工作重点，广泛动员部署，营造声势氛围。各级领导要深入一线，结合实际查找本单位、本部门、本岗位安全薄弱环节，提出改进措施。

（二）深入排查，集中整治（9—10月）。全面自查、逐级督查，深入排查安全责任落实、安全基础保障、消防隐患整治、现场安全管控、专业安全管理，推进年度安全生产各项重点任务执行落地。广泛发动员工积极主动参与，组织专业技术人员深入查找重点设备、重要场所的问题风险隐患和薄弱环节。坚持边查边改、以查促改，对于排查出的问题隐患，要分专业、分轻重、分类别，按照"一患一档"要求，及时制定并落实整改方案，消除风险隐患，堵塞安全漏洞，坚决防止因隐患整治不及时、不彻底发生安全事故，确保"十一"期间乃至今后一个时期公司安全生产平稳有序。

（三）全面督查，总结提升（9—10月）。各单位在自查自改的基础上，各级领导干部要采取重点检查、随机抽查等形式，带队进行检查指导。公司结合秋季安全大检查工作和相关专业工作检查，对各单位专项行动开展情况进行督导。各单位要在深入排查、集中整治的基础上，总结工作成效，固化工作措施，抓好闭环管理，形成长效机制，提升安全管控能力，持续提升本质安全水平。

四、有关要求

（一）提高认识，加强领导。主要领导要亲自部署，分管领导各负其责，结合"不忘初心、牢记使命"主题教育，组织干部员工认真学习贯彻中央领导同志重要指示批示精神和国务院安委会工作要求，进一步提高政治站位，统一思想、迅速行动，明确工作目标，落实人员责任，加强工作协调，确保工作真正落地。

（二）全面覆盖，突出重点。本次专项行动要做到"横到边、纵到底、全覆盖"，做到全员参与，特别要组织专业技术人员全面、细致地查找各种事故隐患，重点加强对变电站、电缆沟道、大型充油设备、调度通信大楼、变电站直流系统等重点场所、重要设备的隐患排查整治，倒排时间，即查即改；要通过专项行动全面检查安全生产各项改革举措执行落实情况，扎实推进本质安全建设。

（三）统筹兼顾、确保实效。紧密结合当前秋季检修施工和公司年度安全生产工作各项部署，统筹推进专项行动实施，扎实抓好设备检修抢修、基建施工、城乡配网升级改造等现场作业安全管理，将"防风险、保安全、迎大庆"作为下半年安全生产工作的主线，以保安全、保稳定的实际成效迎接新中国成立70周年。

十一、统计资料

2019 年领导干部名册

序号	部门	姓名	职务
1	公司	刘建全	总经理助理
2		王卫东	副总工程师
3		刘英军	副总工程师
4		李木文	副总工程师、安全总监兼安全监察部主任
5	办公室（党委办公室）	范群力	主任
6		胡志文	副主任
7		张歆营	副主任
8	发展策划部	赵铁军	主任、福电实业集团有限公司外部董事
9		刘洋	副主任（正职职级）
10		张奇	副主任
11	财务资产部	马英佳	主任、福电实业集团有限公司外部董事
12		阎一菁	副主任
13	安全监察部（保卫部）	幺乃鹏	副主任
14		王晓艳	副主任
15	建设部	周凯	主任、福电实业集团有限公司外部董事
16		杜金桥	副主任
17		宋雷鸣	副主任
18	互联网办公室	王慧斌	主任
19		齐云鹤	副主任
20	审计部	刘立丽	主任
21		冯煌	副主任
22	党委组织部（人力资源部）	张婧	主任、福电实业集团有限公司外部董事
23		王丹	副主任
24	党委党建部（党委宣传部、工会、团委）	曾毅	主任
25		邢海波	副主任（正职职级）
26		王胜利	综合服务中心（新闻）主任、党委党建部（党委宣传部、工会、团委）副主任
27		秦四娟	副主任、团委书记、中共秦皇岛供电公司党校副校长

序号	部门	姓名	职务
28	纪委办公室	马东山	纪委副书记、纪委办公室主任、福电实业集团有限公司监事
29		汪维	副主任
30	电力调度控制中心	吴锡光	主任、党支部副书记
31		曹瑞	党支部书记、副主任
32		刘长春	副主任
33	运维检修部（检修分公司）	高树强	党支部书记、副主任（副经理）
34		王秀斌	副主任（副经理）
35		虞跃	副主任（副经理）
36	运维检修部（检修分公司）输电运检室	吴祥国	主管
37		黄立昕	党支部书记、副主管
38		刘秀军	副主管
39	运维检修部（检修分公司）变电运维室	田鹏	主管
40		尚兴明	党总支书记兼副主管
41		陈海涛	副主管
42		张志国	副主管
43	运维检修部（检修分公司）变电检修室（二次检修室）	彭延涛	主管兼二次检修室主管、变电检修室（二次检修室）党总支副书记
44		杨义强	变电检修室（二次检修室）党总支书记、变电检修室副主管
45		李延龙	副主管
46		宋卫	副主管
47	运维检修部（检修分公司）配电运检室	高宇	主管、党支部书记
48		于海龙	副主管
49		贾会利	副主管
50	运维检修部（检修分公司）电缆运检室	李新建	主管、党支部书记
51		孙德彬	副主管
52	营销部（农电工作部、客户服务中心）	焦东翔	主任、党总支副书记
53		潘科	党总支书记、副主任
54		曾建	副主任兼综合室主管（副职职级）
55	营销部（农电工作部、客户服务中心）综合室	王岩	副主管（副职职级）
56	营销部（农电工作部、客户服务中心）专业管理室	杨凤祥	副主管（副职职级），主持工作

序号	部门	姓名	职务
57	营销部（农电工作部、客户服务中心）专业管理室	孙威	副主管（副职职级）
58	营销部（农电工作部、客户服务中心）市场及大客户服务室	周树刚	营销部（农电工作部、客户服务中心）副主任兼市场及大客户服务室主管（正职职级）
59	营销部（农电工作部、客户服务中心）计量室	冯杨	副主管（副职职级），负责全面工作
60		郭万祝	副主管（副职职级）
61	海港区客户服务分中心	方保平	党支部书记、副主任、营业电费室党支部书记兼副主管（正职职级）
62		俞海侠	副主任、营业电费室副主管（副职职级）
63		沈立新	副主任、营销部（农电工作部、客户服务中心）市场及大客户服务室副主管（副职职级）
64	北戴河客户服务分中心（配电运检室北戴河分室）	刘迎春	主管、党支部副书记
65		王利民	党支部书记兼副主管（正职职级）
66		潘祖东	副主管
67		张敏	副主管（副职职级）
68	开发区客户服务分中心（配电运检室开发区分室）	冯彤	主管、党支部副书记（正职职级）
69		卢向东	党支部书记、副主管（正职职级）
70		李鹏	副主管（副职职级）
71	山海关客户服务分中心（配电运检室山海关分室）	臧海东	主管、党支部副书记（正职职级）
72		陈英健	党支部书记兼副主管（正职职级）
73		王亚强	副主管
74	北戴河新区客户服务分中心（配电运检室北戴河新区分室）	刘建伟	主管、党支部副书记
75		龙大伟	党支部书记、副主管（正职职级）
76		高捷	副主管
77	供电服务指挥中心	祖广伟	主任、党支部副书记
78		刘志红	党支部书记、副主任
79		李治国	副主任
80		李刚	副主任
81	经济技术研究所（设计公司）	郭立文	主任（经理）、党支部副书记
82		杨立君	党支部书记、副主任（副经理）
83		李江涛	副主任（副经理）
84	项目管理中心	李文军	主任
85		韩彦玲	副主任

续表

序号	部门	姓名	职务
86	项目管理中心	宋国堂	副主任
87		焦洋	副主任
88	信息通信分公司（国网秦皇岛供电公司数据中心）	张雪梅	经理、党支部副书记
89		张宁	党支部书记、副经理
90		刘畅	副经理
91	物资部（物资供应中心）	田波	主任、党支部副书记
92		强宝稳	党支部书记、副主任
93		陈璐	副主任
94	综合服务中心	刘万春	主任
95		李冀荣	党支部书记、副主任
96		杨晓红	副主任
97		夏岩	综合服务中心（培训）主任
98		华彦	综合服务中心（培训）副主任
99		袁继平	综合服务中心（车管）主任、党支部书记
100		孟艳君	综合服务中心（离退休）副主任（主持工作）
101	国网青龙县供电公司	郑福亭	经理、党委副书记
102		刘卫东	党委书记兼副经理
103		王旭升	副经理、党委委员
104		张继勋	副经理
105		周宝全	副经理
106		刘玉明	纪委书记、工会主席
107	国网秦皇岛市抚宁区供电公司	高云辉	经理、党委副书记
108		虞志生	党委书记、副经理
109		牛福臣	副经理、党委委员
110		王少峰	党委委员、纪委书记、工会主席
111		刘建宁	副经理、党委委员
112	国网昌黎县供电公司	鲁小辉	副经理
113		刘志勇	副经理、党委委员
114		于春辉	副经理、纪委书记
115		刘依阳	副经理、工会主席
116		刘铁	副经理

序号	部门	姓名	职务
117	国网卢龙县供电公司	赵欣	经理、党委副书记
118		龙海松	党委书记、副经理
119		韩学民	副经理、纪委书记
120		盛利	副经理、工会主席
121		杜广龙	副经理、党委委员
122		杨晓军	副经理
123	路灯管理处	李冀东	主任、党支部副书记
124		张冀民	党支部书记、副主任
125		李海涛	副主任
126		马冲	党支部副书记
127		邢国栋	副主任
128	秦皇岛福电实业集团有限公司	史志东	董事长、党委副书记
129		马向东	董事、党委书记、副总经理
130		刘保军	监事会主席、电力实业总公司总经理
131		王昌文	监事
132		古正准	董事、总经理兼投资事业部主任
133		索志高	副总经理、安全总监（正职职级）
134		何龙飞	副总经理（正职职级）
135		刘会秋	纪委书记、工会主席（正职职级）
136		吴昊泽	综合管理部主任
137		杨波	综合管理部副主任
138		李红梅	党委党建部（纪委办公室）主任
139		蓝云松	党委党建部（纪委办公室）副主任
140		田昶	人力资源部主任
141		刘晓华	人力资源部副主任
142		邓伟妍	财务资产部主任
143		李兴娇	财务资产部副主任
144		程勇	财务资产部副主任
145		李全利	经营管理部主任
146		张力	经营管理部副主任
147		张军	安全监察部主任
148		杨广宏	安全监察部副主任

序号	部门	姓名	职务
149	秦皇岛福电实业集团有限公司	李晓光	工程管理部主任
150		许宏清	工程管理部副主任
151		白毅	工程管理部副主任
152		匡永光	投资事业部副主任（正职职级）
153		杨宇	投资事业部党支部书记
154		陈浮	投资事业部副主任（正职职级）
155		黑华栋	投资事业部副主任（正职职级）
156	福电变电安装分公司	金锋	经理
157		郑存强	党支部书记
158		贾鹏	副经理
159	福电配电安装分公司	茹涛	经理、党支部副书记
160		张悦	党支部书记、副经理
161		李岩峰	副经理
162	福电通讯自动化分公司	王小江	经理、党支部副书记
163		魏长江	党支部书记、副经理
164		田毅	副经理
165		严丁	副经理
166	福电线路安装分公司	赵远	经理
167		魏明	党支部书记、副经理
168	福电建筑安装分公司	李成效	经理、党支部副书记
169		宋海静	党支部书记
170		董长海	副经理
171		冯海强	副经理
172	福电电力运维服务分公司	冯印富	经理、党支部副书记
173		王震学	党支部书记、副经理
174		李昭	副经理
175		訾立新	副经理
176	秦皇岛市开轩供电服务有限公司	李智勇	经理
177		车晓东	党支部书记、副经理
178		王秀玲	副经理
179	秦皇岛福电电力工程设计有限公司	傅鸿儒	经理、党支部副书记
180		富强	党支部书记、副经理

续表

序号	部门	姓名	职务
181	秦皇岛福电电力工程设计	朱景明	副经理
182	有限公司	杨光	副经理
183	秦皇岛大秦电力房地产开发	刘志永	经理、党支部书记
184	有限公司	张相文	副经理
185		沈泓浩	经理、党支部副书记
186	秦皇岛北山华实售电有限公司	田润生	党支部书记、副经理
187		李晓红	副经理（正职职级）

2019 年二线干部名册

序号	姓名	职务
1	王惠文	正科级协理员
2	张学彬	副科级协理员
3	张锁安	正科级协理员
4	魏志强	正科级协理员
5	陶伟强	副科级协理员
6	刘贵恒	正科级协理员
7	张宏孝	副科级协理员
8	黄艳春	副科级协理员
9	曲效荣	副科级协理员
10	刘爱华	正科级协理员
11	陈静华	正科级协理员
12	范永	正科级协理员
13	林兴恒	正科级协理员
14	赵连生	正科级协理员
15	孙卫	正科级协理员
16	刘春明	正科级协理员
17	谢学军	副科级协理员
18	谢小英	副科级协理员待遇
19	杨春柏	正科级协理员
20	马文斌	正科级协理员
21	杜玉侠	正科级协理员
22	王朋志	副科级协理员
23	张雁海	正科级协理员
24	曹永红	副科级协理员

序号	姓名	职务
25	刘吉伟	副科级协理员
26	吴晓峰	副科级协理员
27	魏旭岗	正科级协理员
28	周学刚	正科级协理员
29	张国栋	副科级协理员
30	马凤来	正科级协理员
31	韩冰	副科级协理员
32	阎宏志	正科级协理员
33	葛树兴	正科级协理员
34	杨玉珠	副科级协理员
35	张瑞锋	正科级协理员
36	王铁民	副科级协理员
37	韩天梅	正科级协理员
38	朱孝齐	副科级协理员
39	贾东伟	正科级协理员
40	赵庆娴	正科级协理员
41	李妍	正科级协理员
42	李洪斌	正科级协理员
43	刘贵汉	正科级协理员
44	李学军	正科级协理员
45	秦景江	正科级协理员
46	石峰	副科级协理员
47	马守荣	副科级协理员

2019 年退休干部名册

序号	姓名	原职务
1	陈淑云	正科级协理员
2	常磊	副科级协理员
3	邱国华	正科级协理员
4	赵学英	副科级协理员
5	佟云飞	正科级协理员
6	刘玉涛	正科级协理员
7	田凤杰	正科级协理员

2019 年优秀专家人才

序号	姓名	称号	类别
1	范相涛	国家电网级优秀专家人才	电网检修
2	焦阳	国家电网级优秀专家人才	电网检修
3	刘凯	国家电网级优秀专家人才	电网检修
4	焦洋	省公司级优秀专家人才	电网检修
5	刘建军	省公司级专业领军人才	电网检修
6	王月	省公司级优秀专家人才	电网检修
7	白志伟	省公司级优秀专家人才	电网检修
8	刘立刚	省公司级优秀专家人才	电网检修
9	刘俊靓	省公司级优秀专家人才	电网检修
10	严丁	省公司级优秀专家人才	信息通信
11	张婧	省公司级优秀专家人才	人力资源
12	吴荡	省公司级优秀专家人才	电网检修
13	钱欣	省公司级优秀专家人才	电网检修
14	赵建涛	地市公司级优秀专家人才	电网检修
15	张庚喜	地市公司级优秀专家人才	电网检修
16	陈绍锋	地市公司级优秀专家人才	电网检修
17	王伟	地市公司级优秀专家人才	电网检修
18	陈瑶	地市公司级优秀专家人才	电网检修
19	刘凯	地市公司级优秀专家人才	电网检修
20	魏新宇	地市公司级优秀专家人才	电力营销
21	宋伟	地市公司级优秀专家人才	信息通信
22	宋轶	地市公司级优秀专家人才	电网运行
23	刘秀军	地市公司级优秀专家人才	电网检修
24	张敏	地市公司级优秀专家人才	电力营销
25	王丹	地市公司级优秀专家人才	人力资源
26	毛秀英	地市公司级优秀专家人才	财务审计
27	刘继东	地市公司级优秀专家人才	电网检修
28	谢欣荣	地市公司级优秀专家人才	电力营销

公司主要指标月度完成情况表

	供电量/（万 kW·h）	售电量/（万 kW·h）	线损率/%	外购电量
1 月	127 157	127 077	0.06	
2 月	99 273	107 816	− 8.61	
3 月	118 505	103 198	12.92	
4 月	110 933	110 738	0.18	
5 月	107 630	107 577	0.05	
6 月	107 464	103 753	3.45	
7 月	129 184	109 838	14.98	
8 月	123 796	123 692	0.08	
9 月	114 415	114 344	0.06	
10 月	108 844	91 589	15.85	
11 月	124 469	110 057	11.58	
12 月	139 979	124 343	11.17	
一季度	344 937	338 092	1.98	
二季度	326 029	322 069	1.21	
三季度	367 396	347 874	5.31	
四季度	373 293	325 990	12.67	
全年	1 411 657	1 334 026	5.5	

公司分类售电月度完成情况表

单位：万 kW·h

	大工业	非普工业	商业	非居民	农业	居民	大用户直接交易	合计
1 月	37 602	12 637	4482	12 106	3592	26 176	30 484	127 077
2 月	25 233	10 659	3973	11 304	3348	25 540	27 759	107 817
3 月	28 027	9135	3406	9221	2959	21 640	28 810	103 198
4 月	34 413	9420	3299	8729	3642	20 071	31 164	110 738
5 月	37 292	7181	2748	7981	3861	17 114	31 400	107 577
6 月	34 055	7153	2761	8801	4090	16 497	30 397	103 753
7 月	37 191	7265	3328	10 616	4247	16 854	30 336	109 838
8 月	36 236	8145	4357	14 687	3890	24 716	31 661	123 693
9 月	34 925	8043	3685	12 345	4086	19 625	31 636	114 344
10 月	30 318	6060	2625	9192	3644	16 509	23 243	91 589
11 月	34 809	8377	3140	9056	3725	19 511	31 441	110 057
12 月	37 565	11 600	3937	11 282	3835	24 237	31 887	124 344
一季度	90 862	32 431	11 860	32 631	9899	73 356	87 054	338 093
二季度	105 760	23 754	8808	25 512	11 593	53 682	92 961	322 069
三季度	108 352	23 453	11 370	37 648	12 222	61 196	93 634	347 875
四季度	102 692	26 036	9702	29 530	11 204	60 256	86 570	325 990
全年	407 666	105 674	41 740	125 321	44 918	248 490	360 218	1 334 027

公司行业用电情况表（全口径）

行业	用户数／个	装机容量／（万 kW·h）	用电量／（万 kW·h）
全社会用电总计	1 652 726	16 985 141	1 504 480
A. 全行业用电合计	196 807	10 626 317	1 305 526
第一产业	62 444	715 750	37 208.38
第二产业	23 007	4 824 873	946 299.7
第三产业	111 356	5 085 694	322 018.1
B. 城乡居民生活用电合计	1 455 919	6 358 824	198 953.7
城镇居民	647 727	2 850 218	105 292.9
乡村居民	808 192	3 508 606	93 660.85
全行业用电分类	196 807	10 626 317	1 305 526
一、农、林、牧、渔业	71 934	861 776	44 730.31
1. 农业	45 001	457 146	18 045.53
2. 林业	280	9063	545.6972
3. 畜牧业	16 568	161 329	7291.986
4. 渔业	595	88 212	11 325.17
5. 农、林、牧、渔专业及辅助性活动	9490	146 026	7521.936
其中：排灌	9378	145 039	7484.131
二、工业	21 589	4 467 708	927 358.7
（一）采矿业	1128	305 256	58 854.96
1. 煤炭开采和洗选业	25	13 608	3962.378
2. 石油和天然气开采业	0	0	20.6576
3. 黑色金属矿采选业	485	224 505	49 425.37
4. 有色金属矿采选业	121	11 953	1551.977
5. 非金属矿采选业	367	49 124	3350.534
6. 其他采矿业	130	6066	544.0345
（二）制造业	18 416	3 186 247	675 634.2
1. 农副食品加工业	11 301	293 937	39 122.89
2. 食品制造业	365	121 570	32 020.21
3. 酒、饮料及精制茶制造业	128	21 447	2490.074
4. 烟草制品业	0	0	0
5. 纺织业	184	11 161	2402.304

行业	用户数 / 个	装机容量 / (万 kW·h)	用电量 / (万 kW·h)
6. 纺织服装、服饰业	153	8849	788.8139
7. 皮革、毛皮、羽毛及其制品和制鞋业	22	2136	198.4415
8. 木材加工和木、竹、藤、棕、草制品业	308	23 147	1932.751
9. 家具制造业	86	10 450	999.2616
10. 造纸和纸制品业	186	96 298	28 717.54
11. 印刷和记录媒介复制业	66	7449	1007.047
12. 文教、工美、体育和娱乐用品制造业	50	3901	355.8795
其中：体育用品制造	3	557	52.1343
13. 石油、煤炭及其他燃料加工业	62	9188	1450.236
其中：煤化工	3	850	92.4483
14. 化学原料和化学制品制造业	149	120 146	38 054.04
其中：氯碱	0	0	0
电石	0	0	0
黄磷	0	0	0
肥料制造	0	0	142.1136
15. 医药制造业	31	24 111	5447.225
其中：中成药生产	1	160	19.806
生物药品制品制造	5	10 220	2890.893
16. 化学纤维制造业	54	37 206	4964.641
17. 橡胶和塑料制品业	329	52 353	8728.457
其中：橡胶制品业	79	16 365	2457.54
塑料制品业	250	35 988	6270.917
18. 非金属矿物制品业	1146	514 559	144 085.7
其中：水泥制造	17	114 145	52 993.07
玻璃制造	30	34 348	6056.511
陶瓷制品制造	14	4 152	1354.426
碳化硅	0	0	0
19. 黑色金属冶炼和压延加工业	38	772 720	148 068.6
其中：钢铁	38	772 720	148 068.6
铁合金冶炼	0	0	0
20. 有色金属冶炼和压延加工业	19	71 819	10 835.6
其中：铝冶炼	0	0	0

续表

行业	用户数 / 个	装机容量 / （万 kW·h）	用电量 / （万 kW·h）
铅锌冶炼	0	0	0
稀有稀土金属冶炼	0	0	0
21. 金属制品业	852	262 478	42 201.15
其中：结构性金属制品制造	301	158 517	21 943.08
22. 通用设备制造业	1959	223 651	34 007.42
其中：风能原动设备制造	3	850	70.4047
23. 专用设备制造业	110	37 832	3172.923
其中：医疗仪器设备及器械制造	24	3683	563.2907
24. 汽车制造业	29	194 804	64 893.96
其中：新能源车整车制造	0	0	0
25. 铁路、船舶、航空航天和其他运输设备制造业	79	91 603	14 907.55
其中：铁路运输设备制造	11	2561	254.5103
城市轨道交通设备制造	1	150	36.5186
航空、航天器及设备制造	0	0	0
26. 电气机械和器材制造业	48	11 187	1555.218
其中：光伏设备及元器件制造	3	650	43.0582
27. 计算机、通信和其他电子设备制造业	76	108 849	37 774.35
其中：计算机制造	0	0	0
通信设备制造	44	18 102	2417.665
28. 仪器仪表制造业	4	976	124.7544
29. 其他制造业	203	10 688	1072.607
30. 废弃资源综合利用业	205	365 68	3971.377
31. 金属制品、机械和设备修理业	174	5164	283.1194
（三）电力、热力、燃气及水生产和供应业	2045	976 205	192 869.6
1. 电力、热力生产和供应业	1072	889 667	181 272.2
其中：电厂生产全部耗用电量	0	0	74 685.83
线路损失电量	0	0	77 630.5
抽水蓄能抽水耗用电量	0	0	0.3042
2. 燃气生产和供应业	136	8543	978.7002
3. 水的生产和供应业	837	77 995	10 618.67
三、建筑业	1592	362 329	19 224.17
1. 房屋建筑业	895	244 270	14 367.68

行业	用户数／个	装机容量／（万 kW·h）	用电量／（万 kW·h）
2. 土木工程建筑业	271	84 406	3047.394
3. 建筑安装业	103	10 053	541.2456
4. 建筑装饰、装修和其他建筑业	323	23 600	1267.852
四、交通运输、仓储和邮政业	1793	1 379 160	102 558.8
1. 铁路运输业	84	767 508	58 972.19
其中：电气化铁路	12	720 910	54 400.02
2. 道路运输业	190	48 693	4558.372
其中：城市公共交通运输	32	10 625	1268.608
3. 水上运输业	7	439 530	31 912.55
其中：港口岸电	3	435 861	31 867.08
4. 航空运输业	3	6125	367.7247
5. 管道运输业	14	21 436	250.2559
6. 多式联运和运输代理业	22	4941	502.5951
7. 装卸搬运和仓储业	1418	87 835	5642.691
8. 邮政业	55	3092	352.4537
五、信息传输、软件和信息技术服务业	11 838	112 908	14 100.31
1. 电信、广播电视和卫星传输服务	8620	78 564	9658.087
2. 互联网和相关服务	3141	23 928	3993.249
其中：互联网数据服务	145	2445	385.1338
3. 软件和信息技术服务业	77	10 416	448.9793
六、批发和零售业	25 069	670 701	54 509.15
其中：充换电服务业	53	20 727	112.8597
七、住宿和餐饮业	6649	468 705	31 304.23
八、金融业	623	36 314	3361.441
九、房地产业	6336	665 399	21 287.63
十、租赁和商务服务业	1266	102 353	3943.737
其中：租赁业	32	5233	375.1294
十一、公共服务及管理组织	48 118	1 498 964	83 147.75
1. 科学研究和技术服务业	543	47 352	2175.589
其中：地质勘查	9	1735	63.9265
科技推广和应用服务业	22	7971	310.6322
2. 水利、环境和公共设施管理业	32 515	394 155	18 739.8

续表

行业	用户数 / 个	装机容量 /（万 kW·h）	用电量 /（万 kW·h）
其中：水利管理业	1692	50 938	5663.813
公共照明	29 758	242 157	7215.805
3. 居民服务、修理和其他服务业	5993	125 843	7381.612
4. 教育、文化、体育和娱乐业	2953	406 951	19 253.6
其中：教育	2205	253 202	13 644.61
5. 卫生和社会工作	768	100 360	10 186.8
6. 公共管理和社会组织、国际组织	5346	424 303	25 410.34
补充指标	0	0	0
开采专业及辅助性活动	35	2525	255.9858

峰谷分时销售电价表

用电分类	电压等级		电度电价 /[元 /（kW·h）]					基本电价	
			平段	尖峰	高峰	低谷	双蓄	最大需量 /[元/（kW·月）]	变压器容量 /[元/（kV·A·月）]
一、居民生活用电	一户一表	不满 1 kV 第一档	0.5200		0.5500	0.3000			
		第二档	0.5700		0.6000	0.3500			
		第三档	0.8200		0.8500	0.6000			
		1 ~ 10 kV 及以上 第一档	0.4700		0.5000	0.2700			
		第二档	0.5200		0.5500	0.3200			
		第三档	0.7700		0.8000	0.5700			
	合表	不满 1 kV	0.5362		0.5700	0.3100			
		1 ~ 10 kV 及以上	0.4862		0.5200	0.2800			
二、工商业及其他用电	单一制	不满 1 kV	0.5644	0.8886	0.7805	0.3483	0.2942		
		1 ~ 10 kV	0.5494	0.8646	0.7595	0.3393	0.2867		
		35 kV 及以上	0.5394	0.8486	0.7455	0.3333	0.2817		
	两部制	1 ~ 10 kV	0.5629	0.8862	0.7784	0.3474	0.2935	35	23.3
		35 ~ 110 kV	0.5479	0.8622	0.7574	0.3384	0.2860	35	23.3
		110 kV	0.5329	0.8382	0.7364	0.3294	0.2785	35	23.3
		220 kV 及以上	0.5279	0.8302	0.7294	0.3264	0.2760	35	23.3
三、农业生产用电		不满 1 kV	0.5215						
		1 ~ 10 kV	0.5115						
		35 kV 及以上	0.5015						
其中：贫困县农业生产用电		不满 1 kV	0.3095						
		1 ~ 10 kV	0.3045						
		35 kV 及以上	0.2995						

新增生产能力情况表

	名称	计算单位	数量/条	容量（MV·A）/长度（km）
一	新投变电站	座	2	460/166
	220 kV 变电站	座	1	360/128
	110 kV 变电站	座	1	100/38
二	新增主变压器	台	4	460
	220 kV 变压器	台	2	360
	110 kV 变压器	台	2	100
三	新增输电线路	条	8	251.5
	220 kV 输电线路	条	3	194
	110 kV 输电线路	条	5	57.5

公司经营区域变电设备情况表

变电站/座				主变压器容量/（MV·A）			
合计	220 kV	110 kV	35 kV	合计	220 kV	110 kV	35 kV
112	17	49	46	13 285.75	6600	5205	1480.75

公司经营区域输电设备情况表

线路条数/条				线路长度/km			
合计	220 kV	110 kV	35 kV	合计	220 kV	110 kV	35 kV
276	60	115	101	4091.514	1225.401	1792.60	1073.513

10 kV 配电设备情况表

箱式变电站/台	配电/座	开闭所/站	环网柜/台	线路长/km	配电变压/台	配电变压器容量/（MV·A）
1413	591	226	244	14 444.438	10 473	3348.025

职工概况

单位：人

职工期末人数	按性别分组		按专业技术等级分组		
	男性	女性	高级	中级	初级
2592	1954	638	274	630	829
按年龄分组					
55 岁及以上	50 ～ 54 岁	45 ～ 49 岁	40 ～ 44 岁	35 ～ 39 岁	30 ～ 34 岁	29 岁及以下
335	365	522	367	396	368	239
按文化程度分组					
博士研究生	硕士研究生	大学本科	大学专科	中等职业教育	高中	初中及以下
0	182	1261	573	402	80	94

公司各单位长期职工情况

单位：人

总计	2592
一、直接管理	2548
国网冀北电力有限公司秦皇岛供电公司本部及直属机构	1473
国网冀北电力有限公司青龙县供电分公司	184
国网冀北电力有限公司秦皇岛市抚宁区供电分公司	294
国网冀北电力有限公司昌黎县供电分公司	350
国网冀北电力有限公司卢龙县供电分公司	247
二、授权管理	44
国网冀北电力有限公司秦皇岛供电公司路灯管理处	44

2019 年公司企业标准（冀北公司 2019 年制修订标准）目录

序号	标准编号	技术标准名称
1	Q/GDW 13233.1 — 2019	35 kV 及以下输配电线路钢筋混凝土杆采购标准 第 1 部分：通用技术规范
2	Q/GDW 13233.2 — 2019	35 kV 及以下输配电线路钢筋混凝土杆采购标准 第 2 部分：锥形钢筋混凝土杆专用技术规范
3	Q/GDW 13233.3 — 2019	35 kV 及以下输配电线路钢筋混凝土杆采购标准 第 3 部分：等径钢筋混凝土杆专用技术规范
4	Q/GDW 13234.1 — 2019	10 kV ～ 750 kV 输变电工程角钢铁塔、钢管塔、钢管杆、变电构支架采购标准　第 1 部分：通用技术规范
5	Q/GDW 13234.2 — 2019	10 kV ～ 750 kV 输变电工程角钢铁塔、钢管塔、钢管杆、变电构支架采购标准　第 2 部分：变电构支架专用技术规范

续表

序号	标准编号	技术标准名称
6	Q/GDW 13234.3 — 2019	10 kV ～ 750 kV 输变电工程角钢铁塔、钢管塔、钢管杆、变电构支架采购标准　第3部分：角钢铁塔、钢管塔、钢管杆专用技术规范
7	Q/GDW 13235.1 — 2019	铁附件采购标准　第1部分：通用技术规范
8	Q/GDW 13235.2 — 2019	铁附件采购标准　第2部分：专用技术规范
9	Q/GDW13236.1— 2019	导、地线采购标准　第1部分：通用技术规范
10	Q/GDW 13236.2— 2019	导、地线采购标准　第2部分：钢芯铝绞线专用技术规范
11	Q/GDW 13236.3— 2019	导、地线采购标准　第3部分：铝包钢绞线专用技术规范
12	Q/GDW 13236.4— 2019	导、地线采购标准　第4部分：铝包钢芯铝绞线专用技术规范
13	Q/GDW 13236.5— 2019	导、地线采购标准　第5部分：镀锌钢绞线专用技术规范
14	Q/GDW 13236.6— 2019	导、地线采购标准　第6部分：铝绞线专用技术规范
15	Q/GDW 13236.7— 2019	导、地线采购标准　第7部分：铝合金芯铝绞线专用技术规范
16	Q/GDW 13236.8— 2019	导、地线采购标准　第8部分：钢芯铝合金绞线专用技术规范
17	Q/GDW 13251.1 — 2019	10 kV ～ 1000 kV 交流盘形悬式瓷或玻璃绝缘子采购标准　第1部分：通用技术规范
18	Q/GDW 13251.2 — 2019	10 kV ～ 1000 kV 交流盘形悬式瓷或玻璃绝缘子采购标准　第2部分：瓷绝缘子专用技术规范
19	Q/GDW 13251.3 — 2019	10 kV ～ 1000 kV 交流盘形悬式瓷或玻璃绝缘子采购标准　第3部分：玻璃绝缘子专用技术规范
20	Q/GDW 13252.1 — 2019	±400 kV ～ ±1100 kV 直流盘形悬式瓷或玻璃绝缘子采购标准　第1部分：通用技术规范
21	Q/GDW 13252.2 — 2019	±400 kV ～ ±1100 kV 直流盘形悬式瓷或玻璃绝缘子采购标准　第2部分：瓷绝缘子专用技术规范
22	Q/GDW 13252.3 — 2019	±400 kV ～ ±1100 kV 直流盘形悬式瓷或玻璃绝缘子采购标准　第3部分：玻璃绝缘子专用技术规范
23	Q/GDW 13253.1 — 2019	10 kV ～ 1000 kV 交流棒形悬式复合绝缘子采购标准　第1部分：通用技术规范
24	Q/GDW 13253.2 — 2019	10 kV ～ 1000 kV 交流棒形悬式复合绝缘子采购标准　第2部分：专用技术规范
25	Q/GDW 13254.1 — 2019	±400 kV ～ ±1100 kV 直流棒形悬式复合绝缘子采购标准　第1部分：通用技术规范
26	Q/GDW 13254.2 — 2019	±400 kV ～ ±1100 kV 直流棒形悬式复合绝缘子采购标准　第2部分：专用技术规范
27	Q/GDW 13255.1 — 2019	架空输电线路地线用盘形悬式瓷或玻璃绝缘子采购标准　第1部分：通用技术规范
28	Q/GDW 13255.2 — 2019	架空输电线路地线用盘形悬式瓷或玻璃绝缘子采购标准　第2部分：专用技术规范
29	Q/GDW 13256.1 — 2019	10 kV ～ 330 kV 线路柱式绝缘子（含瓷、复合、横担、防风偏绝缘子）采购标准　第1部分：通用技术规范
30	Q/GDW 13256.2 — 2019	10 kV ～ 330 kV 线路柱式绝缘子（含瓷、复合、横担、防风偏绝缘子）采购标准　第2部分：10 kV ～ 110 kV 线路柱式瓷绝缘子（含瓷横担绝缘子）专用技术规范

序号	标准编号	技术标准名称
31	Q/GDW 13256.3 — 2019	10 kV～330 kV 线路柱式绝缘子（含瓷、复合、横担、防风偏绝缘子）采购标准 第3部分：10 kV～110 kV 线路柱式复合绝缘子（含复合横担绝缘子）专用技术规范
32	Q/GDW 13256.4 — 2019	10 kV～330 kV 线路柱式绝缘子（含瓷、复合、横担、防风偏绝缘子）采购标准 第4部分：35 kV～330 kV 防风偏复合绝缘子专用技术规范
33	Q/GDW 13257.1 — 2019	10 kV～1000 kV 交流架空线路用长棒形瓷绝缘子采购标准 第1部分：通用技术规范
34	Q/GDW 13257.2 — 2019	10 kV～1000 kV 交流架空线路用长棒形瓷绝缘子采购标准 第2部分：专用技术规范
35	Q/GDW 13258.1 — 2019	±400 kV～±800 kV 直流架空线路用长棒形瓷绝缘子采购标准 第1部分：通用技术规范
36	Q/GDW 13258.2 — 2019	±400 kV～±800 kV 直流架空线路用长棒形瓷绝缘子采购标准 第2部分：专用技术规范
37	Q/GDW 13259.1 — 2019	35 kV～500 kV 交流复合相间间隔棒采购标准 第1部分：通用技术规范
38	Q/GDW 13259.2 — 2019	35 kV～500 kV 交流复合相间间隔棒采购标准 第2部分：专用技术规范
39	Q/GDW 13260.1 — 2019	10 kV～35 kV 针式瓷绝缘子采购标准 第1部分：通用技术规范
40	Q/GDW 13260.2 — 2019	10 kV～35 kV 针式瓷绝缘子采购标准 第2部分：专用技术规范
41	Q/GDW 13261.1 — 2019	光纤复合架空地线（OPGW）采购标准 第1部分：通用技术规范
42	Q/GDW 13261.2 — 2019	光纤复合架空地线（OPGW）采购标准 第2部分：专用技术规范
43	Q/GDW 13262.1 — 2019	光纤复合架空地线（OPGW）配套金具及附件采购标准 第1部分：通用技术规范
44	Q/GDW 13262.2 — 2019	光纤复合架空地线（OPGW）配套金具及附件采购标准 第2部分：专用技术规范
45	Q/GDW 13263.1 — 2019	线路金具采购标准 第1部分：通用技术规范
46	Q/GDW 13263.2 — 2019	线路金具采购标准 第2部分：10 kV 配电线路导线金具串专用技术规范
47	Q/GDW 13263.3 — 2019	线路金具采购标准 第3部分：35 kV 配电线路导线金具串专用技术规范
48	Q/GDW 13263.4 — 2019	线路金具采购标准 第4部分：110 kV（66 kV）输电线路导线金具串及110 kV 电气化铁路供电工程导线金具串专用技术规范
49	Q/GDW 13263.5 — 2019	线路金具采购标准 第5部分：220 kV 输电线路导线金具串及220 kV 电气化铁路供电工程导线金具串专用技术规范
50	Q/GDW 13263.6 — 2019	线路金具采购标准 第6部分：330 kV 输电线路导线金具串及330 kV 电气化铁路供电工程导线金具串专用技术规范
51	Q/GDW 13263.7 — 2019	线路金具采购标准 第7部分：500 kV 输电线路导线金具串专用技术规范
52	Q/GDW 13263.8 — 2019	线路金具采购标准 第8部分：750 kV 输电线路导线金具串专用技术规范
53	Q/GDW 13236.9 — 2019	线路金具采购标准 第9部分：35 kV～750 kV 输配电线路地线金具串及110 kV～330 kV 电气化铁路供电工程地线金具串专用技术规范
54	Q/GDW 13236.10 — 2019	线路金具采购标准 第10部分：35 kV～750 kV 输配电线路档内金具专用技术规范
55	Q/GDW 13264.1 — 2019	零星金具采购标准 第1部分：通用技术规范
56	Q/GDW 13264.2 — 2019	零星金具采购标准 第2部分：专用技术规范